零基础点对点识图与造价系列

建筑工程识图与造价入门

鸿图造价　组编

杨霖华　主编

机械工业出版社
CHINA MACHINE PRESS

本书为"零基础点对点识图与造价系列"之一，根据《建设工程工程量清单计价规范》（GB 50500—2013）、《房屋建筑与装饰工程工程量计算规范》（GB 50854—2013）等标准规范编写。本书以建筑工程所包含的分部分项工程为主线，针对读者在造价工作中遇到的问题和难点，以问题导入、案例导入、算量分析、关系识图等板块进行一一讲解，同时融合了软件的操作使用。全书共 16 章，主要内容有造价工程师执业制度，工程造价管理相关法律法规，工程造价概述，建筑工程识图，建筑面积，土石方工程，地基处理与边坡支护，桩基工程，砌筑工程，混凝土及钢筋混凝土工程，金属结构工程，木结构及门窗工程，屋面及防水工程，保温、隔热、防腐工程，措施项目，建筑工程定额计价与工程量清单计价。

本书适合建筑工程造价、工程管理、工程经济等专业的在校学生及从事造价工作的人员学习参考，也可以作为造价自学人员的优选书籍。

图书在版编目（CIP）数据

建筑工程识图与造价入门/鸿图造价组编. —北京：机械工业出版社，2020.11

（零基础点对点识图与造价系列）

ISBN 978-7-111-67205-0

Ⅰ.①建…　Ⅱ.①鸿…　Ⅲ.①建筑制图-识图②建筑造价　Ⅳ.①TU204.21②TU723.3

中国版本图书馆 CIP 数据核字（2020）第 268674 号

机械工业出版社（北京市百万庄大街 22 号　邮政编码 100037）
策划编辑：闫云霞　责任编辑：闫云霞　关正美
责任校对：潘　蕊　封面设计：张　静
责任印制：张　博
涿州市京南印刷厂印刷
2022 年 1 月第 1 版第 1 次印刷
184mm×260mm · 17 印张 · 415 千字
标准书号：ISBN 978-7-111-67205-0
定价：59.00 元

电话服务　　　　　　　　　　网络服务
客服电话：010-88361066　　机 工 官 网：www.cmpbook.com
　　　　　010-88379833　　机 工 官 博：weibo.com/cmp1952
　　　　　010-68326294　　金 书 网：www.golden-book.com
封底无防伪标均为盗版　机工教育服务网：www.cmpedu.com

编写成员名单

组　编

鸿图造价

主　编

杨霖华

参　编

杨恒博　李慧贞　赵小云　张荣超

张照宇　僧艳东　吴　帆　何长江

王广庆　常献威　张　炜

▶▶▶▶▶▶ 前言
PREFACE

工程造价是比转专业的领域，建筑单位、设计院、造价咨询等单位都需要大量的造价人员，因此发展前景很好。当前，很多初学造价的人员工作时比较迷茫，而一些转行造价的入门者，学习和工作起来困难就更大一些。一本站在入门者角度的图书不仅可以让这些读者事半功倍，还可以使其工作和学习得心应手。

对于入门造价的初学者，任何一个知识点的缺乏都有可能成为他们学习的绊脚石，他们会觉得书中提到的一些专业术语，为什么没有相应的解释？为何没有相应的图片？全靠自己凭空想象，实在是难为人。本书结合以上问题，进行了市场调研，按照初学者思路，对其学习过程中遇到的知识点、难点和问题进行点对点讲解，做到识图有根基，算量有依据，前呼后应，理论与实践兼备。

本书根据《建设工程工程量清单计价规范》（GB 50500—2013）、《房屋建筑与装饰工程工程量计算规范》（GB 50854—2013）、《房屋建筑与装饰工程消耗量定额》（TY01—31—2015）等标准规范编写，站在初学者的角度设置内容，具有以下显著特点：

1）点对点。对识图和算量学习过程中的专业名词和术语进行点对点的解释，重点处给出图片、音频或视频解释。

2）针对性强。每一章按照不同的分部工程进行划分，每个分部工程中的知识点以"问题导入+案例导入+算量解析+疑难分析"为主线，分别按定额和清单方式进行串讲。

3）形式新颖。采用直入问题，带着疑问去找答案的方式，以提高读者的学习兴趣。

4）实践性强。每个知识点的讲解，所采用的案例和图片均来源于实际。

5）时效性强。结合新版造价软件进行绘图与工程报表的提取，顺应造价工程新形势的发展。

本书在编写过程中，得到了许多同行的支持与帮助，在此一并表示感谢。由于编者水平有限加上时间紧迫，书中难免有错误和不妥之处，望广大读者批评指正。如有疑问，可发邮件至 zjyjr1503@163.com，也可申请加入 QQ 群 811179070 与编者联系。

编　者

目录
CONTENTS

前言

第1章 造价工程师执业制度 / 1
1.1 造价工程师职业资格考试和执业
范围 / 1
1.1.1 造价工程师职业资格考试 / 1
1.1.2 造价工程师执业范围 / 2
1.2 造价工程师的职权与要求 / 2

第2章 工程造价管理相关法律法规 / 4
2.1 《中华人民共和国建筑法》/ 4
2.1.1 建筑许可 / 4
2.1.2 建筑工程发包、承包与造价 / 5
2.2 《中华人民共和国民法典》——合同 / 6
2.3 《中华人民共和国招标投标法》/ 17
2.3.1 招标与投标 / 17
2.3.2 开标、评标和中标 / 18
2.4 其他相关法律法规 / 19
2.4.1 《中华人民共和国政府采购法》/ 19
2.4.2 《中华人民共和国价格法》/ 21

第3章 工程造价概述 / 23
3.1 工程造价的概念 / 23
3.2 工程造价的构成 / 25
3.3 工程造价的费用 / 26
3.3.1 建筑工程费用的构成 / 26
3.3.2 建筑工程费用的计取方法 / 29
3.3.3 建筑工程费用的取费程序 / 35
3.4 工程定额与工程量清单计价 / 37
3.4.1 工程定额 / 37
3.4.2 工程量清单计价 / 39
3.5 工程计价原理 / 41

3.5.1 工程计量 / 41
3.5.2 工程计价 / 46
3.6 工程定额与工程量清单编制 / 47
3.6.1 工程定额编制 / 47
3.6.2 工程量清单编制 / 49

第4章 建筑工程识图 / 54
4.1 识图需要具备的条件 / 54
4.1.1 识图基本知识与技能 / 54
4.1.2 建筑工程施工图常用图例 / 58
4.2 基本图例识图 / 63
4.3 建筑施工图识读 / 68
4.3.1 建筑施工图首页及总平面图 / 68
4.3.2 建筑平面图 / 70
4.3.3 建筑立面图 / 72
4.3.4 建筑剖面图 / 74
4.3.5 建筑详图与索引符号 / 79

第5章 建筑面积 / 86
5.1 建筑面积的概念与作用 / 86
5.2 建筑面积的计算规则与相关计算 / 87
5.2.1 建筑面积计算相关术语 / 87
5.2.2 计算建筑面积的范围和规则 / 88
5.2.3 不计算建筑面积的范围和
规则 / 104

第6章 土石方工程 / 107
6.1 工程量计算依据 / 107
6.2 工程案例实战分析 / 109
6.2.1 问题导入 / 109

6.2.2 案例导入与算量解析 / 109

6.3 关系识图与疑难分析 / 119

6.3.1 关系识图 / 119

6.3.2 疑难分析 / 120

第 7 章 地基处理与边坡支护 / 123

7.1 工程量计算依据 / 123

7.2 工程案例实战分析 / 123

7.2.1 问题导入 / 123

7.2.2 案例导入与算量解析 / 124

7.3 关系识图与疑难分析 / 131

7.3.1 关系识图 / 131

7.3.2 疑难分析 / 133

第 8 章 桩基工程 / 135

8.1 工程量计算依据 / 135

8.2 工程案例实战分析 / 136

8.2.1 问题导入 / 136

8.2.2 案例导入与算量解析 / 136

8.3 关系识图与疑难分析 / 142

8.3.1 关系识图 / 142

8.3.2 疑难分析 / 144

第 9 章 砌筑工程 / 147

9.1 工程量计算依据 / 147

9.2 工程案例实战分析 / 149

9.2.1 问题导入 / 149

9.2.2 案例导入与算量解析 / 149

9.3 关系识图与疑难分析 / 158

9.3.1 关系识图 / 158

9.3.2 疑难分析 / 160

第 10 章 混凝土及钢筋混凝土工程 / 162

10.1 工程量计算依据 / 162

10.2 工程案例实战分析 / 163

10.2.1 问题导入 / 163

10.2.2 案例导入与算量解析 / 163

10.3 关系识图与疑难分析 / 173

10.3.1 关系识图 / 173

10.3.2 疑难分析 / 176

第 11 章 金属结构工程 / 178

11.1 工程量计算依据 / 178

11.2 工程案例实战分析 / 180

11.2.1 问题导入 / 180

11.2.2 案例导入与算量分析 / 181

11.3 关系识图与疑难分析 / 187

11.3.1 关系识图 / 187

11.3.2 疑难分析 / 187

第 12 章 木结构及门窗工程 / 188

12.1 工程量计算依据 / 188

12.2 工程案例实战分析 / 189

12.2.1 问题导入 / 189

12.2.2 案例导入与算量解析 / 189

12.3 关系识图与疑难分析 / 201

12.3.1 关系识图 / 201

12.3.2 疑难分析 / 202

第 13 章 屋面及防水工程 / 203

13.1 屋面及防水工程工程量计算依据 / 203

13.2 工程案例实战分析 / 204

13.2.1 问题导入 / 204

13.2.2 案例导入与算量解析 / 204

13.3 关系识图与疑难分析 / 213

13.3.1 关系识图 / 213

13.3.2 疑难分析 / 213

第 14 章 保温、隔热、防腐工程 / 215

14.1 工程量计算依据 / 215

14.2 工程案例实战分析 / 216

14.2.1 问题导入 / 216

14.2.2 案例导入与算量解析 / 217

14.3 关系识图与疑难分析 / 226

14.3.1 关系识图 / 226

14.3.2 疑难分析 / 229

第 15 章　措施项目 / 232

15.1　工程量计算依据 / 232

15.2　工程案例实战分析 / 233

　　15.2.1　问题导入 / 233

　　15.2.2　案例导入与算量解析 / 233

15.3　关系识图与疑难分析 / 244

　　15.3.1　关系识图 / 244

　　15.3.2　疑难分析 / 245

第 16 章　建筑工程定额计价与工程量
　　　　　清单计价 / 246

16.1　建筑工程定额计价 / 246

　　16.1.1　建筑工程定额计价概述 / 246

　　16.1.2　建筑工程定额计价的应用 / 247

16.2　工程量清单计价 / 254

　　16.2.1　工程量清单计价概述 / 254

　　16.2.2　工程量清单计价的应用 / 256

第1章 造价工程师执业制度

1.1 造价工程师职业资格考试和执业范围

1.1.1 造价工程师职业资格考试

为了加强建设工程造价管理专业人员的执业准入管理，确保建设工程造价管理工作质量，维护国家和社会公共利益，原国家人事部、建设部在1996年联合发布造价工程师执业资格制度暂行规定，确立了造价工程师职业资格制度。凡从事工程建设活动的建设、设计、施工、工程造价咨询、工程造价管理等单位和部门，必须在计价、评估、审查（审核）、控制及管理等岗位配备有造价工程师职业资格的专业技术管理人员。

《注册造价工程师管理办法》《造价工程师继续教育实施办法》《造价工程师职业道德行为准则》等文件的陆续颁布与实施，确立了我国造价工程师职业资格制度体系的框架。我国造价工程师职业资格制度如图1-1所示。

（1）职业资格考试

一级造价工程师职业资格考试全国统一大纲、统一命题、统一组织，从1997年试点考试至今，每年举行一次（除1999年停考外）。自2018年起设立二级造价工程师职业资格。二级造价工程师职业资格考试全国统一大纲，各省、自治区、直辖市自主命题并组织实施。

（2）考试科目

造价工程师职业资格考试设基础科目和专业科目。

一级造价工程师职业资格考试设4个科目，

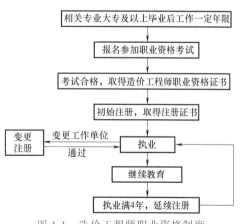

图 1-1 造价工程师职业资格制度

包括"建设工程造价管理""建设工程计价""建设工程技术与计量"和"建设工程造价案例分析"。其中，"建设工程造价管理"和"建设工程计价"为基础科目，"建设工程技术与计量"和"建设工程造价案例分析"为专业科目。

二级造价工程师职业资格考试设《建设工程造价管理基础知识》和《建筑工程计量与计价实务》两个科目。其中，《建筑工程计量与计价实务》分四个专业：土木建筑工程、交通运输工程、水利工程和安装工程。

1.1.2 造价工程师执业范围

造价工程师在工作中，必须遵纪守法，恪守职业道德和从业规范，诚信执业，主动接受有关主管部门的监督检查，加强行业自律，造价工程师不得同时受聘于两个或两个以上单位，不得允许他人以本人名义执业，严禁"证书挂靠"。出租、出借注册证书的，依据相关法律、法规进行处罚，构成犯罪的，依法追究刑事责任。

1. 一级造价工程师执业范围

一级造价工程师执业范围包括建设项目全过程的工程造价管理与咨询等，具体工作内容有以下几方面：

1）项目建议书、可行性研究投资估算与审核，项目评价造价分析。

2）建设工程设计概算、施工（图）预算的编制和审核。

3）建设工程招标投标文件工程量和造价的编制与审核。

4）建设工程合同价款、结算价款、竣工决算价款的编制与管理。

5）建设工程审计、仲裁、诉讼、保险中的造价鉴定，工程造价纠纷调解。

6）建设工程计价依据、造价指标的编制与管理。

7）与工程造价管理有关的其他事项。

音频 1-1：一级造价
工程师执业范围

2. 二级造价工程师执业范围

二级造价工程师主要协助一级造价工程师开展相关工作，可独立开展以下几方面具体工作：

1）建设工程工料分析、计划、组织与成本管理，施工图预算和设计概算的编制。

2）建设工程量清单、最高投标限价、投标报价的编制。

3）建设工程合同价款、结算价款和竣工决算价款的编制。

造价工程师应该在本人工程造价咨询成果文件上签章，并承担相应责任。工程造价咨询成果文件应由一级造价工程师审核并加盖执业印章。

1.2 造价工程师的职权与要求

1. 造价工程师的职权

1）使用注册造价工程师的名称。

2）依法独立执行工程造价业务。

3）在本人执业活动中形成的工程造价成果上签字并加盖执业印章。

4）发起设立工程造价咨询企业。

5）保管和使用本人的注册证书和执业印章。

6）参加继续教育。

2. 造价工程师的岗位职责

1）负责审查本项目工程计量和造价管理工作。

2）审查工程进度款，提出审核意见。

3）审查合理化建议的费用节省情况。

音频 1-2：造价工程师
的岗位职责

4）审核承建商工程进度用款和材料采购用款计划，严格控制投资。

5）编制工程投资完成情况的图表，及时进行投资跟踪。

6）对有争议的计量计价问题提出处理意见，提出索赔处理意见，对工程变更对投资的影响提出意见。

7）负责审核承建商提交的竣工结算。

8）收集、整理投资控制资料，编制投资控制的监理日志。

9）承担上级交办的其他工作。

3. 造价工程师的素质要求

造价工程师的职责关系到国家和社会公众利益，对其专业和身体素质的要求包括以下几方面：

1）造价工程师是复合型专业管理人才。作为工程造价管理者，造价工程师应是具备工程、经济和管理知识与实践经验的高素质复合型专业人才。

2）造价工程师应具备技术技能。技术技能是指能应用知识、方法、技术及设备来达到特定任务的能力。

3）造价程师应具备人文技能。人文技能是指与人共事的能力和判断力。造价工程师应具有高度的责任心和协作精神，善于与业务工作有关的各方人员沟通、协作，共同完成工程造价管理工作。

4）造价工程师应具备组织管理能力。造价工程师应能了解整个组织及自己在组织中的地位，并具有一定的组织管理能力，面对机遇和挑战，能够积极进取、勇于开拓。

5）造价工程师应具有健康体魄。健康的心理和较好的身体素质是造价工程师适应紧张、繁忙工作的基础。

4. 造价工程师职业道德

造价工程师的职业道德又称职业操守，通常是指在职业活动中所遵守的行为规范的总称，是专业人士必须遵守的道德标准和行业规范。

为提高造价工程师整体素质和职业道德水准，维护和提高造价咨询行业的良好信誉，促进行业健康持续发展，中国建设工程造价管理协会制定和颁布了《造价工程师职业道德行为准则》，具体要求如下：

1）遵守国家法律、法规和政策，执行行业自律性规定，珍惜职业声誉，自觉维护国家和社会公共利益。

2）遵守"诚信、公正、精业、进取"的原则，以高质量的服务和优秀的业绩，赢得社会和客户对造价工程师职业的尊重。

3）勤奋工作，独立、客观、公正、正确地出具工程造价成果文件，使客户满意。

4）诚实守信，尽职尽责，不得有欺诈、伪造、作假等行为。

5）尊重同行，公平竞争，搞好同行之间的关系，不得采取不正当的手段损害、侵犯同行的权益。

6）廉洁自律，不得索取、收受委托合同约定以外的礼金和其他财物，不得利用职务之便谋取其他不正当的利益。

7）造价工程师与委托方有利害关系的应当主动回避，委托方也有权要求其回避。

8）对客户的技术和商务秘密负有保密义务。

9）接受国家和行业自律组织对其职业道德行为的监督检查。

第2章 工程造价管理相关法律法规

2.1 《中华人民共和国建筑法》

《中华人民共和国建筑法》主要适用于各类房屋建筑及其附属设施的建造和其配套的线路、管道设备的安装活动，但其中关于施工许可、企业资质审查和工程发包、承包、禁止转包，以及工程监理、安全和质量管理的规定，也适用于其他专业建筑工程的建筑活动。

2.1.1 建筑许可

建筑许可包括建筑工程施工许可和从业资格两个方面。

1. 建筑工程施工许可

（1）施工许可证的申领

除国务院建设行政主管部门确定的限额以下的小型工程外，建筑工程开工前，建设单位应当按照国家有关规定向工程所在地县级以上人民政府建设行政主管部门申请领取施工许可证。按照国务院规定的权限和程序批准开工报告的建筑工程，不再领取施工许可证。

申请领取施工许可证，应当具备如下条件：①已办理建筑工程用地批准手续。②依法应当办理建设工程规划许可证的，已取得建设工程规划许可。③需要拆迁的，其拆迁进度符合施工要求。④已经确定建筑施工单位。⑤有满足施工需要的资金安排、施工图及技术资料。⑥有保证工程质量和安全的具体措施。

音频 2-1：申请
领取施工许可
证条件

（2）施工许可证的有效期限

建设单位应当自领取施工许可证之日起 3 个月内开工，因故不能按期开工的，应当向发证机关申请延期；延期以两次为限，每次不超过 3 个月。既不开工又不申请延期或者超过延期时限的，施工许可证自行废止。

（3）中止施工和恢复施工

在建的建筑工程因故中止施工的，建设单位应当自中止施工之日起 1 个月内，向发证机关报告，并按照规定做好建设工程的维护管理工作。建筑工程恢复施工时，应当向发证机关报告；中止施工满 1 年的工程恢复施工前，建设单位应当报发证机关核验施工许可证。

2. 从业资格

（1）单位资质

从事建筑活动的施工企业，勘察、设计和监理单位，按照其拥有的注册资本、专业技术人员、技术装备、已完成的建筑工程业绩等资质条件，划分为不同的资质等级，经资质审查合格，取得相应等级的资质证书后，方可在其资质等级许可的范围内从事建筑活动。

（2）专业技术人员资格

从事建筑活动的专业技术人员，应当依法取得相应的执业资格证书，并在执业资格证书许可的范围内从事建筑活动。

2.1.2　建筑工程发包、承包与造价

1. 建筑工程发包

（1）发包方式

建筑工程依法实行招标发包，对不适于招标发包的，可以直接发包。建筑工程实行招标发包的，发包单位应当将建筑工程发包给依法中标的承包单位。建筑工程实行直接发包的，发包单位应当将建筑工程发包给具有相应资质条件的承包单位。

（2）禁止行为

提倡对建筑工程实行总承包，禁止将建筑工程肢解发包。建筑工程的发包单位可以将建筑工程的勘察、设计、施工、设备采购一并发包给一个工程总承包单位。但是，不得将应当由一个承包单位完成的建筑工程肢解成若干部分发包给几个承包单位，按照合同约定，建筑材料、建筑构配件和设备由工程承包单位采购的，发包单位不得指定承包单位购入用于工程的建筑材料、建筑构配件和设备或者指定生产厂、供应商。

2. 建筑工程承包

（1）承包资质

承包建筑工程的单位应当持有依法取得的资质证书，并在其资质等级许可的业务范围内承揽工程。

禁止建筑施工企业超越本企业资质等级许可的业务范围或者以任何形式用其他建筑施工企业的名义承揽工程。禁止建筑施工企业以任何方式允许其他单位或个人使用本企业的资质证书、营业执照，以本企业的名义承揽工程。

（2）联合承包

大型建筑工程或结构复杂的建筑工程，可以由两个以上的承包单位联合共同承包。共同承包的各方对承包合同的履行承担连带责任。两个以上不同资质等级的单位联合共同承包的，应当按照资质等级低的单位的业务许可范围承揽工程。

（3）工程分包

建筑工程总承包单位可以将承包工程中的部分工程发包给具有相应资质条件的分包单位。但是，除总承包合同中已约定的分包外，必须经建设单位认可。施工总承包的，建筑工程主体结构的施工必须由总承包单位自行完成。

建筑工程总承包单位按照总承包合同的约定对建设单位负责，分包单位按照分包合同的约定对总承包单位负责，总承包单位和分包单位就分包工程对建设单位承担连带责任。

（4）禁止行为

禁止承包单位将其承包的全部建筑工程转包给他人，或将其承包的全部建筑工程肢解以后以分包的名义分别转包给他人。禁止总承包单位将工程分包给不具备资质条件的单位。禁止分包单位将其承包的工程再分包。

3. 建筑工程造价

建筑工程的发包单位与承包单位应当依法订立书面合同，明确双方的权利和义务。建筑

工程造价应当按照国家有关规定，由发包单位与承包单位在合同中约定。

发包单位和承包单位应当全面履行合同约定的义务。不按照合同约定履行义务的，依法承担违约责任。发包单位应当按照合同的约定，及时拨付工程款项。

2.2 《中华人民共和国民法典》——合同

《中华人民共和国民法典》第三编合同中的合同是指民事主体之间设立、变更、终止民事法律关系的协议。合同编中的合同分为 19 类，即：买卖合同，赠与合同，借款合同，保证合同，租赁合同，融资租赁合同，保理合同，承揽合同，建设工程合同，运输合同，技术合同，保管合同，仓储合同，委托合同，物业服务合同，行纪合同，中介合同，合伙合同以及供用电、水、气、热力合同。

1. 合同订立

当事人订立合同，应当具有相应的民事权利能力和民事行为能力。当事人依法可以委托代理人订立合同。

2. 合同形式和内容

（1）合同形式

当事人订立合同，有书面形式、口头形式和其他形式。法律、行政法规规定或者当事人约定采用特定形式的，应当采用特定形式。

（2）合同内容

合同内容由当事人约定，一般包括当事人的姓名或者名称和住所，标的，数量，质量，价款或者报酬，履行期限、地点和方式，违约责任，解决争议的方法。

《中华人民共和国民法典》在分则中对建设工程合同（包括工程勘察、设计、施工合同）内容做了专门规定。

1）勘察、设计合同内容。其包括提交基础资料和文件（包括概预算）的期限、质量要求、费用以及其他协作条件等条款。

2）施工合同内容。其包括工程范围、建设工期、中间交工工程的开工和竣工时间、工程质量、工程造价、技术资料交付时间、材料和设备供应责任、拨款和结算、竣工验收、质量保修范围和质量保证期、双方相互协作等条款。

3. 合同订立程序

当事人订立合同，可以采取要约、承诺方式或者其他方式。

（1）要约

要约是希望与他人订立合同的意思表示。

1）要约及其有效的条件。要约应当符合如下规定：

① 内容具体确定。

② 表明经受要约人承诺，要约人即受该意思表示约束。也就是说，要约必须是特定人的意思表示，必须是以缔结合同为目的，必须具备合同的主要条款。

2）要约生效。要约生效的时间适用《中华人民共和国民法典》第一百三十七条的规定。

以对话方式作出的意思表示，相对人知道其内容时生效。

以非对话方式作出的意思表示，到达相对人时生效。以非对话方式作出的采用数据电文形式的意思表示，相对人指定特定系统接收数据电文的，该数据电文进入该特定系统时生效；未指定特定系统的，相对人知道或者应当知道该数据电文进入其系统时生效。当事人对采用数据电文形式的意思表示的生效时间另有约定的，按照其约定。

3）要约撤回和撤销。要约可以撤回，撤回要约的通知应当在要约到达受要约人之前或者与要约同时到达受要约人。

要约可以撤销，撤销要约的通知应当在受要约人发出承诺通知之前到达受要约人。但有下列情形之一的，要约不得撤销：

① 要约人确定了承诺期限或者以其他形式明示要约不可撤销。

② 受要约人有理由认为要约是不可撤销的，并已经为履行合同做了准备工作。

4）要约失效。有下列情形之一的，要约失效：

① 要约被拒绝。

② 要约被依法撤销。

③ 承诺期限届满，受要约人未作出承诺。

④ 受要约人对要约的内容作出实质性变更。

（2）承诺

承诺是受要约人同意要约的意思表示。除根据交易习惯或者要约表明可以通过行为作出承诺的之外，承诺应当以通知的方式作出。

1）承诺期限。承诺应当在要约确定的期限内到达要约人。要约没有确定承诺期限的，承诺应当依照下列规定到达：

① 除非当事人另有约定，以对话方式作出的要约，应当即时作出承诺。

② 以非对话方式作出的要约，承诺应当在合理期限内到达。

以信件或者电报作出的要约，承诺期限自信件载明的日期或者电报交发之日开始计算。信件未载明日期的，自投寄该信件的邮戳日期开始计算。以电话、传真等快速通信方式作出的要约，承诺期限自要约到达受要约人时开始计算。

2）承诺生效。承诺通知到达要约人时生效。承诺不需要通知的，根据交易习惯或者要约的要求作出承诺的行为时生效。采用数据电文形式订立合同的，承诺到达的时间适用于要约到达受要约人时间的规定。

受要约人在承诺期限内发出承诺，按照通常情形能够及时到达要约人，但因其他原因承诺到达要约人时超过承诺期限的，除要约人及时通知受要约人因承诺超过期限不接受该承诺的以外，该承诺有效。

3）承诺撤回。承诺可以撤回，撤回承诺的通知应当在承诺通知到达要约人之前或者与承诺通知同时到达要约人。

4）迟延承诺。受要约人超过承诺期限发出承诺，或者在承诺期限内发出承诺，按照通常情形不能及时到达要约人的，为新要约；但是，要约人及时通知受要约人该承诺有效的除外。

5）未迟发而迟到的承诺。受要约人在承诺期限内发出承诺，按照通常情形能够及时到达要约人，但是因其他原因致使承诺到达要约人时超过承诺期限的，除要约人及时通知受要约人因承诺超过期限不接受该承诺外，该承诺有效。

6）要约内容的变更。

① 承诺对要约内容的实质性变更。承诺的内容应当与要约的内容一致。受要约人对要约的内容作出实质性变更的，为新要约。有关合同标的、数量、质量、价款或者报酬、履行期限、履行地点和方式、违约责任和解决争议方法等的变更，是对要约内容的实质性变更。

② 承诺对要约内容的非实质性变更。承诺对要约的内容作出非实质性变更的，除要约人及时表示反对或者要约表明承诺不得对要约的内容作出任何变更外，该承诺有效，合同的内容以承诺的内容为准。

4. 合同成立

承诺生效时合同成立。

（1）合同成立的时间

当事人采用合同书形式订立合同的，自当事人均签名、盖章或者按指印时合同成立。在签名、盖章或者按指印之前，当事人一方已经履行主要义务，对方接受时，该合同成立。

1）法律、行政法规规定或者当事人约定合同应当采用书面形式订立，当事人未采用书面形式但是一方已经履行主要义务，对方接受时，该合同成立。

2）信件、数据电文形式合同和网络合同成立时间。当事人采用信件、数据电文等形式订立合同要求签订确认书的，签订确认书时合同成立。

当事人一方通过互联网等信息网络发布的商品或者服务信息符合要约条件的，对方选择该商品或者服务并提交订单成功时合同成立，但是当事人另有约定的除外。

（2）合同成立的地点

承诺生效的地点为合同成立的地点。采用数据电文形式订立合同的，收件人的主营业地为合同成立的地点；没有主营业地的，其住所地为合同成立的地点。当事人另有约定的，按照其约定。书面合同成立地点。当事人采用合同书形式订立合同的，最后签名、盖章或者按指印的地点为合同成立的地点，但是当事人另有约定的除外。

（3）合同成立的其他情形

1）依国家订货任务、指令性任务订立合同及强制要约、强制承诺。国家根据抢险救灾、疫情防控或者其他需要下达国家订货任务、指令性任务的，有关民事主体之间应当依照有关法律、行政法规规定的权利和义务订立合同。

依照法律、行政法规的规定负有发出要约义务的当事人，应当及时发出合理的要约。

依照法律、行政法规的规定负有作出承诺义务的当事人，不得拒绝对方合理的订立合同要求。

2）预约合同。当事人约定在将来一定期限内订立合同的认购书、订购书、预订书等，构成预约合同。

当事人一方不履行预约合同约定的订立合同义务的，对方可以请求其承担预约合同的违约责任。

5. 格式条款

格式条款是当事人为了重复使用而预先拟定，并在订立合同时未与对方协商的条款。

1）采用格式条款订立合同的，提供格式条款的一方应当遵循公平原则确定当事人之间的权利和义务，并采取合理的方式提示对方注意免除或者减轻其责任等与对方有重大利害关系的条款，按照对方的要求，对该条款予以说明。提供格式条款的一方未履行提示或者说明义务，致使对方没有注意或者理解与其有重大利害关系的条款的，对方可以主张该条款不成为合同的内容。

2）格式条款无效的情形。有下列情形之一的，该格式条款无效：

① 具有《中华人民共和国民法典》第一编第六章第三节和第五百零六条规定的无效情形。

② 提供格式条款一方不合理地免除或者减轻其责任、加重对方责任、限制对方主要权利。

③ 提供格式条款一方排除对方主要权利。

3）格式条款的解释。对格式条款的理解发生争议的，应当按照通常理解予以解释。对格式条款有两种以上解释的，应当作出不利于提供格式条款一方的解释。格式条款和非格式条款不一致的，应当采用非格式条款。

6. 悬赏广告

悬赏人以公开方式声明对完成特定行为的人支付报酬的，完成该行为的人可以请求其支付。

7. 缔约过失责任

当事人在订立合同过程中有下列情形之一，造成对方损失的，应当承担赔偿责任：

1）假借订立合同，恶意进行磋商。

2）故意隐瞒与订立合同有关的重要事实或者提供虚假情况。

3）有其他违背诚信原则的行为。

当事人保密义务。当事人在订立合同过程中知悉的商业秘密或者其他应当保密的信息，无论合同是否成立，不得泄露或者不正当地使用；泄露、不正当地使用该商业秘密或者信息，造成对方损失的，应当承担赔偿责任。

8. 合同效力

（1）合同生效

合同生效与合同成立是两个不同的概念。合同的成立，是指双方当事人依照有关法律对合同的内容进行协商并达成一致的意见。合同成立的判断依据是承诺是否生效。合同生效，是指合同产生法律上的效力，具有法律约束力。在通常情况下，合同依法成立之时，就是合同生效之日，两者在时间上是同步的。但有些合同在成立后，并非立即产生法律效力，而是需要其他条件成就之后，才开始生效。

1）合同生效的时间。依法成立的合同，自成立时生效，但是法律另有规定或者当事人另有约定的除外。

依照法律、行政法规的规定，合同应当办理批准等手续的，依照其规定。未办理批准等手续影响合同生效的，不影响合同中履行报批等义务条款以及相关条款的效力。应当办理申请批准等手续的当事人未履行义务的，对方可以请求其承担违反该义务的责任。

依照法律、行政法规的规定，合同的变更、转让、解除等情形应当办理批准等手续的，适用前款规定。

2）被代理人对无权代理合同的追认。无权代理人以被代理人的名义订立合同，被代理人已经开始履行合同义务或者接受相对人履行的，视为对合同的追认。

3）越权订立的合同效力。法人的法定代表人或者非法人组织的负责人超越权限订立的合同，除相对人知道或者应当知道其超越权限外，该代表行为有效，订立的合同对法人或者非法人组织发生效力。

4）超越经营范围订立的合同效力。当事人超越经营范围订立的合同的效力，应当依照《中华人民共和国民法典》第一编第六章第三节和本小节的有关规定确定，不得仅以超越经营范围确认合同无效。

5）免责条款效力。合同中的下列免责条款无效：

① 造成对方人身损害的。

② 因故意或者重大过失造成对方财产损失的。

6）争议解决条款效力。合同不生效、无效、被撤销或者终止的，不影响合同中有关解决争议方法的条款的效力。

7）合同效力援引规定。本节对合同的效力没有规定的，适用《中华人民共和国民法典》第一编第六章的有关规定。

（2）无效合同

无效合同是指合同内容或者形式违反了法律、行政法规的强制性规定和社会公共利益，因而不能产生法律约束力，不受法律保护的合同。

无效合同自始没有法律约束力。在现实经济活动中，无效合同通常有两种情形，即整个合同无效（无效合同）和合同的部分条款无效。

1）无效合同的情形。有下列情形之一的，合同无效：

① 一方以欺诈、胁迫的手段订立合同，损害国家利益。

② 恶意串通，损害国家、集体或第三人利益。

③ 合法形式掩盖非法目的。

④ 损害社会公共利益。

⑤ 违反法律、行政法规的强制性规定。

2）免责条款。免责条款是指当事人在合同中约定免除或者限制其未来责任的合同条款。免责条款无效，是指没有法律约束力的免责条款。《中华人民共和国民法典》规定，合同中的下列免责条款无效：

① 造成对方人身损害的。

② 因故意或者重大过失造成对方财产损失的。

（3）效力待定合同

效力待定合同是指合同虽然已经成立，但因其不完全符合有关生效要件的规定，其合同效力能否发生尚未确定，须经法律规定的条件具备才能生效。

1）限制民事行为能力人订立的合同。《中华人民共和国民法典》规定，限制民事行为能力人实施的纯获利益的民事法律行为或者与其年龄、智力、精神健康状况相适应的民事法律行为有效；实施的其他民事法律行为经法定代理人同意或者追认后有效。

相对人可以催告法定代理人自收到通知之日起 30 日内予以追认。法定代理人未作表示的，视为拒绝追认。民事法律行为被追认前，善意相对人有撤销的权利。撤销应当以通知的方式作出。

2）无权代理人代订的合同。行为人没有代理权、超越代理权或者代理权终止后，仍然实施代理行为，未经被代理人追认的，对被代理人不发生效力。

相对人可以催告被代理人自收到通知之日起 30 日内予以追认。被代理人未作表示的，视为拒绝追认。行为人实施的行为被追认前，善意相对人有撤销的权利。撤销应当以通知的方式作出。

行为人实施的行为未被追认的，善意相对人有权请求行为人履行债务或者就其受到的损害请求行为人赔偿。但是，赔偿的范围不得超过被代理人追认时相对人所能获得的利益。

相对人知道或者应当知道行为人无权代理的，相对人和行为人按照各自的过错承担责任。无权代理人以被代理人的名义订立合同，被代理人已经开始履行合同义务或者接受相对人履行的，视为对合同的追认。

9. 合同履行、变更、转让、撤销和终止

（1）合同履行

《中华人民共和国民法典》规定，当事人应当按照约定全面履行自己的义务。当事人应当遵循诚信原则，根据合同的性质、目的和交易习惯履行通知、协助、保密等义务。当事人在履行合同过程中，应当避免浪费资源、污染环境和破坏生态。

合同生效后，当事人不得因姓名、名称的变更或者法定代表人、负责人、承办人的变动而不履行合同义务。

（2）合同的变更

当事人协商一致，可以变更合同。当事人对合同变更的内容约定不明确的，推定为未变更。

1）合同的变更须经当事人双方协商一致。如果双方当事人就变更事项达成一致意见，则变更后的内容取代原合同的内容，当事人应当按照变更后的内容履行合同。如果一方当事人未经对方同意就改变合同的内容，不仅变更的内容对另一方没有约束力，其做法还是一种违约行为，应当承担违约责任。

2）对合同变更内容约定不明确的推定。合同变更的内容必须明确约定。如果当事人对于合同变更的内容约定不明确，则将被推定为未变更。任何一方不得要求对方履行约定不明确的变更内容。

3）合同基础条件变化的处理。合同成立后，合同的基础条件发生了当事人在订立合同时无法预见的、不属于商业风险的重大变化，继续履行合同对于当事人一方明显不公平的，受不利影响的当事人可以与对方重新协商；在合理期限内协商不成的，当事人可以请求人民法院或者仲裁机构变更或者解除合同。

（3）合同权利义务的转让

合同转让是当事人一方取得另一方同意后将合同的权利义务转让给第三方的法律行为。合同转让是合同变更的一种特殊形式，它不是变更合同中规定的权利义务内容，而是变更合同主体。

1）合同权利（债权）转让。

① 合同权利（债权）的转让范围：《中华人民共和国民法典》规定，债权人可以将债权的全部或者部分转让给第三人，但下列三种情形之一的除外：一是根据债权性质不得转让；二是当事人约定不得转让；三是依照法律规定不得转让。当事人约定非金钱债权不得转让的，不得对抗善意第三人。当事人约定金钱债权不得转让的，不得对抗第三人。

a. 根据债权性质不得转让的债权。债权是在债的关系中权利主体具备的能够要求义务主体为一定行为或者不为一定行为的权利。债权和债务一起共同构成债的内容。如果债权随意转让给第三人，会使债权债务关系发生变化，违反当事人订立合同的目的，使当事人的合法利益得不到应有的保护。

b. 按照当事人约定不得转让的债权。当事人订立合同时可以对债权的转让做出特别约定，禁止债权人将债权转让给第三人。这种约定只要是当事人真实意思的表示，同时不违反法律禁止性规定，即对当事人产生法律的效力。债权人如果将债权转让给他人，其行为将构成违约。

c. 依照法律规定不得转让的权利（债权）。《中华人民共和国民法典》规定，最高额抵押担保的债权确定前，部分债权转让的，最高额抵押权不得转让，但是当事人另有约定的除外。最高额抵押担保的债权确定前，抵押权人与抵押人可以通过协议变更债权确定的期间、债权范围以及最高债权额。但是，变更的内容不得对其他抵押权人产生不利影响。

② 合同权利（债权）的转让应当通知债权人。

《中华人民共和国民法典》规定，债权人转让债权，未通知债务人的，该转让对债务人不发生效力。债权转让的通知不得撤销，但是经受让人同意的除外。

需要说明的是，债权人转让权利应当通知债务人，未经通知的转让行为对债务人不发生效力，但债权人债权的转让无须得到债务人的同意。这一方面是尊重债权人对其权利的行使，另一方面也防止债权人滥用权利损害债务人的利益。当债务人接到权利转让的通知后，权利转让即行生效，原债权人被新的债权人替代，或者新债权人的加入使原债权人不再完全享有原债权。

③ 债务人对让与人的抗辩。《中华人民共和国民法典》规定，债务人接到债权转让通知后，债务人对让与人的抗辩，可以向受让人主张。

抗辩权是指债权人行使债权时，债务人根据法定事由对抗债权人行使请求权的权利。债务人的抗辩权是其固有的一项权利，并不随权利的转让而消灭。在权利转让的情况下，债务人可以向新债权人行使该权利。受让人不得以任何理由拒绝债务人权利的行使。

④ 从权利随同主权利转让。《中华人民共和国民法典》规定，债权人转让债权的，受让人取得与债权有关的从权利，但是该从权利专属于债权人自身的除外。受让人取得从权利不因该从权利未办理转移登记手续或者未转移占有而受到影响。

2）合同义务（债务）转让。《中华人民共和国民法典》规定，债务人将债务的全部或者部分转移给第三人的，应当经债权人同意。债务人或者第三人可以催告债权人在合理期限内予以同意，债权人未作表示的，视为不同意。

债务转移分为两种情况：一是债务的全部转移，在这种情况下，新的债务人完全取代了旧的债务人，新的债务人负责全面履行债务；另一种情况是债务的部分转移，即新的债务人加入到原债务中，与原债务人一起向债权人履行义务。无论是转移债务还是部分债务，债务人都需要征得债权人同意。未经债权人同意，债务人转移债务的行为对债权人不发生效力。

3）合同中权利和义务的一并转让

《中华人民共和国民法典》规定，当事人一方经对方同意，可以将自己在合同中的权利和义务一并转让给第三人。合同的权利和义务一并转让的，适用债权转让、债务转移的有关规定。

权利和义务一并转让，是指合同一方当事人将其权利和义务一并转移给第三人，由第三人全部地承受这些权利和义务。权利义务一并转让的后果，导致原合同关系的消灭，第三人取代了转让方的地位，产生出一种新的合同关系。只有经对方当事人同意，才能将合同的权利和义务一并转让。如果未经对方同意，一方当事人擅自一并转让权利和义务的，其转让行为无效，对方有权就转让行为对自己造成的损害，追究转让方的违约责任。

（4）可撤销合同

所谓可撤销合同，是指因意思表示不真实，通过有撤销权的机构行使撤销权，使已经生效的意思表示归于无效的合同。

1）可撤销合同的种类包括四类：因重大误解订立的合同、在订立合同时显失公平的合同、以欺诈手段订立的合同、以胁迫的手段订立的合同。

2）合同撤销权的行使。《中华人民共和国民法典》规定，有下列情形之一的，撤销权消灭：

① 当事人自知道或者应当知道撤销事由之日起 1 年内、重大误解的当事人自知道或者应当知道撤销事由之日起 90 日内没有行使撤销权。

② 当事人受胁迫，自胁迫行为终止之日起 1 年内没有行使撤销权。

③ 当事人知道撤销事由后明确表示或者以自己的行为表明放弃撤销权。当事人自民事法律行为发生之日起 5 年内没有行使撤销权的，撤销权消灭。

3）被撤销合同的法律后果。《中华人民共和国民法典》规定，无效的或者被撤销的民事法律行为自始没有法律约束力。民事法律行为部分无效，不影响其他部分效力的，其他部分仍然有效。

（5）合同终止与违约责任

1）合同终止的条件。合同的终止，是指依法生效的合同，因具备法定的或当事人约定的情形，合同的债权、债务归于消灭，债权人不再享有合同的权利，债务人也不必再履行合同的义务。

《中华人民共和国民法典》规定，有下列情形之一的，债权债务终止：

① 债务已经履行。

② 债务相互抵销。

③ 债务人依法将标的物提存。

④ 债权人免除债务。

⑤ 债权债务同归于一人。

⑥ 法律规定或者当事人约定终止的其他情形。合同解除的，该合同的权利义务关系终止。

2）合同解除的种类。合同的解除分为两大类：

① 约定解除合同。《中华人民共和国民法典》规定，当事人协商一致，可以解除合同。当事人可以约定一方解除合同的事由。解除合同的事由发生时，解除权人可以解除合同。

② 法定解除合同。《中华人民共和国民法典》规定，有下列情形之一的，当事人可以解除合同：

a. 因不可抗力致使不能实现合同目的。b. 在履行期限届满前，当事人一方明确表示或者以自己的行为表明不履行主要债务。c. 当事人一方延迟履行主要债务，经催告后在合理期限内仍未履行。d. 当事人一方延迟履行债务或者有其他违约行为致使不能实现合同目的。e. 法律规定的其他情形。以持续履行的债务为内容的不定期合同，当事人可以随时解除合同，但是应当在合理期限之前通知对方。

法定解除是法律直接规定解除合同的条件，当条件具备时，解除权人可直接行使解除权；约定解除则是双方的法律行为，单方行为不能导致合同的解除。

3）解除合同的程序。《中华人民共和国民法典》规定，当事人一方依法主张解除合同的，应当通知对方。合同自通知到达对方时解除；通知载明债务人在一定期限内不履行债务则合同自动解除，债务人在该期限内未履行债务的，合同自通知载明的期限届满时解除。对方对解除合同有异议的，任何一方当事人均可以请求人民法院或者仲裁机构确认解除行为的效力。当事人一方未通知对方，直接以提起诉讼或者申请仲裁的方式依法主张解除合同，人民法院或者仲裁机构确认该主张的，合同自起诉状副本或者仲裁申请书副本送达对方时解除。

当事人对异议期限有约定的依照约定，没有约定的，最长期限3个月。

10. 违约责任及违约责任的免除

（1）违约责任

1）违约责任及其特点。违约责任是指合同当事人不履行或者不适当履行合同义务所应承担的民事责任。当事人一方明确表示或者以自己的行为表明不履行合同义务的，对方可以在履行期限届满之前要求其承担违约责任。违约责任具有以下特点：

① 以有效合同为前提。与侵权责任和缔约过失责任不同，违约责任必须以当事人双方事先存在的有效合同关系为前提。

② 以合同当事人不履行或者不适当履行合同义务为要件。只有合同当事人不履行或者不适当履行合同义务时，才应承担违约责任。

③ 可由合同当事人在法定范围内约定。违约责任主要是一种赔偿责任，因此可由合同当事人在法律规定的范围内自行约定。

④ 违约责任是一种民事赔偿责任。首先，它是由违约方向守约方承担的民事责任，无论是违约金还是赔偿金，均是平等主体之间的支付关系；其次，违约责任的确定，通常应以补偿守约方的损失为标准。

2）违约责任的承担方式。

当事人一方不履行合同义务或者履行合同义务不符合约定的，应当承担继续履行、采取补救措施或者赔偿损失等违约责任。

① 继续履行。继续履行是指在合同当事人一方不履行合同义务或者履行合同义务不符合合同约定时，另一方合同当事人有权要求其在合同履行期限届满后继续按照原合同约定的主要条件履行合同义务的行为。继续履行是合同当事人一方违约时，其承担违约责任的首选方式。

违反金钱债务时的继续履行。当事人一方未支付价款或者报酬的，对方可以要求其支付价款或者报酬。

违反非金钱债务时的继续履行。当事人一方不履行非金钱债务或者履行非金钱债务不符合约定的，对方可以要求履行，但有下列情形之一的除外：

a. 法律上或者事实上不能履行。

b. 债务的标的不适于强制履行或者履行费用过高。

c. 债权人在合理期限内未要求履行。

② 采取补救措施。如果合同标的物的质量不符合约定的，应当按照当事人的约定承担违约责任。对违约责任没有约定或者约定不明确的，可以协议补充；不能达成补充协议的，按照合同有关条款或者交易习惯确定。依照上述办法仍不能确定的，受损害方根据标的的性质以及损失的大小，可以合理选择要求对方承担修理、更换、重作、退货、减少价款或者报酬等违约责任。

③ 赔偿损失。当事人一方不履行合同义务或者履行合同义务不符合约定的，在履行义务或者采取补救措施后，对方还有其他损失的，应当赔偿损失。损失赔偿额应当相当于因违约所造成的损失，包括合同履行后可以获得的利益，但不得超过违反合同一方订立合同时预见到或者应当预见到的因违反合同可能造成的损失。

当事人一方违约后，对方应当采取适当措施防止损失的扩大；没有采取适当措施致使损失扩大的，不得就扩大的损失要求赔偿。当事人因防止损失扩大而支出的合理费用，由违约方承担。经营者对消费者提供商品或者服务有欺诈行为的，依照《中华人民共和国消费者权益保护法》的规定承担损害赔偿责任。

④ 违约金。当事人可以约定一方违约时应当根据违约情况向对方支付一定数额的违约金，也可以约定因违约产生的损失赔偿额的计算方法。约定的违约金低于造成的损失的，当事人可以请求人民法院或者仲裁机构予以增加；约定的违约金过分高于造成的损失的，当事人可以请求人民法院或者仲裁机构予以适当减少。当事人就迟延履行约定违约金的，违约方支付违约金后，还应当履行债务。

⑤ 定金。当事人可以依照《中华人民共和国担保法》约定一方向对方给付定金作为债权的担保。债务人履行债务后，定金应当抵作价款或者收回。给付定金的一方不履行约定的债务的，无权要求返还定金；收受定金的一方不履行约定的债务的，应当双倍返还定金。

当事人既约定违约金，又约定定金的，一方违约时，对方可以选择适用违约金或者定金条款。

3）违约责任的承担主体。

① 合同当事人双方违约时违约责任的承担。当事人双方都违反合同的，应当各自承担相应的责任。

② 因第三人原因造成违约时违约责任的承担。当事人一方因第三人的原因造成违约的，应当向对方承担违约责任。当事人一方和第三人之间的纠纷，依照法律规定或者依照约定解决。

③ 违约责任与侵权责任的选择。因当事人一方的违约行为，侵害对方人身、财产权益的，受损害方有权选择依照《中华人民共和国民法典》要求其承担违约责任或者依照其他法律要求其承担侵权责任。

（2）不可抗力

当事人一方因不可抗力不能履行合同的，根据不可抗力的影响，部分或者全部免除责任，但是法律另有规定的除外。因不可抗力不能履行合同的，应当及时通知对方，以减轻可能给对方造成的损失，并应当在合理期限内提供证明。

当事人迟延履行后发生不可抗力的，不免除其违约责任。

11. 合同争议解决

合同争议是指合同当事人之间对合同履行状况和合同违约责任承担等问题所产生的意见分歧。合同争议的解决方式有和解、调解、仲裁或者诉讼。

（1）和解与调解

和解与调解是解决合同争议的常用和有效方式。当事人可以通过和解或者调解解决合同争议。

1）和解。和解是合同当事人之间发生争议后，在没有第三人介入的情况下，合同当事人双方在自愿、互谅的基础上，就已经发生的争议进行商谈并达成协议，自行解决争议的一种方式。和解方式简便易行，有利于加强合同当事人之间的协作，使合同能更好地得到履行。

2）调解。调解是指合同当事人于争议发生后，在第三者的主持下，根据事实、法律和合同，经过第三者的说服与劝解，使发生争议的合同当事人双方互谅、互让，自愿达成协议，从而公平、合理地解决争议的一种方式。与和解相同，调解也具有方法灵活、程序简便、节省时间和费用、不伤害发生争议的合同当事人双方的感情等特征，而且由于有第三者的介入，可以缓解发生争议的合同双方当事人之间的对立情绪，便于双方较为冷静、理智地考虑问题。同时，由于第三者常常能够站在较为公正的立场上，较为客观、全面地看待、分析争议的有关问题并提出解决方案，从而有利于争议的公正解决。参与调解的第三者不同，调解的性质也就不同。调解有民间调解、仲裁机构调解、法庭调解三种。

（2）仲裁

仲裁是指发生争议的合同当事人双方根据合同种种约定的仲裁条款或者争议发生后由其达成的书面仲裁协议，将合同争议提交给仲裁机构并由仲裁机构按照仲裁法律规范的规定居中裁决，从而解决合同争议的法律制度。当事人不愿协商、调解或协商、调解不成的，可以根据合同中的仲裁条款或事后达成的书面仲裁协议，提交仲裁机构仲裁。涉外合同的当事人可以根据仲裁协议向中国仲裁机构或者其他仲裁机构申请仲裁。

根据《中华人民共和国仲裁法》，对于合同争议的解决，实行"或裁或审制"。即发生争议的合同当事人双方只能在"仲裁"或者"诉讼"两种方式中选择一种方式解决其合同争议。仲裁裁决具有法律约束力。合同当事人应当自觉执行裁决。不执行的，另一方当事人可以申请有管辖权的人民法院强制执行。裁决做出后，当事人就同一争议再申请仲裁或者向人民法院起诉的，仲裁机构或者人民法院不予受理。但当事人对仲裁协议的效力有异议的，可以请求仲裁机构做出决定或者请求人民法院做出裁定。

（3）诉讼

诉讼是指合同当事人依法将合同争议提交人民法院受理，由人民法院依司法程序通过调查、做出判决、采取强制措施等来处理争议的法律制度。有下列情形之一的，合同当事人可以选择诉讼方式解决合同争议：

1）合同争议的当事人不愿和解、调解的。

2）经过和解、调解未能解决合同争议的。

3）当事人没有订立仲裁协议或者仲裁协议无效的。

4）仲裁裁决被人民法院依法裁定撤销或者不予执行的。

合同当事人双方可以在签订合同时约定选择诉讼方式解决合同争议，并依法选择有管辖权的人民法院，但不得违反《中华人民共和国民事诉讼法》关于级别管辖和专属管辖的规定。对于一般合同争议，由被告住所地或者合同履行地人民法院管辖。建设工程施工合同以施工行为地为合同履行地。

2.3　《中华人民共和国招标投标法》

《中华人民共和国招标投标法》规定，在中华人民共和国境内进行下列工程建设项目（包括项目的勘察、设计、施工、监理以及与工程建设有关的重要设备、材料等的采购），必须进行招标：

1）大型基础设施、公用事业等关系社会公共利益、公众安全的项目。

2）全部或者部分使用国有资金投资或者国家融资的项目。

3）使用国际组织或者外国政府贷款、援助资金的项目。

任何单位和个人不得将依法必须进行招标的项目化整为零或者以其他任何方式规避招标。依法必须进行招标的项目，其招标投标活动不受地区或者部门的限制。任何单位和个人不得违法限制或者排斥本地区、本系统以外的法人或者其他组织参加投标，不得以任何方式非法干涉招标投标活动。有关行政监督部门依法对招标投标活动实施监督，依法查处招标投标活动中的违法行为。

2.3.1　招标与投标

1. 招标方式

招标分为公开招标和邀请招标两种方式。国务院发展改革部门确定的国家重点项目和省、自治区、直辖市人民政府确定的地方重点项目不适宜公开招标的，经国务院发展改革部门或者省、自治区、直辖市人民政府批准，可以进行邀请招标。

1）招标人采用公开招标方式的，应当发布招标公告。依法必须进行招标的项目，应当通过国家指定的报刊、信息网络或者媒介发布招标公告。

2）招标人采用邀请招标方式的，应当向 3 个以上具备承担招标项目能力、资信良好的特定法人或者其他组织发出投标邀请书。招标公告或投标邀请书应当载明招标人的名称和地址，招标项目的性质、数量、实施地点和时间以及获取招标文件的办法等事项。招标人不得以不合理的条件限制或者排斥潜在投标人，不得对潜在投标人实行歧视待遇。

2. 招标文件

招标人应当根据招标项目的特点和需要编制招标文件。招标文件应当包括招标项目的技术要求、对招标人资格审查的标准、投标报价要求和评标标准等所有实质性要求和条件以及拟签订合同的主要条款。招标项目需要划分标段、确定工期的，招标人应当合理划分标段、确定工期，并在招标文件中载明。

招标文件不得要求或者标明特定的生产供应者以及含有倾向或者排斥潜在投标人的其他内容。招标人不得向他人透露已获取招标文件的潜在投标人的名称、数量及可能影响公平竞争的有关招标投标的其他情况。

招标人对已发出的招标文件进行必要的澄清或者修改的，应当在招标文件要求提交投标文件截止时间至少 15 日前，以书面形式通知所有招标文件收受人。该澄清或者修改的内容为招标文件的组成部分。

招标人设有标底的，标底必须保密。招标人应当确定投标人编制投标文件所需要的合理时间。依法必须进行招标的项目，自招标文件开始发出之日起至投标人提交投标文件截止之日止，最短不得少于 20 日。

3. 投标文件

投标人应当具备承担招标项目的能力。国家有关规定对投标人资格条件或者招标文件对投标人资格条件有规定的，投标人应当具备规定的资格条件。

（1）投标文件的内容

投标人应当按照招标文件的要求编制投标文件，投标文件应当对招标文件提出的实质性要求和条件作出响应。对属于建设施工的招标项目，投标文件的内容应当包括拟派出的项目负责人与主要技术人员的简历、业绩和拟用于完成招标项目的机械设备等。

根据招标文件载明的项目实际情况，投标人如果准备在中标后将中标项目的部分非主体、非关键工程进行分包的，应当在投标文件中载明。在招标文件要求提交投标文件的截止时间前，投标人可以补充、修改或者撤回已提交的投标文件，并书面通知招标人，补充、修改的内容为投标文件的组成部分。

（2）投标文件的送达

投标人应当在招标文件要求提交投标文件的截止时间前，将投标文件送达投标地点。招标人收到投标文件后，应当签收保存，不得开启。投标人少于 3 个的，招标人应当依照《中华人民共和国招标投标法》重新招标。在招标文件要求提交投标文件的截止时间后送达的投标文件，招标人应当拒收。

（3）其他规定

投标人不得相互串通投标报价，不得排挤其他投标人的公平竞争、损害招标人或其他投标人的合法权益。投标人不得与招标人串通投标，损害国家利益、社会公共利益或者他人的合法权益。投标人不得以低于成本的报价竞标，也不得以他人名义投标或者以其他方式弄虚作假，骗取中标。禁止投标人以向招标人或评标委员会成员行贿的手段谋取中标。

2.3.2 开标、评标和中标

1. 开标

开标应当在招标人的主持下，在招标文件确定的提交投标文件截止时间的同一时间、招标文件中预先确定的地点公开进行。应邀请所有投标人参加开标。开标时，由投标人或者其推选的代表检查投标文件的密封情况，也可以由招标人委托的公证机构检查并公证，经确认无误后，由工作人员当众拆封，宣读投标人名称、投标价格和投标文件的其他主要内容。开标过程应当记录，并存档备查。

2. 评标

评标由招标人依法组建的评标委员会负责。

（1）评标委员会的组成

依法必须进行招标的项目，其评标委员会由招标人的代表和有关技术、经济等方面的专家组成，成员人数为 5 人以上单数，其中，技术、经济等方面的专家不得少于成员总数的

2/3。评标委员会的专家成员应当从国务院有关部门或者省、自治区、直辖市人民政府有关部门提供的专家名册或者招标代理机构的专家库内的相关专业的专家名单中确定，一般招标项目可以采取随机抽取方式，特殊招标项目可以由招标人直接确定。

与投标人有利害关系的人不得选入相关项目的评标委员会，已经选入的，应当进行更换。评标委员会成员的名单在中标结果确定前应当保密。

（2）投标文件的澄清或者说明

评标委员会可以要求投标人对投标文件中含义不明确的内容做必要的澄清或者说明，但澄清或者说明不得超出投标文件的范围或改变投标文件的实质性内容。

（3）评标

招标人应当采取必要的措施，保证评标在严格保密的情况下进行。评标委员会应当按照招标文件确定的评标标准和方法，对投标文件进行评审和比较。设有标底的，应当参考标底。中标人的投标应当符合下列条件之一：

1）能够最大限度地满足招标文件中规定的各项综合评价标准。

2）能够满足招标文件的实质性要求，并且经评审的投标价格最低。但是，投标价格低于成本的除外。

评标委员会经评审，认为所有投标都不符合招标文件要求的，可以否决所有投标。评标委员会完成评标后，应当向招标人提出书面评标报告，并推荐合格的中标候选人。招标人据此确定中标人。招标人也可以授权评标委员会直接确定中标人。在确定中标人前，招标人不得与投标人就投标价格、投标方案等实质性内容进行谈判。

3. 中标

中标人确定后，招标人应当向中标人发出中标通知书，并同时将中标结果通知所有未中标的投标人。中标通知书对招标人和中标人具有法律效力，中标通知书发出后，招标人改变中标结果或者中标人放弃中标项目的，应当依法承担法律责任。

招标人和中标人应当自中标通知书发出之日起30日内，按照招标文件和中标人的投标文件订立书面合同。招标人和中标人不得再订立背离合同实质性内容的其他协议。招标文件要求中标人提交履约保证金的，中标人应当提交。依法必须进行招标的项目，招标人应当自确定中标人之日起15日内，向有关行政监督部门提交招标投标情况的书面报告。

2.4　其他相关法律法规

2.4.1　《中华人民共和国政府采购法》

《中华人民共和国政府采购法》所称政府采购，是指各级国家机关、事业单位和团体组织，使用财政性资金采购依法制定的集中采购目录以内的或采购限额标准以上的货物、工程和服务的行为。政府采购工程进行招标投标的，适用《中华人民共和国招标投标法》。

政府采购实行集中采购和分散采购相结合。集中采购的范围由省级以上人民政府公布的集中采购目录确定。

1. 政府采购当事人

采购人采购纳入集中采购目录的政府采购项目，必须委托集中采购机构代理采购；采购未纳入集中采购目录的政府采购项目，可以自行采购，也可以委托集中采购机构在委托的范围内代理采购。

采购人可以根据采购项目的特殊要求，规定供应商的特定条件，但不得以不合理的条件对供应商实行差别待遇或者歧视待遇。两个以上的自然人、法人或者其他组织可以组成一个联合体，以一个供应商的身份共同参加政府采购。

2. 政府采购方式

政府采购可采用的方式有公开招标、邀请招标、竞争性谈判、单一来源采购、询价，以及国务院政府采购监督管理部门认定的其他采购方式。公开招标应作为政府采购的主要采购方式。

（1）公开招标

采购货物或服务应当采用公开招标方式的，其具体数额标准，属于中央预算的政府采购项目，由国务院规定属于地方预算的政府采购项目，由省、自治区、直辖市人民政府规定；因特殊情况需要采用公开招标以外的采购方式的，应当在采购活动开始前获得设区的市、自治州以上人民政府采购监督管理部门的批准。

（2）邀请招标

符合下列情形之一的货物或服务，可采用邀请招标方式采购：

1）具有特殊性，只能从有限范围的供应商处采购的。

2）采用公开招标方式的费用占政府采购项目总价值的比例过大的。

（3）竞争性谈判

符合下列情形之一的货物或服务，可采用竞争性谈判方式采购：

1）招标后没有供应商投标或没有合格标的或重新招标未能成立的。

2）技术复杂或性质特殊，不能确定详细规格或具体要求的。

3）采用招标所需时间不能满足用户紧急需要的。

4）不能事先计算出价格总额的。

（4）单一来源采购

符合下列情形之一的货物或服务，可以采用单一来源方式采购：

1）只能从唯一供应商处采购的。

2）发生不可预见的紧急情况，不能从其他供应商处采购的。

3）必须保证原有采购项目一致性或服务配套的要求，需要继续从原供应商处添购且添购资金总额不超过原合同采购金额10%的。

（5）询价

采购的货物规格、标准统一，现货货源充足且价格变化幅度小的政府采购项目，可以采用询价方式采购。

3. 政府采购合同

政府采购合同应当采用书面形式。采购人可以委托采购代理机构代表与供应商签订政府采购合同。由采购代理机构以采购人名义签订合同的，应当提交采购人的授权委托书，作为合同附件。经采购人同意，中标、成交供应商可依法采取分包方式履行合同。政府采购合同履行中，采购人需追加与合同标的相同的货物、工程或服务的，在不改变合同其他条款的前提下，可以与供应商协商签订补充合同，但所有补充合同的采购金额不得超过原合同采购金额的 10%。

2.4.2　《中华人民共和国价格法》

《中华人民共和国价格法》中的价格包括商品价格和服务价格。大多数商品和服务价格实行市场调节价，只有极少数商品和服务价格实行政府指导价或政府定价。我国的价格管理机构是县级以上各级政府价格主管部门和其他有关部门。

1. 经营者的价格行为

（1）经营者权利

经营者享有如下权利：

1）自主制定属于市场调节的价格。

2）在政府指导价规定的幅度内制定价格。

3）制定属于政府指导价、政府定价产品范围内的新产品的试销价格，特定产品除外。

4）检举、控告侵犯其依法自主定价权利的行为。

（2）经营者违规行为

经营者不得有下列不正当行为：

1）相互串通，操纵市场价格，侵害其他经营者或消费者的合法权益。

2）除降价处理鲜活、季节性、积压商品外，为排挤对手或独占市场，以低于成本的价格倾销，扰乱正常的生产经营秩序，侵害国家利益或者其他经营者的合法权益。

3）捏造、散布涨价信息，哄抬价格，推动商品价格过高上涨。

4）利用虚假或使人误解的价格手段，诱骗消费者或者其他经营者与其进行交易。

5）对具有同等交易条件的其他经营者实行价格歧视等。

2. 政府的定价行为

（1）政府定价的商品

对下列商品和服务价格，政府在必要时可以实行政府指导价或政府定价：

1）与国民经济发展和人民生活关系重大的极少数商品价格。

2）资源稀缺的少数商品价格。

3）自然垄断经营的商品价格。

4）重要的公用事业价格。

5）重要的公益性服务价格。

（2）定价目录

政府指导价、政府定价的定价权限和具体适用范围，以中央和地方的定价目录为依据。中央定价目录由国务院价格主管部门制定、修订，报国务院批准后公布。地方定价目录由省、自治区、直辖市人民政府价格主管部门按照中央定价目录规定的定价权限和具体适用范围制定，经本级人民政府审核同意，报国务院价格主管部门审定后公布。省、自治区、直辖市人民政府以下各级地方人民政府不得制定定价目录。

（3）定价依据

政府应当依据有关商品或者服务的社会平均成本和市场供求状况、

音频 2-2：定价依据

国民经济与社会发展要求以及社会承受能力，实行合理的购销差价、批零差价、地区差价和季节差价。制定关系群众切身利益的公用事业价格、公益性服务价格、自然垄断经营的商品价格时，应当建立听证会制度，征求消费者、经营者和有关方面的意见。

3. 价格总水平调控

当重要商品和服务价格显著上涨或者有可能显著上涨时，国务院和省、自治区、直辖市人民政府可以对部分价格采取限定差价率或者利润率、规定限价、实行提价申报制度和调价备案制度等干预措施。省、自治区、直辖市人民政府采取上述规定的干预措施时，应当报国务院备案。

第3章 工程造价概述

3.1 工程造价的概念

工程造价是指进行一个工程项目的建造所花费的全部费用,即从工程项目确定建设意向直至建成竣工验收为止的整个建设期间所支出的总费用,这是保证工程项目建造正常进行的必要资金,是建设项目投资中的最主要的部分。工程造价主要由工程费用和工程其他费用组成。

音频3-1:工程
造价的两种
含义

1. 工程费用

工程费用包括建筑工程费用、安装工程费用和设备及工器具购置费用。

（1）建筑工程费用

建筑工程费用是指工程项目设计范围内的建设场地平整、竖向布置土石方工程费;各类房屋建筑及其附属的室内供水、供热、卫生、电气、燃气、通风空调、弱电等设备及管线安装工程费;各类设备基础、地沟、水池、冷却塔、烟囱烟道、水塔、栈桥、管架、挡土墙、厂区道路、绿化等工程费;铁路专用线、厂外道路、码头等工程费。

（2）安装工程费用

安装工程费用是指主要生产、辅助生产、公用等单项工程中需要安装的工艺、电气、自动控制、运输、供热、制冷等设备、装置安装工程费;各种工艺、管道安装及衬里、防腐、保温等工程费;供电、通信、自控等管线电缆的安装工程费。

（3）设备及工器具购置费用

设备及工器具购置费用是指建设项目设计范围内的需要安装及不需要安装的设备、仪器、仪表等及其必要的备品备件购置费;为保证投产初期正常生产所必需的仪器仪表、工卡量具、模具、器具及生产家具等的购置费。在生产性建设项目中,设备工器具费用可称为"积极投资",它占项目投资费用比重的提高标志着技术的进步和生产部门有机构成的提高。

2. 工程建设其他费用

工程建设其他费用是指未纳入以上工程费用的由项目投资支付的为保证工程建设顺利完成和交付使用后能够正常发挥效用而必需开支的费用。它包括建设单位管理费、土地使用费、研究试验费、勘察设计费、供配电贴费、生产准备费、引进技术和进口设备其他费、施工机构迁移费、联合试运转费、预备费、财务费以及涉及固定资产投资的其他税费等。

3. 工程造价的含义

工程造价就是工程的建造价格。工程泛指一切建设工程,它的范围和内涵具有很大的不确定性。工程造价有以下两种含义:

1）第一种含义是指建设项目工程预期开支或实际开支的全部固定资产投资费用。显然，这一含义是从投资者——业主的角度来定义的。投资者选定一个投资项目，为了获得预期的效益，就要通过项目评估进行决策，然后进行设计招标、工程招标，直至竣工验收等系列投资管理活动。

在投资活动中所支付的全部费用形成固定资产和无形资产。所有这些开支就构成了工程造价。从这个意义上来讲，工程造价就是工程投资费用，建设项目工程造价就是建设项目固定资产投资。

2）第二种含义是指工程价格。即为建成项目工程，预计或实际在土地市场、设备市场、技术劳务市场，以及承包市场等交易活动中所形成的建筑安装工程的价格和建设工程总价格。显然，工程造价的第二种含义是以社会主义商品经济和市场经济为前提的。它以工程这种特定的商品形式作为交易对象，通过招标投标或其他交易方式，在进行多次预估的基础上，最终由市场形成的价格。

通常，人们将工程造价的第二种含义认定为工程承发包价格。应该肯定的是，承发包价格是工程造价中重要的、也是最典型的价格形式之一。它是在建筑市场通过招标投标，由需求主体——投资者和供给主体——承包商共同认可的价格。鉴于建筑安装工程价格在项目固定资产中占有 50%～60% 的份额，又是工程建设中最活跃的部分；以及建筑企业是建设工程的实施者和其重要的市场主体地位，工程承发包价格被界定为工程造价的第二种含义，很有现实意义。但是，如上所述这样界定对工程造价的含义理解较为狭窄。

所谓工程造价的两种含义，是以不同角度把握同一事物的本质。对建设工程的投资者来讲，面对市场经济条件下的工程造价就是项目投资，是"购买"项目要付出的价格；同时也是投资者在作为市场供给主体时"出售"项目时定价的基础。对于承包商、供应商和规划设计等机构来讲，工程造价是他们作为市场供给主体出售商品和劳务的价格的总和，或是特指范围的工程造价如建筑安装工程造价。

区别工程造价的两种含义，其理论意义在于为投资者和以承包商为代表的供应商的市场行为提供理论依据。当政府提出降低工程造价时，是站在投资者的角度充当着市场需求主体的角色；当承包商提出要提高工程造价、提高利润率，并获得更多的实际利润时，是要实现一个市场供给主体的管理目标。这是市场运行机制的必然，不同的利益主体绝不能混为一谈。

4. 工程造价的特点

（1）工程造价的大额性

土木工程表现为实物，形体庞大，投入人力、物力、设备众多，且施工周期长，因而造价高昂，特大的工程项目造价可达数百亿元甚至数千亿元人民币。工程造价的大额性使它关系到各方面的重大经济利益，同时也会对宏观经济产生重大影响。因此，工程造价的大额性决定了工程造价的特殊地位，同时也体现出了造价管理的重要意义。

（2）工程造价的个别性和差异性

任何一项工程都有其特定的用途、功能和规模。因此，对每一项工程的结构、造型、空间分割，设备配置和内外装饰都有其具体的要求。因此，每项工程的实物形态具有个别性，也就是项目具有一次性。建筑产品的个别性与建筑施工的一次性决定了工程造价的个别性与差异性。同时，每项工程所处地区、地段都不相同，也使这一特点得到了强化。

（3）工程造价的动态性

任何一项工程从决策到竣工交付使用，都有一个较长的建设期，而且由于不可预控因素的影响，在计划工期内，许多影响工程造价的动态因素，如工程设计变更，设备材料价格、工资标准、利率、汇率等变化，必然会影响到造价的变动。所以，工程造价在整个建设期中处于动态状况，直至竣工决算后才能最终确定工程的实际造价。

3.2　工程造价的构成

1. 我国现行建设项目总投资及工程造价的构成

（1）建设项目总投资的含义

建设项目总投资是指为完成工程项目建设并达到使用要求或生产条件，在建设期内预计或实际投入的全部费用总和。生产性建设项目总投资包括工程造价（或固定资产投资）和流动资金（或流动资产投资）。非生产性建设项目总投资一般仅指工程造价。

（2）建设项目总投资的构成

建设项目总投资的构成内容如图 3-1 所示。

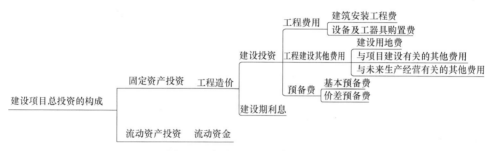

图 3-1　建设项目总投资的构成

工程造价（固定资产投资）包括建设投资和建设期利息。

建设投资是工程造价中的主要构成部分，是为完成工程项目建设，在建设期内投入且形成现金流的全部费用。建设投资包括工程费用、工程建设其他费用和预备费三部分。工程费用是指建设期内直接用于工程建造、设备购置及其安装的建设投资，可以分为建筑工程费、安装工程费和设备及工器具购置费；其中建筑工程费和安装工程费有时又统称为建筑安装工程费。工程建设其他费用是指建设期发生的与土地使用权取得、整个工程项目建设以及未来生产经营有关的建设投资，是不包括在工程费用中的费用。预备费是在建设期内因各种不可预见因素的变化而预留的可能增加的费用，包括基本预备费和价差预备费。

流动资金是指为进行正常生产运营，用于购买原材料、燃料，支付工资及其他经营费用等所需的周转资金。

在可行性研究阶段可根据需要计为全部流动资金，在初步设计及以后阶段可根据需要计为铺底流动资金。铺底流动资金是指生产经营性建设项目为保证投产后正常的生产营运所需，并在项目资本金中筹措的自有流动资金。

2. 国外建设工程造价的构成

国外各个国家的建设工程造价构成有所不同，具有代表性的是世界银行、国际咨询工程师联合会对建设工程造价构成的规定。这些国际组织对工程项目的总建设成本（相当于我国的工程造价）做了统一规定，工程项目总建设成本包括直接建设成本、间接建设成本、应急费和建设成本上升费等。

3.3 工程造价的费用

3.3.1 建筑工程费用的构成

1. 建筑安装工程费用项目组成（按费用构成要素划分）

建筑安装工程费用按照费用构成要素划分：由人工费、材料（包含工程设备，下同）费、施工机具使用费、企业管理费、利润、规费和税金组成。其中，人工费、材料费、施工机具使用费、企业管理费和利润包含在分部分项工程费、措施项目费、其他项目费中，如图 3-2 所示。

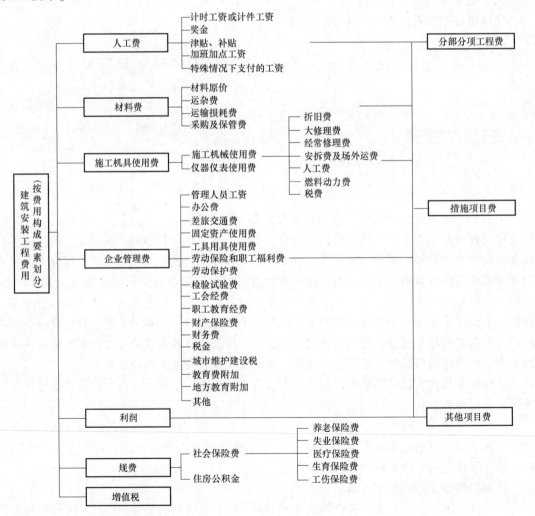

图 3-2　按费用构成要素划分建筑安装工程费用项目组成

（1）人工费

人工费是指按工资总额构成规定，支付给从事建筑安装工程施工的生产工人和附属生产单位工人的各项费用。其内容包括以下几方面：

1）计时工资或计件工资。计时工资或计件工资是指按计时工资标准和工作时间或对已做工作按计件单价支付给个人的劳动报酬。

2）奖金。奖金是指对超额劳动和增收节支支付给个人的劳动报酬。如节约奖、劳动竞赛奖等。

3）津贴、补贴。津贴、补贴是指为了补偿职工特殊或额外的劳动消耗和因其他特殊原因支付给个人的津贴，以及为了保证职工工资水平不受物价影响支付给个人的物价补贴。如流动施工津贴、特殊地区施工津贴、高温（寒）作业临时津贴、高空津贴等。

4）加班加点工资。加班加点工资是指按规定支付的在法定节假日工作的加班工资和在法定日工作时间外延时工作的加点工资。

5）特殊情况下支付的工资。特殊情况下支付的工资是指根据国家法律、法规和政策规定，因病、工伤、产假、计划生育假、婚丧假、事假、探亲假、定期休假、停工学习、执行国家或社会义务等原因按计时工资标准或计时工资标准的一定比例支付的工资。

（2）材料费

材料费是指施工过程中耗费的原材料、辅助材料、构配件、零件、半成品或成品、工程设备的费用。其内容包括以下几方面：

1）材料原价。材料原价是指材料、工程设备的出厂价格或商家供应价格。

2）运杂费。运杂费是指材料、工程设备自来源地运至工地仓库或指定堆放地点所发生的全部费用。

3）运输损耗费。运输损耗费是指材料在运输装卸过程中不可避免的损耗产生的费用。

4）采购及保管费。采购及保管费是指为组织采购、供应和保管材料、工程设备的过程中所需要的各项费用，包括采购费、仓储费、工地保管费、仓储损耗。工程设备是指构成或计划构成永久工程一部分的机电设备、金属结构设备、仪器装置及其他类似的设备和装置。

（3）施工机具使用费

施工机具使用费是指施工作业所发生的施工机械、仪器仪表使用费或其租赁费。

1）施工机械使用费。以施工机械台班耗用量乘以施工机械台班单价表示，施工机械台班单价应由以下七项费用组成：

① 折旧费。折旧费是指施工机械在规定的使用年限内，陆续收回其原值的费用。

② 大修理费。大修理费是指施工机械按规定的大修理间隔台班进行必要的大修理，以恢复其正常功能所需的费用。

③ 经常修理费。经常修理费是指施工机械除大修理以外的各级保养和临时故障排除所需的费用。其包括为保障机械正常运转所需替换设备与随机配备工具、附具的摊销和维护费用，机械运转中日常保养所需润滑与擦拭的材料费用及机械停滞期间的维护和保养费用等。

④ 安拆费及场外运费。安拆费是指施工机械（大型机械除外）在现场进行安装与拆卸所需的人工、材料、机械和试运转费用以及机械辅助设施的折旧、搭设、拆除等费用；场外运费是指施工机械整体或分体自停放地点运至施工现场或由一施工地点运至另一施工地点的运输、装卸、辅助材料及架线等费用。

⑤ 人工费。人工费是指机上司机（司炉）和其他操作人员的人工费。

⑥ 燃料动力费。燃料动力费是指施工机械在运转作业中所消耗的各种燃料及水、电费用等。

⑦ 税费。税费是指施工机械按照国家规定应缴纳的车船使用税、保险费及年检费等。

2）仪器仪表使用费。仪器仪表使用费是指工程施工所需使用的仪器仪表的摊销及维修费用。

（4）企业管理费

企业管理费是指建筑安装企业组织施工生产和经营管理所需的费用。

（5）利润

利润是指施工企业完成所承包工程获得的盈利。

（6）规费

规费是指按国家法律、法规规定，由省级政府和省级有关权力部门规定必须缴纳或计取的费用，包括社会保险费、住房公积金。

（7）增值税

增值税是指国家税法规定的应计入建筑安装工程造价内的增值税。

2. 建筑安装工程费用项目组成（按造价形成划分）

建筑安装工程费用按照工程造价形成划分，由分部分项工程费、措施项目费、其他项目费、规费和税金组成，如图3-3所示。

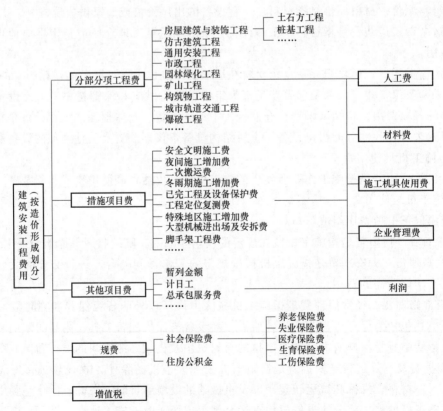

图 3-3　按造价形成划分建筑安装工程费用项目组成

（1）分部分项工程费

分部分项工程费是指各专业工程的分部分项工程应予列支的各项费用。

1）专业工程。专业工程是指按现行国家计量规范划分的房屋建筑与装饰工程、仿古建筑工程、通用安装工程、市政工程、园林绿化工程、矿山工程、构筑物工程、城市轨道交通工程、爆破工程等各类工程。

2）分部分项工程。分部分项工程是指按现行国家计量规范对各专业工程划分的项目，如房屋建筑与装饰工程划分的土石方工程、地基处理与桩基工程、砌筑工程、钢筋及钢筋混凝土工程等。各类专业工程的分部分项工程划分参见现行国家或行业计量规范。

（2）措施项目费

措施项目费是指为完成建设工程施工，发生于该工程施工前和施工过程中的技术、生活、安全、环境保护等方面的费用。其内容包括：安全文明施工费、夜间施工增加费、二次搬运费、冬雨期施工增加费、已完工程及设备保护费、工程定位复测费、特殊地区施工增加费、大型机械设备进出场及安拆费、脚手架工程费等。

音频 3-2：措施项目费的内容

（3）其他项目费

其包括：暂列金额、计日工、总承包服务费和暂估价。

3.3.2 建筑工程费用的计取方法

1. 建筑工程费用的内容

1）各类房屋建筑工程和列入房屋建筑工程预算的供水、供暖、卫生、通风、煤气等设备费用及其装设、油饰工程的费用，列入建筑工程预算的各种管道、电力、电信和电缆导线敷设工程的费用。

2）设备基础、支柱、工作台、烟囱、水塔、水池灰塔等建筑工程以及各种炉窑的砌筑工程和金属结构工程的费用。

3）为施工而进行的场地平整，工程和水文地质勘查，原有建筑物和障碍物的拆除以及施工临时用水、电、暖、气、路、通信和完工后的场地清理，环境绿化、美化等工作的费用。

4）矿井开凿，井巷延伸，露天矿剥离，石油、天然气钻井，修建铁路、公路、桥梁、水库、堤坝、灌渠及防洪等工程的费用。

2. 我国现行建筑工程费用项目的组成

根据住房和城乡建设部、财政部颁布的《关于印发〈建筑安装工程费用项目组成〉的通知》（建标〔2013〕44 号），我国现行建筑安装工程费用项目按两种不同的方式划分，即按费用构成要素划分和按造价形成划分。

3. 按费用构成要素划分建筑安装工程费用项目的构成和计算

按照费用构成要素划分，建筑安装工程费用包括人工费、材料费、施工机具使用费、企业管理费、利润、规费和税金。

（1）人工费

建筑安装工程费用中的人工费，是指支付给直接从事建筑安装工程施工作业的生产工人的各项费用。计算人工费的基本要素有两个，即人工工日消耗量和人工日工资单价。

1）人工工日消耗量。它是指在正常施工生产条件下，完成规定计量单位的建筑安装产品所消耗的生产工人的工日数量。它由分项工程所综合的各个工序劳动定额包括的基本用工和其他用工两部分组成。

2）人工日工资单价。它是指直接从事建筑安装工程施工的生产工人在每个法定工作日的工资、津贴及奖金等。

人工费的基本计算公式为

$$人工费 = （工日消耗量 × 日工资单价） \tag{3-1}$$

（2）材料费

建筑安装工程费用中的材料费，是指工程施工过程中耗费的各种原材料、半成品、构配件、工程设备等的费用，以及周转材料等的摊销、租赁费用。计算材料费的基本要素是材料消耗量和材料单价。

1）材料消耗量。它是指在正常施工生产条件下，完成规定计量单位的建筑安装产品所消耗的各类材料的净用量和不可避免的损耗量。

2）材料单价。它是指建筑材料从其来源地运到施工工地仓库直至出库形成的综合平均单价，由材料原价、运杂费、运输损耗费、采购及保管费组成。当采用一般计税方法时，材料单价中的材料原价、运杂费等均应扣除增值税进项税额。

材料费的基本计算公式为

$$材料费 = \sum （材料消耗量 × 材料单价） \tag{3-2}$$

（3）施工机具使用费

建筑安装工程费用中的施工机具使用费，是指施工作业所发生的施工机械、仪器仪表使用费或租赁费。

1）施工机械使用费。施工机械使用费是指施工机械作业发生的使用费或租赁费。构成施工机械使用费的基本要素是施工机械台班消耗量和机械台班单价。施工机械台班消耗量是指在正常施工生产条件下，完成规定计量单位的建筑安装产品所消耗的施工机械台班的数量。施工机械台班单价是指折合到每台班的施工机械使用费。施工机械使用费的基本计算公式为

$$施工机械使用费 = \sum （施工机械台班消耗量 × 机械台班单价） \tag{3-3}$$

施工机械台班单价通常由折旧费、检修费、维护费、安拆费及场外运费、人工费、燃料动力费和其他费用组成。

2）仪器仪表使用费。它是指工程施工所需使用的仪器仪表的摊销及维修费用。与施工机械使用费类似，仪器仪表使用费的基本计算公式为

$$仪器仪表使用费 = \sum （仪器仪表台班消耗量 × 仪器仪表台班单价） \tag{3-4}$$

仪器仪表台班单价通常由折旧费、维护费、校验费和动力费组成。当采用一般计税方法时，施工机械台班单价和仪器仪表台班单价中的相关子项均需扣除增值税进项税额。

（4）企业管理费

1）企业管理费的内容。

企业管理费是指施工单位组织施工生产和经营管理所发生的费用。其内容包括以下几方面：

① 管理人员工资。它是指按规定支付给管理人员的计时工资、奖金、津贴补贴、加班

加点工资及特殊情况下支付的工资等。

② 办公费。它是指企业管理办公用的文具、纸张、账簿、印刷、邮电、书报、办公软件、现场监控、会议、水电、烧水和集体取暖降温（包括现场临时宿舍取暖降温）等费用。当采用一般计税方法时，办公费中增值税进项税额的扣除原则：以购进货物适用的相应税率扣减，其中购进自来水、暖气、冷气、图书、报纸、杂志等适用的税率为 9%，接受邮政和基础电信服务等适用的税率为 9%，接受增值电信服务等适用的税率为 6%，其他税率一般为 13%。

③ 差旅交通费。它是指职工因公出差、调动工作的差旅费、住勤补助费，市内交通费和误餐补助费，职工探亲路费，劳动力招募费，职工退休、退职一次性路费，工伤人员就医路费，工地转移费以及管理部使用交通工具的油料、燃料等费用。

④ 固定资产使用费。它是指管理和试验部门及附属生产单位使用的属于固定资产的房屋、设备、仪器等的折旧、大修、维修或租赁费。当采用一般计税方法时，固定资产使用费中增值税进项税额的扣除原则：购入的不动产适用的税率为 9%，购入的其他固定资产适用的税率为 13%。设备、仪器的折旧、大修、维修或租赁费以购进货物、接受修理修配劳务或租赁有形动产服务适用的税率扣除，均为 13%。

⑤ 工具用具使用费。它是指企业施工生产和管理使用的不属于固定资产的工具、器具、家具、交通工具和检验、试验、测绘、消防用具等的购置、维修和摊销费。当采用一般计税方法时，工具用具使用费中增值税进项税额的扣除原则：以购进货物或接受修理修配劳务适用的税率扣减，均为 13%。

⑥ 劳动保险和职工福利费。它是指由企业支付的职工退职金、按规定支付给离休干部的经费，集体福利费、夏季防暑降温、冬季取暖补贴、上下班交通补贴等。

⑦ 劳动保护费。它是企业按规定发放的劳动保护用品的支出，如工作服、手套、防暑降温饮料费用以及在有碍身体健康的环境中施工的保健费用等。

⑧ 检验试验费。它是指施工企业按照有关标准规定，对建筑以及材料、构件和建筑安装物进行一般鉴定、检查所发生的费用，包括自设实验室进行试验所耗用的材料等费用；不包括新结构、新材料的试验费，对构件进行破坏性试验及其他特殊要求检验试验的费用和建设单位委托检测机构进行检测的费用，对此类检测发生的费用，由建设单位在工程建设其他费用中列支。但对施工企业提供的具有合格证明的材料进行检测后发现不合格的，该检测费用由施工企业支付。当采用一般计税方法时，检验试验费中增值税进项税额以现代服务业适用的税率 6% 扣减。

⑨ 工会经费。它是指企业按《中华人民共和国工会法》规定的全部职工工资总额比例计提的工会经费。

⑩ 职工教育经费。它是指按职工工资总额的规定比例计提，企业为职工进行专业技术和职业技能培训，专业技术人员继续教育、职工职业技能鉴定、职业资格认定以及根据需要对职工进行各类文化教育所发生的费用。

⑪ 财产保险费。它是指施工管理使用财产、车辆等的保险费用。

⑫ 财务费。它是指企业为施工生产筹集资金或提供预付款担保、履约担保、职工工资支付担保等所发生的各种费用。

⑬ 税金。它是指企业按规定缴纳的房产税、非生产性车船使用税、土地使用税、印花

税、城市维护建设税、教育费附加、地方教育附加等各项税费。

⑭ 其他。它包括技术转让费、技术开发费、投标费、业务招待费、绿化费、广告费、公证费、法律顾问费、审计费、咨询费、保险费等。

2）企业管理费的计算方法。

管理费一般采用取费基数乘以费率的方法计算，取费基数有三种，分别是以直接费为计算基数、以人工费和施工机具使用费合计为计算基数及以人工费为计算基数。企业管理费费率计算方法如下。

① 以直接费为计算基数。

$$企业管理费费率(\%) = \frac{生产工人年平均管理费}{年有效施工天数×人工单价}×人工费占直接费的比例(\%) \quad (3-5)$$

② 以人工费和施工机具使用费合计为计算基数。

$$企业管理费费率(\%) = \frac{生产工人年平均管理费}{年有效施工天数×(人工单价+每一台班施工机具使用费)}×100\%$$
$$(3-6)$$

③ 以人工费为计算基数。

$$企业管理费费率(\%) = \frac{生产工人年平均管理费}{年有效施工天数×人工单价}×100\% \quad (3-7)$$

工程造价管理机构在确定计价定额中的企业管理费时，应以定额人工费或定额人工费与施工机具使用费之和作为计算基数，其费率根据历年积累的工程造价资料，辅以调查数据确定。

（5）利润

利润是指施工单位从事建筑安装工程施工所获得的盈利，由施工企业根据企业自身需求并结合建筑市场实际自主确定。工程造价管理机构在确定计价定额中利润时，应以定额人工费、材料费和施工机具使用费之和，或以定额人工费、定额人工费与施工机具使用费之和作为计算基数，其费率根据历年积累的工程造价资料，并结合建筑市场实际、项目竞争情况、项目规模与难易程度等确定，以单位（单项）工程测算，利润在税前建筑安装工程费的比重可按不低于 5%且不高于 7%的费率计算。

（6）规费

规费是指按国家法律、法规规定，由省级政府和省级有关权力部门规定施工单位必须缴纳或计取，应计入建筑安装工程造价的费用。其主要包括社会保险费、住房公积金。

1）社会保险费。

① 养老保险费。它是指企业按照规定标准为职工缴纳的基本养老保险费。

② 失业保险费。它是指企业按照规定标准为职工缴纳的失业保险费。

③ 医疗保险费。它是指企业按照规定标准为职工缴纳的基本医疗保险费。

④ 工伤保险费。它是指企业按照国务院制定的行业费率为职工缴纳的工伤保险费。

⑤ 生育保险费。它是指企业按照国家规定为职工缴纳的生育保险费。

2）住房公积金。它是指企业按照规定标准为职工缴纳的住房公积金。

规费的计算如下：

社会保险费和住房公积金应以定额人工费为计算基数，根据工程所在地省、自治区、直辖市或行业建设主管部门规定的费率计算。其计算公式为

社会保险费和住房公积金 $=\sum$（工程定额人工费×社会保险费和住房公积金费率）(3-8)

社会保险费和住房公积金费率可以每万元发承包价的生产工人人工费和管理人员工资含量与工程所在地规定的缴纳标准综合分析取定。

（7）增值税

建筑安装工程费用中的增值税按税前造价乘以增值税税率确定。

1）采用一般计税方法时增值税的计算。

当采用一般计税方法时，建筑业增值税税率为 9%。计算公式为

$$增值税 = 税前造价 \times 9\% \tag{3-9}$$

税前造价为人工费、材料费、施工机具使用费、企业管理费、利润和规费之和，各费用项目均以不包含增值税可抵扣进项税额的价格计算。

2）采用简易计税方法时增值税的计算。

根据《营业税改征增值税试点实施办法》《营业税改征增值税试点有关事项的规定》以及《关于建筑服务等营改增试点政策的通知》的规定，简易计税方法主要适用于以下几种情况：

① 小规模纳税人发生应税行为适用简易计税方法计税。小规模纳税人通常是指纳税人提供建筑服务的年应征增值税销售额未超过 500 万元，并且会计核算不健全，不能按规定报送有关税务资料的增值税纳税人。年应税销售额超过 500 万元但不经常发生应税行为的单位也可选择按照小规模纳税人计税。

② 一般纳税人以清包工方式提供的建筑服务，可以选择适用简易计税方法计税。以清包工方式提供建筑服务，是指施工方不采购建筑工程所需的材料或只采购辅助材料，并收取人工费、管理费或者其他费用的建筑服务。

③ 一般纳税人为甲供工程提供的建筑服务，可以选择适用简易计税方法计税。甲供工程是指全部或部分设备、材料、动力由工程发包方自行采购的建筑工程。其中，建筑工程总承包单位为房屋建筑的地基与基础、主体结构提供工程服务，建设单位自行采购全部或部分钢材、混凝土、砌体材料、预制构件的，适用简易计税方法计税。

④ 一般纳税人为建筑工程老项目提供的建筑服务，可以选择适用简易计税方法计税。建筑工程老项目是指《建筑工程施工许可证》注明的合同开工日期在 2016 年 4 月 30 日前的建筑工程项目；未取得《建筑工程施工许可证》的，建筑工程承包合同注明的开工日期在 2016 年 4 月 30 日前的建筑工程项目。

当采用简易计税方法时，建筑业增值税税率为 3%。其计算公式为

$$增值税 = 税前造价 \times 3\% \tag{3-10}$$

税前造价为人工费、材料费、施工机具使用费、企业管理费、利润和规费之和，各费用项目均以包含增值税进项税额的含税价格计算。

4. 按造价形成划分建筑安装工程费用项目的构成和计算

建筑安装工程费用按照工程造价形成划分，由分部分项工程费、措施项目费、其他项目费、规费和税金组成。

（1）分部分项工程费

分部分项工程费是指各专业工程的分部分项工程应予列支的各项费用。各类专业工程的分部分项工程划分应遵循国家或行业工程量计算规范的规定。分部分项工程费通常用分部分

项工程量乘以综合单价进行计算。其计算公式为

$$分部分项工程费 = \sum（分部分项工程量×综合单价）\qquad (3-11)$$

综合单价包括人工费、材料费、施工机具使用费、企业管理费和利润，以及一定范围的风险费用。

（2）措施项目费

措施项目费是指为完成建设工程施工，发生于该工程施工准备和施工过程中的技术、生活、安全、环境保护等方面的费用。措施项目及其包含的内容应遵循各类专业工程的现行国家或行业工程量计算规范。以《房屋建筑与装饰工程工程量计算规范》（GB 50854—2013）中的规定为例，措施项目费可以归纳为以下几项：

1）安全文明施工费。安全文明施工费是指工程项目施工期间，施工单位为保证安全施工、文明施工和保护现场内外环境等所发生的措施项目费用。通常由环境保护费、文明施工费、安全施工费、临时设施费组成。

① 环境保护费。它是指施工现场为达到环保部门要求所需的各项费用。

② 文明施工费。它是指施工现场文明施工所需的各项费用。

③ 安全施工费。它是指施工现场安全施工所需的各项费用。

④ 临时设施费。它是指施工企业为进行建设工程施工所必需搭设的生活和生产用的临时建筑物、构筑物和其他临时设施费用，包括临时设施的搭设、维修、拆除、清理费或摊销费等。

2）夜间施工增加费。它是指因夜间施工所发生的夜班补助费、夜间施工降效、夜间施工照明设备摊销及照明用电等费用。

3）二次搬运费。它是指因施工场地条件限制而发生的材料、构配件、半成品等一次运输不能到达堆放地点，必须进行二次或多次搬运所发生的费用。

4）冬雨期施工增加费。它是指在冬期或雨期施工需增加的临时设施、防滑、排除雨雪，人工及施工机械效率降低等费用。

5）已完工程及设备保护费。它是指竣工验收前，对已完工程及设备采取的必要保护措施所发生的费用。

6）工程定位复测费。它是指工程施工过程中进行全部施工测量放线和复测工作的费用。

7）特殊地区施工增加费。它是指工程在沙漠或其边缘地区、高海拔、高寒、原始森林等特殊地区施工增加的费用。

8）大型机械设备进出场及安拆费。它是指机械整体或分体自停放场地运至施工现场或由一个施工地点运至另一个施工地点，所发生的机械进出场运输及转移费用及机械在施工现场进行安装、拆卸所需的人工费、材料费、机械费、试运转费和安装所需的辅助设施的费用。

9）脚手架工程费。它是指施工需要的各种脚手架搭设、拆除、运输费用以及脚手架购置费的摊销（或租赁）费用。

除上述按整体单位或单项工程项目考虑需要支出的措施项目费用外，还有各专业工程施工作业所需支出的措施项目费用，如现浇混凝土所需的模板、构件或设备安装所需的操作平台搭设等措施项目费用。

（3）其他项目费

1）暂列金额。它是指建设单位在工程量清单中暂定并包括在工程合同价款中的一笔款项。用于施工合同签订时尚未确定或者不可预见的所需材料、工程设备、服务的采购，施工中可能发生的工程变更、合同约定调整因素出现时的工程价款调整以及发生的索赔、现场签证确认等的费用。

2）计日工。它是指在施工过程中，施工企业完成建设单位提出的施工图以外的零星项目或工作所需的费用。

3）总承包服务费。它是指总承包人为配合、协调建设单位进行的专业工程发包，对建设单位自行采购的材料、工程设备等进行保管以及施工现场管理、竣工资料汇总整理等服务所需的费用。

（4）规费（略）

（5）增值税（略）

3.3.3　建筑工程费用的取费程序

1. 工程概预算编制的基本程序

工程概预算的编制是指用国家、地方或行业主管部门统一颁布的计价定额或指标，对建筑产品价格进行计价的活动。如果用工料单价法进行概预算编制，则应按概算定额或预算定额规定的定额子目，逐项计算工程量，套用概预算定额单价（或单位估价表）确定直接费（包括人工费、材料费、施工机具使用费），然后按规定的取费标准确定间接费（包括企业管理费、规费），再计算利润和税金，经汇总后即为工程概预算价值。工料单价法下工程概预算编制的基本程序如图 3-4 所示。

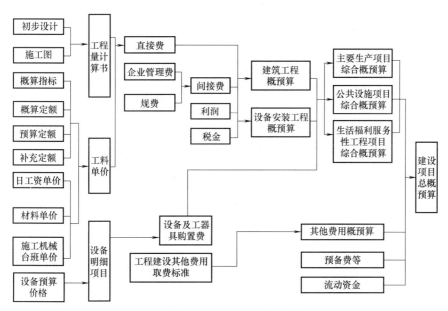

图 3-4　工料单价法下工程概预算编制的基本程序

工程概预算价格的形成过程，就是依据概预算定额所确定的消耗量乘以定额单价或市场价，经过不同层次的计算形成相应造价的过程。可以用以下公式进一步明确工程概预算编制

的基本方法和程序:

每一计量单位建筑产品的基本构造单元(假定建筑安装产品)的工料单价

$$= 人工费 + 材料费 + 施工机具使用费 \qquad (3-12)$$

$$人工费 = \sum (人工工日数量 \times 人工单价) \qquad (3-13)$$

$$材料费 = \sum (材料消耗量 \times 材料单价) + 工程设备费 \qquad (3-14)$$

$$施工机具使用费 = \sum (施工机械台班消耗量 \times 机械台班单价) +$$

$$\sum (仪器仪表台班消耗量 \times 仪器仪表台班单价) \qquad (3-15)$$

$$单位工程直接费 = \sum (假定建筑安装产品工程量 \times 工料单价) \qquad (3-16)$$

$$单位工程概预算造价 = 单位工程直接费 + 间接费 + 利润 + 税金 \qquad (3-17)$$

$$单项工程概预算造价 = \sum 单位工程概预算造价 + 设备及工器具购置费 \qquad (3-18)$$

$$建设项目概预算造价 = \sum 单项工程的概预算造价 + 预备费 + 工程建设其他费 +$$

$$建设期利息 + 流动资金 \qquad (3-19)$$

若采用全费用综合单价法进行概预算编制,单位工程概预算的编制程序将更加简单,只需将概算定额或预算定额规定的定额子目的工程量乘以各子目的全费用综合单价汇总而成即可,然后可以用式 (3-18) 和式 (3-19) 计算单项工程概预算造价以及建设项目全部工程概预算造价。

2. 工程量清单计价的基本程序

工程量清单计价的过程可以分为两个阶段,即工程量清单的编制和工程量清单的应用两个阶段,工程量清单的编制程序如图 3-5 所示,工程量清单的应用过程如图 3-6 所示。

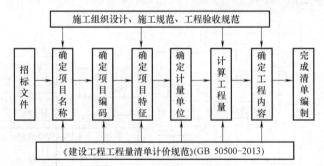

图 3-5 工程量清单的编制程序

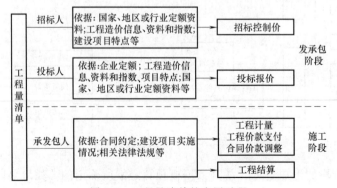

图 3-6 工程量清单的应用过程

工程量清单计价的基本原理可以描述为按照工程量清单计价相关规范规定，在各相应专业工程工程量计算规范规定的清单项目设置和工程量计算规则基础上，针对具体工程的施工图和施工组织设计计算出各个清单项目的工程量，根据规定的方法计算出综合单价，并汇总各清单合价得出工程总价。具体计算公式如下：

$$分部分项工程费 = \sum(分部分项工程量 \times 相应分部分项工程综合单价) \quad (3\text{-}20)$$

$$措施项目费 = \sum 各措施项目费 \quad (3\text{-}21)$$

$$其他项目费 = 暂列金额 + 暂估价 + 计日工 + 总承包服务费 \quad (3\text{-}22)$$

$$单位工程造价 = 分部分项工程费 + 措施项目费 + 其他项目费 + 规费 + 税金 \quad (3\text{-}23)$$

$$单项工程造价 = \sum 单位工程造价 \quad (3\text{-}24)$$

$$建设项目总造价 = \sum 单项工程造价 \quad (3\text{-}25)$$

综合单价是指完成一个规定清单项目所需的人工费、材料和工程设备费、施工机具使用费和企业管理费、利润以及一定范围内的风险费用。风险费用是隐含于已标价工程量清单综合单价中，用于化解发承包双方在工程合同中约定的风险内容和范围的费用。

工程量清单计价活动涵盖施工招标、合同管理以及竣工交付全过程，主要包括编制招标工程量清单、招标控制价、投标报价，确定合同价，工程计量与价款支付，合同价款的调整，工程结算和工程计价纠纷处理等活动。

3.4 工程定额与工程量清单计价

3.4.1 工程定额

工程定额主要是指国家、地方或行业主管部门制定的各种定额，包括工程消耗量定额和工程计价定额等。工程消耗量定额主要是指完成规定计量单位合格建筑安装产品所消耗的人工、材料、施工机具台班的数量标准。工程计价定额是指直接用于工程计价的定额或指标，包括预算定额、概算定额、概算指标和投资估算指标等。此外，部分地区和行业造价管理部门还会颁布工期定额，工期定额是指在正常的施工技术和组织条件下，完成建设项目和各类工程所需的工期标准。

1. 工程定额的分类

工程定额是一个综合概念，是建设工程造价计价和管理中各类定额的总称，包括许多种类的定额，可以按照不同的原则和方法对它进行分类。

（1）按定额反映的生产要素消耗内容分类

可以把工程定额划分为劳动消耗定额、材料消耗定额和机具消耗定额三种。

1）劳动消耗定额。劳动消耗定额简称劳动定额（也称人工定额），是在正常的施工技术和组织条件下，完成规定计量单位合格的建筑安装产品所消耗的人工工日的数量标准。劳动定额的主要表现形式是时间定额，但同时也表现为产量定额。时间定额与产量定额互为倒数。

2）材料消耗定额。材料消耗定额简称材料定额，是指在正常的施工技术和组织条件下，完成规定计量单位合格的建筑安装产品所消耗的原材料、成品、半成品、构配件、燃料以及水、电等动力资源的数量标准。

3）机具消耗定额。机具消耗定额由机械消耗定额与仪器仪表消耗定额组成。机械消耗定额是以一台机械一个工作班为计量单位，所以又称为机械台班定额。机械消耗定额是指在正常的施工技术和组织条件下，完成规定计量单位合格的建筑安装产品所消耗的施工机械台班的数量标准。机械消耗定额的主要表现形式是机械时间定额，同时也以产量定额表现。仪器仪表消耗定额的表现形式与机械消耗定额类似。

（2）按定额的编制程序和用途分类

可以把工程定额分为施工定额、预算定额、概算定额、概算指标和投资估算指标等。

1）施工定额。施工定额是完成一定计量单位的某施工过程或基本工序所需消耗的人工、材料和施工机具台班数量标准。施工定额是施工企业（建筑安装企业）用于组织生产和加强管理在企业内部使用的一种定额，属于企业定额的性质。施工定额是以某一施工过程或基本工序作为研究对象，表示生产产品数量与生产要素消耗综合关系编制的定额。为了适应组织生产和管理的需要，施工定额的项目划分很细，是工程定额中分项最细、定额子目最多的一种定额，也是工程定额中的基础性定额。

2）预算定额。预算定额是在正常的施工条件下，完成一定计量单位合格分项工程或结构构件所需消耗的人工、材料、施工机具台班数量及其费用标准。预算定额是一种计价性定额。从编制程序上看，预算定额是以施工定额为基础综合扩大编制的，同时它也是编制概算定额的基础。

3）概算定额。概算定额是完成单位合格扩大分项工程或扩大结构构件所需消耗的人工、材料和施工机具台班的数量及其费用标准，是一种计价性定额。概算定额是编制扩大初步设计概算、确定建设项目投资额的依据。概算定额的项目划分粗细，与扩大初步设计的深度相适应，一般是在预算定额的基础上综合扩大而成的，每一项扩大分项概算定额都包含了数项预算定额。

4）概算指标。概算指标是以单位工程为对象，反映完成一个规定计量单位建筑安装产品的经济指标。概算指标是概算定额的扩大与合并，以更为扩大的计量单位来编制。概算指标的内容包括人工、材料和机具台班三个基本部分，同时还列出了分部工程量及单位工程的造价，是一种计价定额。

5）投资估算指标。投资估算指标是以建设项目、单项工程和单位工程为对象，反映建设总投资及其各项费用构成的经济指标。它是在项目建议书和可行性研究阶段编制投资估算、计算投资需要量时使用的一种定额。它的概略程度与可行性研究阶段相适应。投资估算指标往往根据历史的预算、决算资料和价格变动等资料编制，但其编制基础仍然离不开预算定额和概算定额。

（3）按专业分类

由于工程建设涉及众多的专业，不同的专业所含的内容也不同，因此就确定人工、材料和机具台班消耗数量标准的工程定额来讲，也需按不同的专业分别进行编制和执行。具体分类如下：

1）建筑工程定额。按专业对象分为建筑及装饰工程定额、房屋修缮工程定额、市政工程定额、铁路工程定额、公路工程定额、矿山井巷工程定额、水利工程定额和水运工程定额等。

2）安装工程定额。按专业对象分为电气设备安装工程定额、机械设备安装工程定额、热力设备安装工程定额、通信设备安装工程定额、化学工业设备安装工程定额、工业管道安装工程定额和工艺金属结构安装工程定额等。

（4）按主编单位和管理权限分类

可以把工程定额分为全国统一定额、行业统一定额、地区统一定额、企业定额和补充定额等。

1）全国统一定额。它是由国家建设行政主管部门综合全国工程建设中技术和施工组织管理的情况编制，并在全国范围内执行的定额。

2）行业统一定额。它是考虑到各行业专业工程技术特点，以及施工生产和管理水平编制的，一般在本行业和相同专业性质的范围内使用。

3）地区统一定额。它包括省、自治区和直辖市定额。地区统一定额主要是考虑地区性特点和全国统一定额水平做适当调整和补充编制的。

4）企业定额。它是施工单位根据本企业的施工技术、机械装备和管理水平编制的人工、材料、机具台班等的消耗标准。企业定额在企业内部使用，是企业综合素质的标志。企业定额水平一般应高于国家现行定额，才能满足生产技术发展、企业管理和市场竞争的需要。在工程量清单计价方法下，企业定额是施工企业进行投标报价的依据。

5）补充定额。它是指随着设计和施工技术的发展，在现行定额不能满足需要的情况下，为了补充缺陷所编制的定额。补充定额只能在指定的范围内使用，可以作为以后修订定额的基础。

上述各种定额虽然适用于不同的情况和用途，但是它们是一个互相联系的、有机的整体，在实际工作中结合使用。

2. 工程定额的制定与修订

工程定额的制定与修订包括制定、全面修订、局部修订和补充等工作，在工作中应遵循以下几方面原则：

1）对新型工程以及建筑产业现代化、绿色建筑、建筑节能等工程建设新要求，应及时制定新定额。

2）对相关技术规程和技术规范已全面更新且不能满足工程计价需要的定额，发布实施已满五年的定额，应全面修订。

3）对相关技术规程和技术规范发生局部调整且不能满足工程计价需要的定额，部分子目已不适应工程计价需要的定额，应及时局部修订。

4）对定额发布后工程建设中出现的新技术、新工艺、新材料、新设备等情况，应根据工程建设需求及时编制补充定额。

3.4.2　工程量清单计价

1. 工程量清单计价的基本原理

工程量清单计价的基本原理可以描述为按照《建筑工程工程量清单计价规范》（GB 50500—2013）的规定，在各相应专业工程工程量计算规范规定的清单项目设置和工程量计算规则基础上，针对具体工程的施工图和施工组织设计计算出各清单项目的工程量，根据规定的方法计算出综合单价，并汇总各清单合价得出工程总价。综合单价是指完成一个规定清单项目所需的人工费、材料费和工程设备费、施工机具使用费和企业管理费、利润以及一定范围内的风险费用。风险费用是隐含于已标价工程量清单综合单价中，用于化解发承包双方在工程合同中约定的风险内容和范围的费用。

工程量清单计价活动涵盖施工招标、合同管理以及竣工交付全过程，主要包括编制招标工程量清单、招标控制价、投标报价，确定合同价，工程计量与价款支付，合同价款的调整，工程结算和工程计价纠纷处理等活动。

2. 工程量清单计价的作用

（1）提供一个平等的竞争条件

面对相同的工程量，由企业根据自身的实力来自主报价，使得企业的优势体现到投标报价中，可在一定程度上规范建筑市场秩序，确保工程质量。

（2）满足市场经济条件下竞争的需要

招标投标过程就是竞争的过程，招标人提供工程量清单，投标人根据自身情况确定综合单价，计算出投标总价，促成了企业整体实力的竞争，有利于我国建设市场的快速发展。

（3）有利于工程款的拨付和工程造价的最终结算

中标后，中标价就是双方确定合同价的基础，投标清单上的单价也成为拨付工程款的依据。招标人根据施工企业完成的工程量，可以很容易地确定进度款的拨付额。工程竣工后，根据设计变更、工程量增减等，招标人能够很容易地确定工程的最终造价，可在某种程度上减少招标人与施工单位之间的纠纷。

（4）有利于招标人对投资的控制

采用工程量清单计价，招标人可对投资变化更清楚，在进行设计变更时，能迅速计算出该工程变更对工程造价的影响，从而能根据投资情况来决定是否变更或进行方案比较，进而加强投资控制。

3. 工程量清单计价的适用范围

工程量清单计价适用于建设工程发承包及其实施阶段的计价活动。使用国有资金投资的建设工程发承包，必须采用工程量清单计价；非国有资金投资的建设工程，宜采用工程量清单计价；不采用工程量清单计价的建设工程，应执行清单计价规范中除工程量清单等专门性规定外的其他规定。

国有资金投资的项目包括全部使用国有资金（含国家融资资金）投资或国有资金投资为主的工程建设项目。

（1）国有资金投资的工程建设项目

1）使用各级财政预算资金的项目。

2）使用纳入财政管理的各种政府性专项建设资金的项目。

3）使用国有企事业单位自有资金，并且国有资产投资者实际拥有控制权的项目。

（2）国家融资资金投资的工程建设项目

1）使用国家发行债券所筹资金的项目。

2）使用国家对外借款或者担保所筹资金的项目。

3）使用国家政策性贷款的项目。

4）国家授权投资主体融资的项目。

5）国家特许的融资项目。

（3）国有资金（含国家融资资金）投资为主的工程建设项目

它是指国有资金占投资总额 50% 以上，或虽不足 50% 但国有投资者实质上拥有控股权的工程建设项目。

3.5　工程计价原理

工程计价基本原理分为以下两类：

（1）利用函数关系对拟建项目的造价进行类比匡算

当一个建设项目还没有具体的图样和工程量清单时，需要利用产出函数对建设项目投资进行匡算。在微观经济学中把过程的产出和资源的消耗两者之间的关系称为产出函数。在建筑工程中，产出函数建立了产出的总量或规模与各种资源投入（比如人力、材料、机具等）之间的关系。因此，对某一特定的产出，可以通过对各投入参数赋予不同的值，从而找到一个最低的生产成本。房屋建筑面积的大小和消耗的人工之间的关系就是产出函数的一个例子。

投资的匡算常常基于某个表明设计能力或者形体尺寸的变量，比如建筑面积、公路长度、工厂生产能力等。在这种类比估算方法下尤其要注意规模对造价的影响。项目的造价并不总是和规模大小呈线性关系，典型的规模经济或规模不经济都会出现。因此，要慎重选择合适的产出函数，寻找规模和经济有关的经验数据。例如生产能力指数法就是利用生产能力与投资额之间的关系函数来进行投资估算的方法。

（2）分部组合计价原理

如果一个建设项目的设计方案已经确定，常用的则是分部组合计价法。任何一个建设项目都可以分解为一个或几个单项工程，任何一个单项工程都是由一个或几个单位工程所组成的。作为单位工程的各类建筑工程和安装工程仍然是一个比较复杂的综合实体，还需要进一步分解。单位工程可以按照结构部位、路段长度及施工特点或施工任务分解为分部工程。分解成分部工程后，从工程计价的角度，还需要把分部工程按照不同的施工方法、材料、工序及路段长度等，加以更为细致的分解，划分为更为简单细小的部分，即分项工程。按照计价需要，将分项工程进一步分解或适当组合，就可以得到基本构造单元了。

工程计价的基本原理是项目的分解和价格的组合。即将建设项目自上而下细分至最基本的构造单元（假定的建筑安装产品），采用适当的计量单位计算其工程量，以及当时当地的工程单价，首先计算各基本构造单元的价格，再对费用按照类别进行组合汇总，计算出相应的工程造价。工程计价的基本过程可以用以下公式示例：

$$分部分项工程费（或单价措施项目费）= \sum [基本构造单元工程量（定额项目$$
$$或清单项目）\times 相应单价] \tag{3-26}$$

工程计价可分为工程计量和工程组价两个环节。

3.5.1　工程计量

1. 工程计量的含义

工程量计算是工程计价活动的重要环节，是指建设工程项目以工程设计图、施工组织设计或施工方案及有关技术经济文件为依据，按照相关工程国家标准的计算规则、计量单位等规定，进行工程数量的计算活动，在工程建设中简称工程计量。由于工程计价的多阶段性和多次性，工程计量也具有多阶段性和多次性。工程计量不仅包括招标阶段工程量清单编制中工程量的计算，也包括投标报价以及合同履约阶段的变更、索赔、支付和结算中工程量的计算和确认。工程计量工作在不同计价过程中有不同的具体内容，如在招标阶段主要依据施工图和工程量计算规则确定拟建分部分项工程项目和措施项目的工程数量，在施工阶段主要根据合同约定、施工图及工程量计算规则对已完成工程量进行计算和确认。

2. 工程量的含义

工程量是工程计量的结果，是指按一定规则并以物理计量单位或自然计量单位所表示的建设工程各分部分项工程、措施项目或结构构件的数量。物理计量单位是指以公制度量表示的长度、面积、体积和重量等计量单位，如预制钢筋混凝土方桩以"米"为计量单位，墙面抹灰以"平方米"为计量单位，混凝土以"立方米"为计量单位等。自然计量单位是指建筑成品表现在自然状态下的简单点数所表示的个、条、樘、块等计量单位，如门窗工程可以"樘"为计量单位，桩基工程可以"根"为计量单位等。

准确计算工程量是工程计价活动中最基本的工作之一。一般来讲，工程量有以下几方面作用：

1）工程量是确定建筑安装工程造价的重要依据。只有准确计算工程量，才能正确计算工程相关费用，合理确定工程造价。

2）工程量是承包方生产经营管理的重要依据。工程量在投标报价时是确定项目综合单价和投标策略的重要依据。工程量在工程实施时是编制项目管理规划，安排工程施工进度，编制材料供应计划，进行工料分析，编制人工、材料、机具台班需要量，进行工程统计和经济核算，编制工程形象进度统计报表的重要依据。工程量在工程竣工时是工程建设发包方结算工程价款的重要依据。

3）工程量是发包方管理工程建设的重要依据。工程量是编制建设计划、筹集资金、编制工程招标文件、编制工程量清单、编制建筑工程预算、安排工程价款的拨付和结算、进行投资控制的重要依据。

3. 工程量计算的规则

工程量计算的规则是工程计量的主要依据之一，是工程量数值的取定方法。采用的规范或定额不同，工程量计算的规则也不尽相同。在计算工程量时，应按照规定的计算规则进行，我国现行的工程量计算规则主要有以下几方面内容：

（1）工程量计算规范中的工程量计算规则

2012年12月，住房和城乡建设部发布了《房屋建筑与装饰工程工程量计算规范》（GB 50854—2013）、《仿古建筑工程工程量计算规范》（GB 50855—2013）、《通用安装工程工程量计算规范》（GB 50856—2013）、《市政工程工程量计算规范》（GB 50857—2013）、《园林绿化工程工程量计算规范）（GB 50858—2013）、《矿山工程工程量计算规范》（GB 50859—2013）、《构筑物工程工程量计算规范》（GB 50860—2013）、《城市轨道交通工程工程量计算规范》（GB 50861—2013）、《爆破工程工程量计算规范》（GB 50862—2013）九个专业的工程量计算规范（以下简称工程量计算规范），于2013年7月1日起实施，用于规范工程计量行为，统一各专业工程量清单的编制、项目设置和工程量计算规则。采用上述工程量计算规则计算的工程量一般为施工图的净量，不考虑施工余量。

（2）消耗量定额中的工程量计算规则

2015 年 3 月，住房和城乡建设部发布《房屋建筑与装饰工程消耗量定额》（TY01—31—2015）、《通用安装工程消耗量定额》（TY02—31—2015）、《市政工程消耗量定额》（ZYA1—31—2015）（以下简称消耗量定额），在各消耗量定额中规定了分部分项工程和措施项目的工程量计算规则。除了由住房和城乡建设部统一发布的定额外，还有各个地方或行业发布的消耗量定额，也都规定了与之相对应的工程量计算规则。采用上述计算规则计算工程量除了依据施工图外，一般还要考虑采用施工方法和施工余量。除了消耗量定额，其他定额中也都有相应的工程量计算规则，如概算定额、预算定额等。

4. 工程量计算的依据

工程量的计算需要根据施工图及其相关说明，技术规范、标准、定额，有关的图集，有关的计算手册等，按照一定的工程量计算规则逐项进行。主要依据如下：

1）国家发布的工程量计算规范和国家、地方和行业发布的消耗量定额及其工程量计算规则。

2）经审定的施工设计图及其说明。施工图全面反映建筑物（或构筑物）的结构构造、各部位的尺寸及工程做法，是工程量计算的基础资料和基本依据。除了施工设计图及其说明，还应配合有关的标准图集进行工程量计算。

3）经审定的施工组织设计（项目管理实施规划）或施工方案。施工图主要表现拟建工程的实体项目，分项工程的具体施工方法及措施应按施工组织设计（项目管理实施规划）或施工方案确定。如计算挖基础土方，施工方法是采用人工开挖，还是采用机械开挖，基坑周围是否需要放坡、预留工作面或做支撑防护等，应以施工方案为计算依据。

4）经审定通过的其他有关技术经济文件。如工程施工合同、招标文件的商务条款等。

5. 工程量计算规范

工程量计算规范包括正文、附录和条文说明三部分。正文部分包括总则、术语、工程计量、工程量清单编制。附录对分部分项工程和可计量的措施项目的项目编码、项目名称、项目特征描述的内容、计量单位、工程量计算规则及工作内容做了规定；对于不能计量的措施项目则规定了项目编码、项目名称和工作内容及包含范围。

（1）项目编码

项目编码是指分部分项工程和措施项目清单名称的阿拉伯数字标识。工程量清单项目编码采用十二位阿拉伯数字表示，一至九位应按计量规范附录规定设置，十至十二位应根据拟建工程的工程量清单项目名称设置。同一招标工程的项目编码不得有重码。当同一标段（或合同段）的工程量清单中含有多个单位工程且工程量清单是以单位工程为编制对象时，在编制工程量清单时应特别注意对项目编码十至十二位的设置不得有重码。

（2）项目名称

工程量清单的分部分项工程和措施项目的项目名称应按工程量计算规范附录中的项目名称结合拟建工程的实际确定。工程量计算规范中的项目名称是具体工作中对清单项目命名的基础，应在此基础上结合拟建工程的实际，对项目名称具体化，特别是归并或综合性较大的项目应区分项目名称，分别编码列项。

（3）项目特征

项目特征是表征构成分部分项工程项目、措施项目自身价值的本质特征，是对体现分部分项工程量清单、措施项目清单价值的特有属性和本质特征的描述。从本质上讲，项目特征体现的是对清单项目的质量要求，是确定一个清单项目综合单价不可缺少的重要依据，在编制工程量清单时，必须对项目特征进行准确和全面的描述。工程量清单项目特征描述的重要意义：项目特征是区分具体清单项目的依据；项目特征是确定综合单价的前提；项目特征是履行合同义务的基础。

项目特征应按工程量计算规范附录中规定的项目特征，结合拟建工程项目的实际予以描述，能够体现项目本质区别的特征和对报价有实质影响的内容都必须描述。如 010502003 异型柱，需要描述的项目特征有柱的形状、混凝土类别、混凝土强度等级，其中混凝土类别可以是清水混凝土、彩色混凝土等，或预拌（商品）混凝土、现场搅拌混凝土等。为达到规范、简捷、准确、全面描述项目特征的要求，在描述工程量清单项目特征时应按以下几个原则进行：

1）项目特征描述的内容应按工程量计算规范附录中的规定，结合拟建工程的实际，能够满足确定综合单价的需要。

2）若采用标准图集或施工图能够全部或部分满足项目特征描述的要求，项目特征描述可直接采用详见××图集或××图号的方式。对不能满足项目特征描述要求的部分，仍应用文字描述。

（4）计量单位

清单项目的计量单位应按工程量计算规范附录中规定的计量单位确定。规范中的计量单位均为基本单位。如质量以"t"或"kg"为单位，长度以"m"为单位，面积以"m^2"为单位，体积以"m^3"为单位，自然计量以"个、件、根、组、系统"为单位。工程量计算规范附录中有两个或两个以上计量单位的，应结合拟建工程项目的实际情况，选择其中一个确定，在同一个建设项目（或标段、合同段）中，有多个单位工程的相同项目计量单位必须保持一致。如 010506001 直形楼梯其工程量计量单位可以是"m^2"也可以是"m^3"，可以根据实际情况进行选择，但一旦选定必须保持一致。不同的计量单位汇总后的有效位数也不相同，根据工程量计算规范规定，工程计量时每一项目汇总的有效位数应遵守下列规定：

音频 3-3：工程计量的有效位数

1）以"t"为单位，应保留小数点后三位数字，第四位小数四舍五入。

2）以"m、m^2、m^3、kg"为单位，应保留小数点后两位数字，第三位小数四舍五入。

3）以"个、件、根、组、系统"为单位，应取整数。

（5）工程量计算规则

工程量计算规范统一规定了工程量清单项目的工程量计算规则。其原则是按施工图图示尺寸（数量）计算清单项目工程数量的净值，一般不需要考虑具体的施工方法、施工工艺和施工现场的实际情况而发生的施工余量。如"010515001 现浇构件钢筋"其计算规则为"按设计图示钢筋长度乘以单位理论质量计算"，其中"设计图示钢筋长度"即为钢筋的净量，包括设计（含规范规定）标明的搭接、锚固长度，其他如施工搭接或施工余量不计算工程量，在综合单价中综合考虑。

（6）工作内容

工作内容是指为了完成工程量清单项目所需发生的具体施工作业内容。工程量计算规范附录中给出的是一个清单项目可能发生的工作内容，在确定综合单价时需要根据清单项目特征中的要求、具体的施工方案等确定清单项目的工作内容，这是进行清单项目组价的基础。

工作内容不同于项目特征。项目特征体现的是清单项目质量或特性的要求或标准，工作内容体现的是完成一个合格的清单项目需要具体做的施工作业和操作程序，对于一项明确的分部分项工程项目或措施项目，工作内容确定了其工程成本。不同的施工工艺和方法，工作内容也不一样，工程成本也就有了差别。在编制工程量清单时一般不需要描述工作内容。

（7）清单项目的补充

随着工程建设中新材料、新技术、新工艺等的不断涌现，工程量计算规范附录所列的工程量清单项目不可能包含所有项目。在编制工程量清单时，当出现规范附录中未包括的清单项目时，编制人应做补充，并报省级或行业工程造价管理机构备案，省级或行业工程造价管理机构应汇总报住房和城乡建设部标准定额研究所。

工程量清单项目的补充应包括项目编码、项目名称、项目特征、计量单位、工程量计算规则以及包含的工作内容，按工程量计算规范附录中相同的列表方式表述。不能计量的措施项目，需附有补充项目的名称、工作内容及包含范围。

补充项目的编码由专业工程代码（工程量计算规范代码）与 B 和三位阿拉伯数字组成，并应从××B001 起顺序编制，同一招标工程的项目不得重码。

6. 消耗量定额

《房屋建筑与装饰工程消耗量定额》（TY01—31—2015）章节的划分与《房屋建筑与装饰工程工程量计算规范》（GB 50854—2013）基本保持一致，从而使消耗量定额与工程量计算规范有机结合。消耗量定额的主要内容包括文字说明、工程量计算规则、定额项目表及附录。

（1）文字说明

文字说明包括总说明和各章说明。总说明主要说明定额的编制依据、适用范围、用途、工程质量要求、施工条件，有关综合性工作内容及有关规定和说明。各章说明主要说明本章的施工方法、消耗标准的调整，有关规定及说明。

（2）工程量计算规则

消耗量定额中的工程量计算规则综合考虑了施工方法、施工工艺和施工质量要求，计算出的工程量一般要考虑施工中的余量，与定额项目的消耗量指标相互配套使用。如在消耗量定额中"一般土石方"项目的工程量计算规则为"按设计图示基础（含垫层）尺寸，另加工作面宽度、土方放坡宽度或石方允许超挖量乘以开挖深度，以体积计算"。

（3）定额项目表

定额项目表是消耗量定额的核心内容，包括工作内容、定额编号、定额项目名称、定额计量单位及消耗量指标。

其中，工作内容是说明完成定额项目所包括的施工内容；定额编号为两节编号；定额项目的计量单位一般为扩大一定倍数的单位。

（4）附录

附录部分附在消耗量定额的最后，如《房屋建筑与装饰工程消耗量定额》（TY01—31—2015）的附录模板一次使用量表包括现浇构件模板一次使用量表和预制构件模板一次使用量表。

3.5.2 工程计价

1. 工程计价的含义

工程计价是指按照法律法规及标准规范规定的程序、方法和依据，对工程项目实施建设的各个阶段的工程造价及其构成内容进行预测和估算的行为。工程计价应体现出《住房城乡建设部关于进一步推进工程造价管理改革的指导意见》（建标〔2014〕142号）中提出的"市场决定工程造价原则，全面清理现有工程造价管理制度和计价依据，消除对市场主体计价行为的干扰"的原则。工程计价依据是指在工程计价活动中所要依据的与计价内容、计价方法和价格标准相关的工程计量计价标准、工程计价定额及工程造价信息等。

工程计价的作用表现在以下几方面：

1）工程计价结果反映了工程的货币价值。

2）工程计价结果是投资控制的依据。

3）工程计价结果是合同价款管理的基础。

2. 工程计价的基本原理

工程计价的基本方法包括利用函数关系对拟建项目的造价进行类比匡算，以及采用分部组合计价法。当采用分部组合计价方法时，工程计价的基本原理在于项目的分解与组合，可以用公式表达如下

$$\text{分部分项工程费}(\text{或措施项目费})=\sum[\text{基本构造单元工程量}(\text{定额项目或}$$
$$\text{清单项目})\times\text{相应单价}] \tag{3-27}$$

工程造价的计价可分为工程计量和工程组价两个环节。

1）工程计量。工作包括工程项目的划分和工程量计算。

2）工程组价。包括工程单价的确定和总价的计算。

工程单价又分为工料单价与综合单价，综合单价又可分为全费用综合单价（完全综合单价）和清单综合单价（非完全综合单价）。

3. 工程计价的依据

我国的工程造价管理体系可划分为工程造价管理的相关法律法规体系、工程造价管理标准体系、工程计价定额体系和工程计价信息体系四个主要部分。法律法规是实施工程造价管理的制度依据和重要前提；工程造价管理的标准是在法律法规要求下，规范工程造价管理的技术要求；工程计价定额是进行工程计价工作的重要基础和核心内容；工程计价信息是市场经济体制下，准确反映工程价格的重要支撑，也是政府进行公共服务的重要内容。从工程造价管理体系的总体架构来看，工程造价管理的相关法律法规体系、工程造价管理的标准体系属于工程造价宏观管理的范畴，工程计价定额体系、工程计价信息体系主要用于工程计价，属于工程造价微观管理的范畴。工程造价管理体系中的工程造价管理的标准体系、工程计价定额体系和工程计价信息体系是当前我国工程造价管理机构最主要的工作范畴，也是工程计价的主要依据，一般也将这三项称为工程计价依据体系。

3.6　工程定额与工程量清单编制

3.6.1　工程定额编制

1. 工程定额的编制步骤

（1）准备阶段

准备阶段的主要工作有以下几方面：

1）由主管建设工程定额的相关部门组织有一定工程实践经验和专业技术水平的人员成立编制组。

2）提出定额编制的规划。

3）拟定定额的编制方案。

4）拟定定额的使用范围。

5）确定定额结构形式和定额水平。

6）进行大量的调查研究。

7）全面收集编制定额必需的各种基础资料等。

拟定定额的编制方案就是对编制过程中一系列重要问题作出原则性的决定，拟定定额的使用范围就是确定定额的使用范围，并让不同的定额与一定的生产力水平相适应。适用范围包括适用于某个地区、适用于某个行业、适用于某个专业、适用于某个企业、适用于某个工程投标报价。确定定额结构形式是指确定定额的项目划分、章节的编排、定额的步距大小及定额的表现形式。确定定额水平就是确定定额反映的生产力水平和施工工艺水平。

（2）编制初稿阶段

在编制初稿阶段，首先需要对收集到的全部资料进行认真细致的测算、分析、研究，并进行必要的设计和试验工作；然后根据既定的定额项目和选定的图样等资料，按规定的编制原则，计算并综合确定工程量，在此基础上具体计算每个定额项目的人工、材料、施工机械台班消耗数量；最后，分章节编出定额项目表并编写文字说明。

（3）审查、定稿阶段

审查、定稿阶段的主要工作是测算工程实物定额初稿水平；广泛征求各方面的意见；再次进行必要的调查研究，对初稿进行全面审查、修改并定稿；拟写定额的编制说明和送审报告，呈送有关部门审批。

2. 工程定额的编制依据

（1）法律法规

凡是与建筑工程的建设、工程量和费用计算有关的法律、法规、政府的价格政策、劳动保护法规等都是工程定额的编写依据，如《中华人民共和国建筑法》《中华人民共和国土地法》《中华人民共和国城市规划法》和《中华人民共和国劳动法》等。

（2）各种规范、规程和标准

包括各种现行建筑安装工程产品的施工和质量验收规范、安全技术操作规程、设计规范、标准设计图集、工程量计算规则等，如《建筑地基基础工程施工质量验收标准》（GB

50202—2018)、《混凝土结构工程施工质量验收规范》（GB 50254—2015)、《混凝土结构设计规范》（GB 50010—2010)（2015 年版)、国家建筑标准设计图集、《全国统一建筑工程预算工程量计算规则（土建工程)》（GJDGZ—101—95)、《建筑工程建筑面积计算规范》（GB/T 50353—2013) 等。

（3）劳动制度

包括工人的技术等级标准、工资标准、工资奖励制度、8h 工作日制度和劳动保护制度。

（4）技术及统计资料

包括典型工程施工图、正常施工条件、机械装备程度、常用施工方法、施工工艺、劳动组织、技术测定数据、定额统计资料等和现行的工程定额及其编制资料。

3. 工程定额的编制原则

（1）水平合理的原则

定额水平主要反映在产品质量与原材料消耗量、劳动组织合理性与人工消耗量、生产技术水平与施工工艺先进性等方面。建筑安装工程定额作为计算、确定建设工程造价的重要依据之一，其定额水平必须符合价值规律的客观要求。不同的定额水平不同。确定定额水平要从以下两个方面来考虑：

① 根据定额的作用范围来确定。

② 根据企业的生产技术水平来确定。

根据作用范围确定定额水平是指编制行业定额（如国家各行业定额）用以指导整个行业时，应以该行业的平均水平作为定额的水平；编制地区定额（如地区预算定额）用以指导某一地区时，应以该地区该行业的平均水平作为定额的水平；编制企业定额（如企业施工定额）用以指导某一企业时，应以该企业的平均先进水平作为定额的水平。

定额水平的确定，不仅要坚持平均水平或平均先进水平的原则，还必须处理好数量与质量的关系，也要防止用提高劳动强度的方法来确定定额水平。

（2）技术先进的原则

技术先进的原则是指在预算定额编制过程中，应及时采用已成熟并已推广的先进施工方法、管理方法以及新工艺、新材料、新结构、新技术等，以促进先进生产技术和管理经验的不断推广、使用，有效地提高整个建筑业的劳动生产率水平。坚持这一原则，要求在每次定额的修订、编制时，根据施工生产和经营管理发展的新情况，对定额水平予以适当提高，保证所修订、编制的定额的总水平略高于历史上正常年份已达到的实际水平，与现阶段建筑业平均劳动生产率水平基本吻合。

但要注意的是技术先进性的成熟度，对于比较成熟且已具备普遍推广条件的技术才可以反映到定额水平中；对难以立刻实现的先进技术，不应反映到定额水平中。

此外，各种定额的确定还应该以现行的工程质量验收规范为质量标准，在达到质量标准的前提下，确定定额水平；应充分考虑工人的身心健康和生产安全，对有害身体健康的工作，应该减少作业时间。

（3）简明适用的原则

1）定额项目划分粗细合理。定额项目划分要粗细恰当，项目划分粗了，形式简单，但定额水平相当悬殊，精确程度低；项目划分细了，精确程度高，但计算复杂，使用不便。

2）步距大小适中。步距是指同类型产品（或同类工作过程）相邻定额项目之间的水平间距。如现浇混凝土，相同材料结构尺寸的混凝土等级有 C10、C15、C20、C25、C30、C35 和 C40 等，如果把所有等级的混凝土在定额中都编制出来，步距就太小了，定额内容太多、太杂，不便于使用。但如果只列出 C10 一种，步距又太大，也不便于使用。显然，步距大小与定额的简明适用程度关系很大：步距大，定额项目就会减少，但定额水平的精确程度就会降低；步距小，定额项目就会增加，定额水平的精确程度就会提高，但编制定额的工作量会加大，定额的内容也会增多，计算和管理都会变得比较复杂。

3）文字通俗易懂，计算方法简便。定额的文字说明、注释等应明白、清楚、简练、通俗易懂，名词术语应该是全国通用的。计算方法力求简化，易于掌握和运用。章节的划分要方便基层使用。计量单位的选择应符合通用的原则，应能正确反映人工、材料和机械台班的消耗量。定额项目的工程量单位要尽量与产品计量单位一致。计量单位应采用公制、十进制或百进制。

4）定额的"活口"设置恰当。所谓"活口"是指在定额中规定当符合一定条件时，允许定额另行调整。在编制定额时尽量不留"活口"，对实际情况变化较大、影响定额水平幅度较大的项目，确需留"活口"的，也应该从实际出发尽量少留"活口"。即使留有"活口"，也要注意尽量规定换算方法，避免采取按实际计算。此外，还要尽量减少定额的附注和换算系数。

4. 定额编制的方法

（1）技术测定法

技术测定法是一种科学的调查研究方法。即通过对施工过程的具体活动进行实地观察，详细记录工人和施工机械的工作时间消耗，测定完成产品的数量和有关因素，对记录结果进行分析研究，整理出可靠的数据资料。常用的技术测定法包括测时法、写实记录法和工作日写实法。

（2）经验估计法

根据定额员、技术员、生产管理员和技术熟练工人的实际工作经验，对生产某种产品或某项工作所需的人工、材料、机械数量进行分析、讨论和估算后，确定定额消耗量的一种方法。

（3）统计计算法

根据过去的统计资料编制定额的一种方法。

（4）比较类推法

即在同类型项目中选择有代表性的典型项目，用技术测定法编制出定额。

3.6.2　工程量清单编制

工程量清单的编制专业性强，内容复杂，对编制人的业务技术水平要求高。此外，能否编制出完整、严谨的工程量清单，直接影响招标的质量，也是招标成败的关键。

1. 工程量清单格式及清单编制的规定

工程量清单应由分部分项工程量清单、措施项目清单、其他项目清单、规费项目清单和税金项目清单组成。

工程量清单是招标人要求投标人完成的工程项目及相应工程数量，全面反映了投标报价要求，是投标人进行报价的依据，工程量清单应是招标文件不可分割的一部分，必须由具有编制招标文件能力的招标人或受其委托具有相应资质的中介机构编制。

编制分部分项工程量清单时，项目编码、项目名称、项目特征、计量单位和工程量计算规则等应严格按照国家制定的计价规范中的附录做到统一，不能任意修改和变更。其中项目编码的第十至十二位可由招标人自行设置。

措施项目清单及其他项目清单应根据拟建工程具体情况确定。

2. 工程量清单编制的依据和程序

（1）工程量清单编制的依据

工程量清单的内容体现了招标人要求投标人完成的工程项目、工程内容及相应的工程数量。编制工程量清单应依据以下几方面内容：

1）建设工程工程量清单计价规范。

2）国家或省级、行业建设主管部门颁发的计价依据和办法。

3）建设工程设计文件。

4）与建设工程项目有关的标准、规范、技术资料。

5）招标文件及其补充通知、答疑纪要。

6）施工现场情况、工程特点及常规施工方案。

7）其他相关资料。

（2）工程量清单编制的程序

工程量清单编制的程序如下：

1）熟悉图样和招标文件。

2）了解施工现场的有关情况。

3）划分项目、确定分部分项清单项目名称、编码（主体项目）。

4）确定分部分项清单项目的项目特征。

5）计算分部分项清单主体项目工程量。

6）编制清单（分部分项工程量清单、措施项目清单、其他项目清单）。

7）复核、编写总说明。

8）装订。

3. 分部分项工程量清单的编制

分部分项工程量清单应包括项目编码、项目名称、项目特征、计量单位和工程量。分部分项工程量清单应根据工程量计算规范附录规定的项目编码、项目名称、项目特征、计量单位和工程量计算规则进行编制。

（1）项目编码

分部分项工程量清单的项目编码，应采用12位阿拉伯数字表示。其中，一至九位应按附录的规定设置，十至十二位应根据拟建工程的工程量清单项目名称设置。同一招标工程的项目编码不得有重码。各级编码代表的含义如图3-7所示。

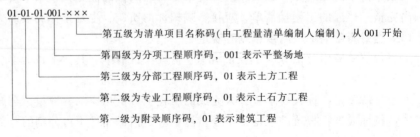

图 3-7　各级编码

（2）项目名称

分部分项工程量清单的项目名称应按附录的项目名称结合拟建工程的实际确定。

项目名称应以工程实体命名。这里所指的工程实体，有些是可用适当的计量单位计算的简单完整的施工过程的分部分项工程，也有些是分部分项工程的组合。

（3）项目特征

项目特征是指构成分部分项工程量清单项目和措施项目自身价值的本质特征。项目特征的表述按拟建工程的实际要求，以能满足确定综合单价的需要为前提。在编制工程量清单时应根据计价规范附录中有关项目特征的要求，结合技术规范、标准图集、施工图，按照工程结构、使用材质及规格或安装位置等予以详细而准确的表述和说明。在进行项目特征描述时，可重点掌握以下要点：

1）必须描述的内容。涉及正确计量的内容必须描述；涉及结构要求的内容必须描述；涉及材质要求的内容必须描述；涉及安装方式的内容必须描述。

2）可不描述的内容。对计量计价没有实质影响的内容可以不描述；应由投标人根据施工方案确定的可以不描述；应由投标人根据当地材料和施工要求确定的可以不描述；应由施工措施解决的可以不描述。

3）可不详细描述的内容。

无法准确描述的可不详细描述，如土壤类别注明由投标人根据地勘资料自行确定土壤类别，决定报价。施工图、标准图集标注明确的，可不再详细描述，对这些项目可描述为见××图集××页号及节点大样等。还有一些项目可不详细描述，如土方工程中的"取土运距""弃土运距"等，但应注明由投标人自己决定。

（4）计量单位

分部分项工程量清单的计量单位应按附录中规定的计量单位确定。工程数量应遵守下列规定：

① 以"吨""千米"为单位，应保留小数点后三位数字，第四位四舍五入。

② 以"立方米""平方米""米"为单位，应保留小数点后两位数字，第三位四舍五入。

③ 以"个""项""付""套"等为单位，应取整数。

当计量单位有两个或两个以上时，应根据所编工程量清单项目的特征要求，选择最适宜表现该项目特征并方便计量的单位。如门窗工程的计量单位为"樘"和"m^2"两个计量单位，实际工作中，应选择最适宜、最方便计量的单位来表示。

（5）工程量计算规则

分部分项工程量清单中所列工程量应按附录中规定的工程量计算规则计算。

工程数量的计算主要通过工程量计算规则计算得到。工程量计算规则是指对清单项目工程量的计算规定。除另有说明外，所有清单项目的工程量应以实体工程量为准，并以完成后的净值计算；投标人投标报价时，应在单价中考虑施工中的各种损耗和需要增加的工程量。工程量的计算规则按主要专业划分，包括建筑工程、装饰装修工程、安装工程、市政工程和园林绿化工程 5 个专业部分。

（6）补充项目

随着科学技术的发展，工程建设中新材料、新技术、新工艺不断涌现，工程量计算规范附录所列的工程量清单项目不可能包罗万象，更不可能包含随科技发展而出现的新项目。在实际编制工程量清单时，当出现规范附录中未包括的清单项目时，编制人应作补充。

补充项目的编码由附录的顺序码与B和三位阿拉伯数字组成，并应从×B001起顺序编制，同一招标工程的项目不得重码。工程量清单中需附有补充项目的项目名称、项目特征、计量单位、工程量计算规则、工程内容。

编制补充项目时应注意以下几方面内容：

1）补充项目的编码必须按工程量计算规范的规定进行。即由附录的顺序码（A、B、C、D、E、F）与B和三位阿拉伯数字组成。

2）在工程量清单中应附补充项目的项目名称、项目特征、计量单位、工程量计算规则和工作内容。

3）将编制的补充项目报省级或行业工程造价管理机构备案，补充工程量清单项目及计算规则，见表3-1。

表3-1 补充工程量清单项目及计算规则

项目编码	项目名称	项目特征	计量单位	工程量计算规则	工程内容
AB001	现浇钢筋混凝土平板模板及支架	（1）构件形状（2）支模高度	m^2	按与混凝土的接触面积计算，不扣除面积≤0.1m²孔洞所占面积	（1）模板安装、拆除（2）清理模板黏结物及模内杂物、刷隔离剂（3）整理、堆放及场内外运输

4. 措施项目清单的编制

措施项目是指为完成工程项目施工，发生于该工程施工准备和施工过程中的技术、生活、安全、环境保护等方面的非工程实体项目。措施项目清单应根据拟建工程的实际情况列项。"通用措施项目"是指各专业工程的"措施项目清单"中均可列的措施项目，可按表3-2选择列项。

表3-2 通用措施项目

序号	项 目 名 称
1	安全文明施工(含环境保护、文明施工、安全施工、临时设施)
2	夜间施工
3	二次搬运
4	冬雨期施工
5	大型机械设备进出场及安拆
6	施工排水
7	施工降水
8	地上、地下设施，建筑物的临时保护设施
9	已完工程及设备保护

各专业工程的专用措施项目应按工程量计算规范附录中各专业工程中的措施项目并根据工程实际进行选择列项。如混凝土、钢筋混凝土模板及支架与脚手架分别列于附录A等专业工程中。同时，当出现工程量计算规范未列的措施项目时，可根据工程实际情况进行

补充。

5. 其他项目清单的编制

其他项目清单是指分部分项清单项目和措施项目以外，该工程项目施工中可能发生的其他费用项目和相应数量的清单。其他项目清单宜按照暂列金额、暂估价（包括材料暂估价、专业工程暂估价）、计日工、总承包服务费四项内容来列项。由于工程建设标准的高低、工程的复杂程度、工程的工期长短、工程的组成内容、发包人对工程管理要求等都直接影响其他项目清单的具体内容，以上内容作为列项参考，其不足部分，编制人可根据工程的具体情况进行补充。

6. 规费项目清单的编制

规费是指根据省级政府或省级有关权力部门规定必须缴纳的，应计入建筑安装工程造价的费用。规费项目清单应按照社会保障费（包括养老保险费、失业保险费、医疗保险费）、住房公积金等内容列项。

规费作为政府和有关权力部门规定必须缴纳的费用，政府和有关权力部门可根据形势发展的需要，对规费项目进行调整。因此，对《建筑安装工程费用项目组成》未包括的规费项目，在计算规费时应根据省级政府和省级有关权力部门的规定进行补充。

7. 税金（增值税）项目清单的编制

建筑安装工程费用中的增值税按税前造价乘以增值税税率确定。规费和税金应按国家或省级、行业建设主管部门的规定计算，不得作为竞争性费用。

第4章 建筑工程识图

4.1 识图需要具备的条件

4.1.1 识图基本知识与技能

工程图样是工程界的技术语言，是表达建筑工程设计的重要技术资料，是施工的依据。为了使建筑工程图能够统一、清晰明了，提高制图质量，使之便于识读和技术交流，满足设计和施工的要求，图样的画法，图线的线型、线宽，图上尺寸的标注，图例以及字体等，都必须有统一的规定，这个统一的规定就是国家制图标准。国家有关部门制定了《房屋建筑制图统一标准》（GB/T 50001—2017）、《总图制图标准》（GB/T 50103—2010）、《建筑制图标准》（GB/T 50104—2010）、《建筑结构制图标准》（GB/T 50105—2010）、《水电水利工程基础制图标准》（DL/T 5347—2006）和《水电水利工程水工建筑制图标准》（DL/T 5348—2006）等制图标准。

1. 图纸幅面和格式

图幅是指图纸的大小规格。为了合理使用图纸和便于管理装订，所有图纸幅面，必须符合《房屋建筑制图统一标准》（GB/T 50001—2017）规定，图幅及图框尺寸见表4-1。

表4-1 图幅及图框尺寸　　　　　　　　　　　　　　　　（单位：mm）

幅面代号	图纸幅面				
	A0	A1	A2	A3	A4
$b×l$	841×1189	594×841	420×594	297×420	210×297
c	10			5	
a	25				

2. 标题栏和会签栏

1）图纸标题栏、会签栏及装订边的位置应符合下列规定：

① 横式使用的图纸，应按图4-1a所示的形式布置。

② 立式使用的图纸，应按图4-1b所示的形式布置。

2）图标长边的长度应为180mm；短边的长度宜为30mm、40mm、50mm。

3）图标应按图4-2所示的格式分区。

4）会签栏应按图4-3所示的格式绘制。

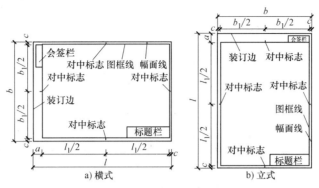

图 4-1　标题栏与会签栏

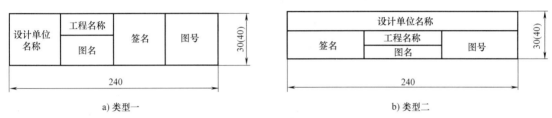

图 4-2　标题栏

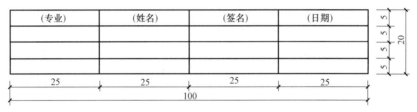

图 4-3　会签栏

3. 字体

工程图纸常用文字有汉字、数字和字母，书写时必须做到排列整齐、字体端正、笔画清晰并应注意起落。工程图样中字体的高度即为字号，其系列规定为 3.5mm、5mm、7mm、10mm、14mm、20mm，字体的宽度即为小一号字的高度。字高系列的公比相当于 $1:\sqrt{2}$，即某号字的高度相当于小一号字高的 $\sqrt{2}$ 倍，如 $7 \approx \sqrt{2} \times 5$。

（1）汉字

汉字的字体应为长仿宋体，字高和字宽的关系见表 4-2。

表 4-2　字高和字宽的关系　　　　　　　　　　　　　　（单位：mm）

字号（字高）	3.5	5	7	10	14	20
字宽	2.5	3.5	5	7	10	14

长仿宋体的书写要领为横平竖直、注意起落、结构匀称、填满方格。同时，注意起笔、运笔、收笔，横笔互平、竖笔挺直；注意搭配结构匀称，选定字样书写端正，书写笔画粗细一致，单字排列整齐清洁，字组间隔均匀。

（2）数字与字母

当数字、字母同汉字并列书写时，它们的字高比汉字的字高宜小一号或小两号。当拉丁字母单独用作代号或符号时，不使用Ｉ、Ｏ及Ｚ三个字母，以免同阿拉伯数字的１、０及２相混淆。

工程图样中数字与字母可以按需要写成正体或斜体，一般书写可采用75°斜体字。数字与汉字写在一起时，宜写成正体，且字高小一号或小两号。

4. 比例

图样的比例为图形与实物相对应的线性尺寸之比，如1：100是指图上的尺寸为1时，而实物的尺寸为100。比值大于1的为放大比例；比值小于1的为缩小比例；比值等于1的为原值比例。绘图所用的比例，应根据图样的用途和复杂程度，从表4-3中选用，并优选常用比例。一般情况下，一个图样应选用一种比例。

表4-3　绘图所用比例

常用比例	1：1、1：2、1：5、1：10、1：20、1：30、1：50、1：100、1：500、1：1000、1：2000
可用比例	1：3、1：4、1：6、1：15、1：25、1：40、1：60、1：80、1：250、1：300、1：400、1：600、1：5000、1：10000、1：20000、1：50000、1：100000、1：200000

比例的书写位置应在图名的右下侧并与图名的底部平齐，字高比图名字体小一号或二号。当整张图纸只用同一比例时，也可标注在图纸标题栏内。应当注意的是，图中所注的尺寸是指物体实际的大小，与图的比例无关。

5. 标高

1）总平面图室外整平地面标高符号为涂黑的等腰直角三角形，标高数字注写在符号的右侧、上方或右上方。

2）标高符号的尖端应指至被标注的高度位置，尖端可向上，也可向下。

3）低于零点标高的为负标高，标高数字前加"－"号，如－0.150。高于零点标高的为正标高，标高数字前可省略"＋"号，如6.000。

4）标高的单位为m。

6. 尺寸标注

尺寸是施工的依据。用图线画出的图样只能表达物体的形状，必须标注尺寸才能确定其大小。

1）尺寸组成。尺寸主要由尺寸线、尺寸界线、尺寸起止符号和尺寸数字四要素组成，如图4-4所示。

2）尺寸线是指尺寸设置方向的线，用细实线绘制。

①尺寸线画在两尺寸界线之间，长度不宜超出尺寸界线，且必须与所注的图形线平行。

②尺寸线不能由任何图线代替。轮廓线、轴线、中心线、尺寸界线及它们的延长线，一律不准代替尺寸线。

③互相平行的尺寸线，应从被注图样

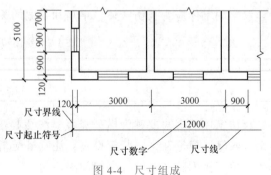

图4-4　尺寸组成

的轮廓线由近向远整齐排列，小尺寸在内，大尺寸在外。

④ 距图形轮廓线最近的一排尺寸线，与图形轮廓线间的距离不宜小于 10mm。平行排列的尺寸线间距宜为 7~10mm。同一张图纸上，尺寸线间距大小应保持一致。

3）尺寸界线表示尺寸范围的界限，用细实线绘制。

① 由图形轮廓线、轴线或中心线处引出，但引出端应留有 2mm 以上间隔，另一端超出尺寸线 2~3mm，一般与被注长度垂直。

② 必要时，图样轮廓线、中心线可作为尺寸界线。

③ 标注直径、半径的尺寸界线，由圆弧轮廓线代替。

④ 标注角度的尺寸界线沿径向引出。

⑤ 标注轴测图尺寸时，尺寸界线平行于相应的轴测轴。

4）尺寸起止符号。尺寸起止符号表示尺寸的始终。在尺寸线与尺寸界线交点处画一中粗斜短线，其倾斜方向应以尺寸界线为基准，顺时针成 45°角，长度宜为 2~3mm。半径、直径、角度和弧长的尺寸起止符号用箭头表示，如图 4-5 所示。

5）尺寸数字。尺寸数字表示尺寸大小。线性尺寸的数字一般应注写在尺寸线的上方，也允许注写在尺寸线的中断处。线性尺寸数字的方向，一般应采用第一种方法注写。在不致引起误解时，也允许采用第二种方法。但在一张图样中，应尽可能采用一种方法。

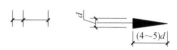

图 4-5　尺寸起止符号表示方法

① 数字应尽可能避免在图示 30°范围内标注尺寸。

② 对于非水平方向的尺寸，其数字可水平地注写在尺寸线的中断处。角度的数字一律写成水平方向，一般注写在尺寸线的中断处。尺寸数字不可被任何图线所通过，否则必须将该图线断开。

7. 图线

线宽 b 宜从 1.4mm、1.0mm、0.7mm、0.5mm 中选取，图线宽度不应小于 0.1mm。工程建设制图常在 0.35mm、0.25mm、0.18mm、0.13mm 线宽系列中选取，可参考表 4-4 选用。

表 4-4　常用图线

名称		线型	线宽	一般用途
实线	粗		b	主要可见轮廓线
	中粗		$0.7b$	可见轮廓线
	中		$0.5b$	可见轮廓线、尺寸线、变更云线
	细		$0.25b$	图例填充线、家具线
虚线	粗		b	见各有关专业制图标准
	中粗		$0.7b$	不可见轮廓线
	中		$0.5b$	不可见轮廓线、图例线
	细		$0.25b$	图例填充线、家具线
单点长画线	粗		b	见各有关专业制图标准
	中		$0.5b$	见各有关专业制图标准
	细		$0.25b$	中心线、对称线、轴线等

（续）

名称		线型	线宽	一般用途
双点长画线	粗	—‥—‥—‥—	b	见各有关专业制图标准
	中	—‥—‥—‥—	$0.5b$	见各有关专业制图标准
	细	—‥—‥—‥—	$0.25b$	假想轮廓线、成型前原始轮廓线
折断线	细	～	$0.25b$	断开界线
波浪线	细	∿∿∿	$0.25b$	断开界线

4.1.2 建筑工程施工图常用图例

建筑工程施工图常用图例，见表4-5。

表4-5 建筑工程施工图常用图例

符号名称	图 例
比例标注	平面图 1:100　　⑥ 1:20 常用比例: 1:1、1:2、1:5 1:10、1:20、1:30、1:50、1:100、1:150、1:200、1:500、1:1000、1:2000
索引符号	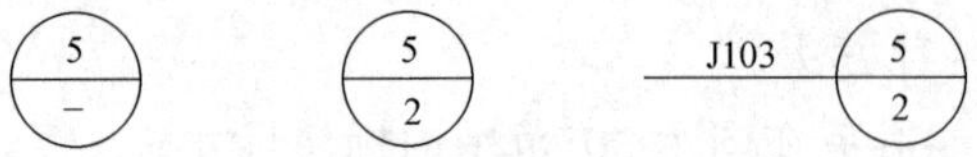 下半圆中"—"表示本页，页码省略。图集编号标注在索引线上
剖面详图的索引	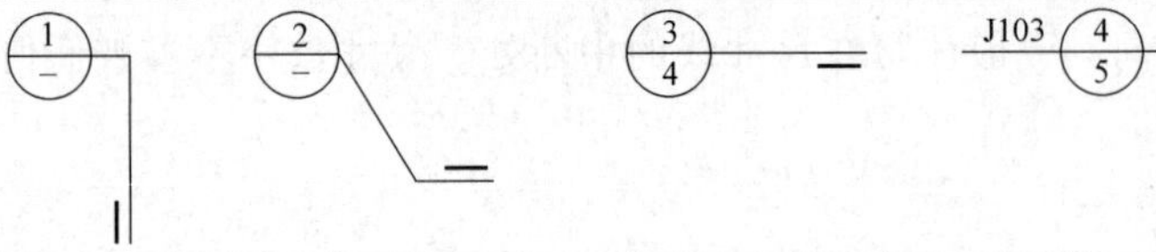
详图符号	详图与被索引图样同在一张图纸内的详图符号 详图与被索引图样不在同一张图纸内的详图符号
引出线	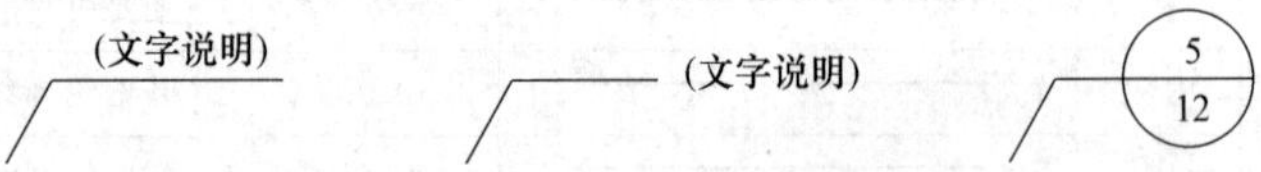 （文字说明）　　（文字说明）
共同引出线	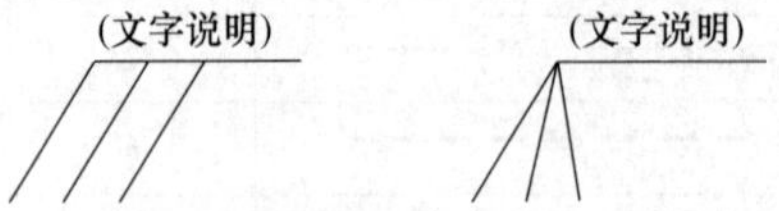 （文字说明）　　（文字说明）
多层共用引出线	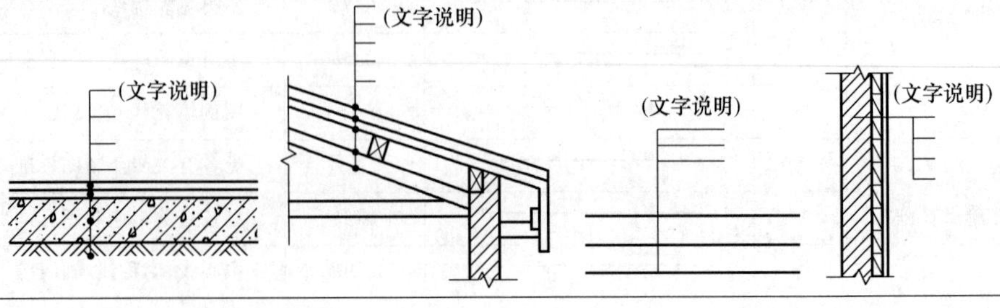 （文字说明）　（文字说明）　（文字说明）　（文字说明）

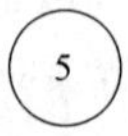

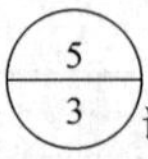

（续）

符号名称	图 例
指北针	
连接符号	
轴线的编号顺序	
轴线的分区编号	
详图的轴线	
圆形平面轴线的编号	
视图布置	

(续)

符号名称	图　例
分区建筑平面图	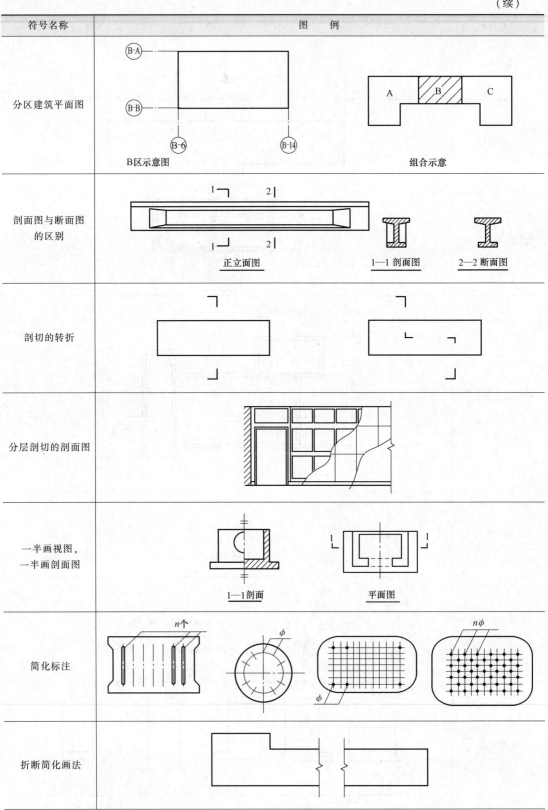
剖面图与断面图的区别	
剖切的转折	
分层剖切的剖面图	
一半画视图，一半画剖面图	
简化标注	
折断简化画法	

（续）

符号名称	图　　　例
局部不同的简化	
正等测的画法	
尺寸数字的注写	
半径标注	
直径的标注	
角度标注	

（续）

符号名称	图　例
弧长标注	弧长数字上方应加注圆弧符号"⌒"
标注圆弧的弦长	
薄板厚度标注	在厚度数字前加厚度符号"t"
坡度标注	
坐标法标注曲线	
网格法标注曲线	
等长尺寸简化	

（续）

符号名称	图　　例
相同尺寸标注	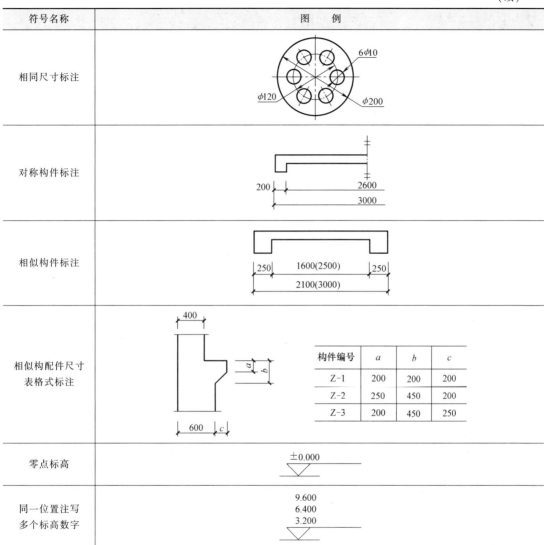
对称构件标注	
相似构件标注	
相似构配件尺寸表格式标注	
零点标高	
同一位置注写多个标高数字	

4.2　基本图例识图

常用建筑材料图例见表 4-6。

表 4-6　常用建筑材料图例

序号	名称	图例	备　　注
1	自然土壤		包括各种自然土壤
2	夯实土壤		

（续）

序号	名称	图例	备 注
3	砂、灰土	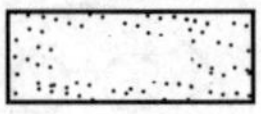	靠近轮廓线绘较密的点
4	砂砾石、碎砖三合土	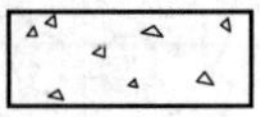	
5	石材		
6	毛石	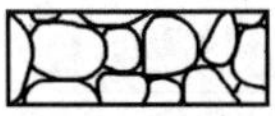	
7	普通砖	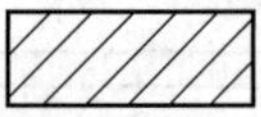	包括实心砖、多孔砖、砌块等砌体。断面较窄不易绘出图例线时，可涂红
8	耐火砖		包括耐酸砖等砌体
9	空心砖	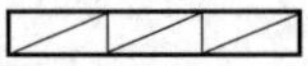	是指非承重砖砌体
10	饰面砖	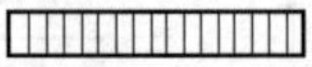	包括铺地砖、马赛克、陶瓷锦砖、人造大理石等
11	焦渣、矿渣	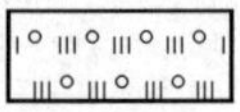	包括与水泥、石灰等混合而成的材料
12	混凝土	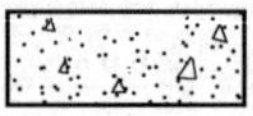	1）本图例是指能承重的混凝土及钢筋混凝土 2）包括各种强度等级、骨料、添加剂的混凝土 3）在剖面图上画出钢筋时，不画图例线 4）断面图形小，不易画出图例线时，可涂黑
13	钢筋混凝土		
14	多孔材料		包括水泥珍珠岩、沥青珍珠岩、泡沫混凝土、非承重加气混凝土、软木、蛭石制品等
15	纤维材料	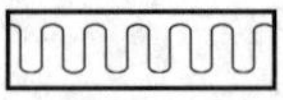	包括矿棉、岩棉、玻璃棉、麻丝、木丝板、纤维板等
16	泡沫塑料材料	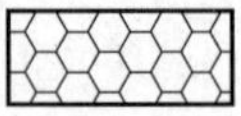	包括聚苯乙烯、聚乙烯、聚氨酯等多孔聚合物类材料
17	木材	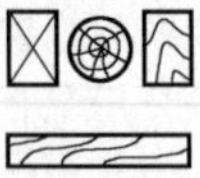	1）上图为横断面，上左图为垫木、木砖或木龙骨 2）下图为纵断面
18	胶合板		应注明为×层胶合板
19	石膏板	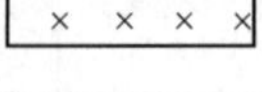	包括圆孔、方孔石膏板及防水石膏板等

（续）

序号	名称	图例	备注
20	金属		1）包括各种金属 2）图形小时，可涂黑
21	网状材料		1）包括金属、塑料网状材料 2）应注明具体材料名称
22	液体		应注明具体液体名称
23	玻璃		包括平板玻璃、磨砂玻璃、夹丝玻璃、钢化玻璃、中空玻璃、加层玻璃、镀膜玻璃等
24	橡胶		
25	塑料		包括各种软、硬塑料及有机玻璃等
26	防水材料		构造层次多或比例大时，采用上面图例
27	粉刷		本图例采用较稀的点
28	毛石混凝土		
29	新设计的建筑物		1）需要时，可用▲表示出入口，可在图形内右上角用点数或数字表示层数 2）建筑物外形（一般以±0.000 高度处的外墙定位轴线或外墙面线为准）用粗实线表示，需要时，地面以上建筑用中粗实线表示，地下以下建筑用细虚线表示
30	原有的建筑物		用细实线表示
31	计划扩建的建筑物		用中粗虚线表示
32	拆除的建筑物		用细实线表示
33	道路		
34	公路桥		

（续）

序号	名称	图例	备 注
35	砖石、混凝土围墙		
36	铁丝网、篱笆等		
37	河流		
38	等高线		
39	边坡		
40	风向频率玫瑰图		
41	新设计的墙		
42	墙上预留洞口		
43	土墙		
44	板条墙		
45	入口坡道		
46	底层楼梯		
47	中间楼梯		

（续）

序号	名称	图例	备注
48	顶层楼梯		
49	单扇门		
50	双扇门		
51	双扇推拉门		
52	单扇双面弹簧门		
53	双扇双面弹簧门		
54	单层固定窗		
55	检查孔（地面、吊顶）		
56	烟道		
57	空门洞		
58	单层外开上悬窗		
59	单层中悬窗		
60	水平推拉窗		
61	平开窗		
62	建筑物下面的通道		

4.3 建筑施工图识读

4.3.1 建筑施工图首页及总平面图

1. 建筑施工图的概念

建筑设计人员，按照国家相关的建筑方针政策和设计规范、设计标准，结合有关资料（如建设地点的水文、地质、气象、资源、交通运输条件等）以及建设项目委托人提出的基本要求，在经过批准的初步（或扩大初步）设计的基础上，运用制图学原理，采用国家统一规定的图例、符号、线型等来绘制的表示拟建建筑物、构筑物以及建筑设备各部位之间空间关系及其实际形状尺寸，并用于拟建项目施工和编制工程量清单计价文件或施工图预算的一整套图纸，称为施工图。

2. 建筑施工图的分类

施工图由于专业分工的不同，可分为建筑施工图、结构施工图和设备施工图。

一套简单的房屋施工图有几十张图纸，一套大型复杂的建筑物甚至有几百张图纸。为便于看图，根据专业内容或作用的不同，一般先将这些图纸进行排序。

1）图纸目录。又称标题页或首页图，说明该套图纸有几类，各类图纸分别有几张，每张图纸的图号、图名、图幅大小；若采用标准图，应写出所使用标准图的名称，所在的标准图集和图号或页次。编制图纸目录的目的是为了便于查找图纸，图纸目录中应先列新绘制图纸，后列选用的标准图或重复利用的图纸。

2）设计总说明（即首页）。主要介绍工程概况、设计依据、设计范围及分工、施工及制作时应注意的事项。内容一般包括：本工程施工图设计的依据；本工程的建筑概况，如建筑名称、建设地点、建筑面积、建筑等级、建筑层数、人防工程等级、主要结构类型、抗震设防烈度等；本工程的相对标高与总图绝对标高的对应关系；有特殊要求的做法说明，如屏蔽、防火、防腐蚀、防爆、防辐射、防尘等；对采用新技术、新材料的做法说明；室内室外的用料说明，如砖标号、砂浆标号、墙身防潮层、地下室防水、屋面、勒脚、散水、室内外装修等。

3）建筑施工图（简称建施）。主要表示建筑物的总体布局、外部造型、内部布置、细部构造、内外装饰、固定设施和施工要求的图样。一般包括总平面图、建筑平面图、建筑立面图、建筑剖面图、门窗表和建筑详图等。

4）结构施工图（简称结施）。主要表示房屋的结构设计内容，如房屋承重构件的布置，构件的形状、大小、材料等。该图一般包括结构平面布置图、各构件的结构详图等。

5）设备施工图（简称设施）。包括给水排水、采暖通风、电气照明等设备的布置平面图、系统图和详图。表示上、下水及暖气管道管线布置，卫生设备及通风设备等的布置，电气线路的走向和安装要求等。

3. 建筑施工图的有关规定

建筑施工图除了要符合一般的投影原理，以及视图、剖面和断面等的基本图示方法外，为了保证制图质量、提高效率、表达统一和便于识读，我国制定了《房屋建筑制图统一标准》（GB/T 50001—2017）。在绘制施工图时，应严格遵守国家标准的规定。

1）比例。建筑物是庞大而复杂的形体，必须采用不同的比例来绘制。对于整个建筑物，建筑物的局部和细部都分别予以缩小画出；特殊细小的线脚有时不缩小，甚至需要放大画出。

2）图线。在房屋图中，为了表明不同的内容，可采用不同线型和宽度的图线来表达。

3）定位轴线及其编号。建筑施工图中的定位轴线是施工定位、放线的重要依据。凡是承重墙、柱子等主要承重构件都应画上轴线来确定其位置。对于非承重的分隔墙、次要的局部承重构件等，则有时用分轴线，有时也可由注明其与附近轴线的有关尺寸来确定。

定位轴线采用细单点长画线表示，并予编号。轴线的端部画细实线圆圈（直径为8～10mm）。平面图上定位轴线的编号，宜标注在下方与左侧，横向编号采用阿拉伯数字，从左向右编写，竖向编号采用大写拉丁字母，自下而上编写。

在两个轴线之间，如需附加分轴线时，则编号可用分数表示。分母表示前一轴线的编号，分子表示附加轴线的编号（用阿拉伯数字顺序编写）。I、O及Z三个字母不得用为轴线编号，以免与阿拉伯数字混淆。

4. 建筑总平面图

（1）总平面图的概念

总平面图是将拟建工程四周一定范围内的新建、拟建、原有和拆除的建筑物、构筑物连同其周围的地形地貌状况，用水平投影方法和相应的图例所画出的图样。它表明新建房屋的平面轮廓形状和层数，与原有建筑物的相对位置、周围环境、地貌地形、道路和绿化的布置等情况，是新建房屋及其他设施的施工定位、土方施工、施工总平面设计及设计水、暖、电、燃气等管线总平面图的依据。某建筑总平面图如图4-6所示。

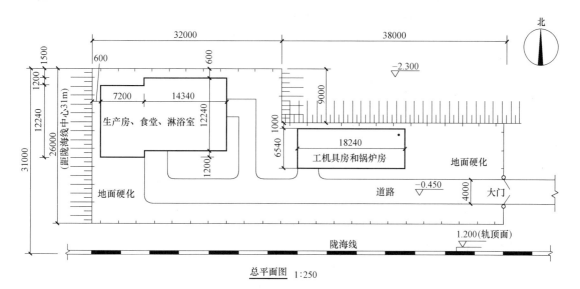

图4-6 某建筑总平面图

（2）总平面图的内容

1）测量坐标网或建筑坐标网。

2）新建筑的定位坐标（或相互关系尺寸）、名称（编号）、层数及室内外标高。

3）相邻有关建筑、拆除建筑的位置或范围。

4）指北针或风向频率玫瑰图。

5）道路（或铁路）、明沟等的起点、变坡点、转折点、终点的标高与坡向箭头。

6）附近的地形地物，如等高线、道路、水沟、河流、池塘、土坡等。

7）用地范围内的绿化、公园等以及管道布置。

（3）总平面图的读图要点

1）图名、比例。

2）新建工程项目名称、位置、层数、指北针、风玫瑰、朝向、建筑室内外绝对标高。

3）新建道路的布置以及宽度和坡度坡向、坡长，绿化场地、管线的布置。

4）新建建筑的总长和总宽。

5）原有建筑的位置、层数与新建建筑的关系。

6）周围的地形地貌。

7）定位放线依据（坐标）。

8）主要的经济技术指标。

4.3.2　建筑平面图

1. 建筑平面图的概念

假想用一个水平剖切平面沿门窗洞口位置将房屋剖开，移去剖切平面以上的部分，将留下的部分按俯视方向在水平投影面上作正投影所得到的图样，称为建筑平面图。它反映房屋的平面形状、水平方向各部分的布置和组合关系、门窗位置、墙和柱的布置以及其他建筑构配件的位置和大小等情况。建筑平面图是施工图中最基本的图样之一。对于多层建筑，应画出各层平面图。但当有些楼层的平面布置相同，或者仅有局部不同时，则可只画一个共同的平面图（称为标准层平面图），对于局部不同之处，只需另画局部平面图。

2. 建筑平面图的用途

建筑平面图是用以表达房屋建筑的平面形状、房间布置、内外交通联系，以及墙、柱、门窗等构配件的位置、尺寸、材料和做法等内容的图样。建筑平面图简称平面图。建筑平面图是建筑施工图的主要图样之一，是施工过程中房屋定位放线、砌墙、设备安装、装修及编制概预算、备料等的重要依据。

3. 建筑平面图的形成

建筑平面图的形成通常是假想用一水平剖切面经过门窗洞口将房屋剖开，移去剖切平面以上的部分，对剖切面以下部位所作出的水平投影图，即建筑平面图。即建筑平面图实际上是剖切位置位于门窗洞口处的水平剖面图。建筑平面图的形成如图4-7所示。

4. 建筑平面图的比例及图名

（1）比例

建筑平面图用1：50、1：100、1：200的比例绘制，实际工程中常用1：100的比例绘制。

（2）图名

一般情况下，房屋有几层就应画几个平面图，并在图的下方标注相应的图名，如"底层平面图""二层平面图"等。图名下方应加一条粗实线，图名右方标注比例。当房屋中间

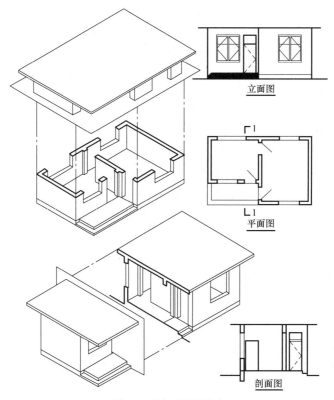

图 4-7 平面图的形成

若干层的平面布局、构造情况完全一致时，则可用一个平面图来表达相同布局的若干层，称为标准层平面图。

5. 建筑平面图的图示内容

（1）底层平面图的图示内容

1）表示建筑物的墙、柱位置并对其轴线编号。

2）表示建筑物的门、窗位置及编号。

3）注明各房间名称及室内外楼地面标高。

4）表示楼梯的位置及楼梯上下行方向及级数、楼梯平台标高。

5）表示阳台、雨篷、台阶、雨水管、散水、明沟、花池等的位置及尺寸。

6）表示室内设备（如卫生器具、水池等）的形状、位置。

7）画出剖面图的剖切符号及编号。

8）标注墙厚、墙段、门、窗、房屋开间、进深等各项尺寸。

9）标注详图索引符号。

图样中的某一局部或构件，如需另见详图，应以索引符号索引。索引符号由直径为10mm 的圆和水平直径组成，圆和水平直径均应以细实线绘制。

索引符号按下列规定编写：

① 索引出的详图，如与被索引的详图同在一张图纸内，应在索引符号的上半圆中用阿拉伯数字注明该详图的编号，并在下半圆中间画一段水平细实线。

② 索引出的详图，如与被索引的详图不同在一张图纸内，应在索引符号的上半圆中用

阿拉伯数字注明该详图的编号，在索引符号的下半圆中用阿拉伯数字注明该详图所在图纸的编号。数字较多时，可加文字标注。

③索引出的详图，如采用标准图，应在索引符号水平直径的延长线上加注该标准图册的编号。

详图的位置和编号，应以详图符号表示。详图符号的圆应以直径为14mm粗实线绘制。详图应按下列规定编号：

a. 如详图与其索引符号在同一张图纸内，在索引符号的上半圆中，注明该详图编号，在下半圆中间画"—"。

b. 如详图与其索引符号不在同一张图纸内，在索引符号的上半圆中，注明该详图编号，在下半圆中，注明该详图所在图纸编号，可加文字标注。

c. 详图采用标准图，在索引符号水平直线的延长线上，标注该标准图册的编号。详图索引符号如图4-8所示。

10）画出指北针。指北针常用来表示建筑物的朝向。指北针外圆直径为24mm，采用细实线绘制，指北针尾部宽度为3mm，指北针头部应注明"北"或"N"字。指北针图标如图4-9所示。

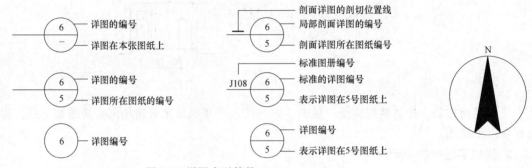

图 4-8　详图索引符号　　　　　　　　　　图 4-9　指北针

（2）标准层平面图的图示内容

1）表示建筑物的门、窗位置及编号。

2）注明各房间名称、各项尺寸及楼地面标高。

3）表示建筑物的墙、柱位置并对其轴线编号。

4）表示楼梯的位置及楼梯上下行方向、级数及平台标高。

5）表示阳台、雨篷、雨水管的位置及尺寸。

6）表示室内设备（如卫生器具、水池等）的形状、位置。

7）标注详图索引符号。

（3）屋顶平面图的图示内容

屋顶檐口、檐沟、屋顶坡度、分水线与落水口的投影，出屋顶水箱间、上人孔、消防梯及其他构筑物、索引符号等。

4.3.3　建筑立面图

在与建筑物立面平行的铅垂投影面上所绘的投影图称为建筑立面图，简称立面图。

1. 建筑立面图的形成与作用

（1）形成

立面图是正投影图。建筑物的各个立面（即外墙）向平行于它的投影面上投影得到的正投影图，就形成了建筑物的各立面，也就是一栋房屋的正立面和侧立面。建筑立面图的形成如图 4-10 所示。

音频 4-1：建筑立面图
的命名方式

（2）作用

表示建筑物的体型和外貌的图样，并标明外墙装修要求。

2. 建筑正立面图的命名方式

1）用朝向命名。建筑物的某个立面面向哪个方向，就称为那个方向的立面图，如南立面图、北立面图、东立面图、西立面图。

2）用建筑平面图中的首尾轴线命名。按照观察者面向建筑物从左到右的轴线顺序命名，如 1～10 立面图。

3）以建筑墙面的特征命名，如正立面图、侧立面图、背立面图。建筑的主要出入口所在墙面的立面图为正立面图。国家标准规定，有定位轴线的建筑

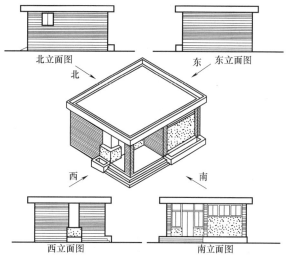

图 4-10 建筑立面图的形成

物，宜根据两端轴线编号标注立面图的名称。上述三种施工图命名方式都可以使用，但每套施工图只能采用其中一种方式命名。

3. 建筑立面图的图示内容

1）画出室外地面线及房屋的勒脚、台阶、花池、门窗、雨篷、阳台，室外楼梯、墙柱、檐口、屋顶、雨水管、墙面分割线等内容。

2）标注出外墙各主要部位的标高。如室外地面、台阶顶面、窗台、窗上口、阳台、雨篷、檐口、女儿墙顶、屋顶水箱间及楼梯间屋顶等的标高。

3）注出建筑物两端的定位轴线及其编号。

4）标注索引编号。

5）用文字说明外墙面装修的材料及其做法。

4. 图示特点

（1）比例

立面图的比例常用 1∶50、1∶100、1∶150、1∶200、1∶300，一般与相应平面图相同。

（2）定位轴线

在立面图中，一般只绘制两端的轴线及编号，以便和平面图对照确定立面图的观看方向。

（3）图例

相同的构件和构造如门窗、阳台、墙面装修等可局部详细图示，其余简化画出。例如，相同的门窗可只画出 1 个代表图例，其余的只画轮廓线。

（4）线型

1）粗实线 b：立面图的外轮廓线。

2）中实线 0.5b：凸出墙面的雨篷、阳台、门窗洞口、窗台、窗楣、台阶、柱、花池等投影。

3）细实线 0.25b：其余，如门窗、墙面等分格线、落水管、材料符号引出线及说明引出线等。

4）特粗实线 1.4b：地平线，两端适当超出立面图外轮廓（非强制性，习惯上均可用）。

（5）尺寸标注

1）竖向方向：应标注建筑物的室外地坪、门窗洞口、上下口、台阶顶面、雨篷、房檐下口、房屋、墙顶等处的标高，并应在竖直方向标注三道尺寸。外部三道尺寸，即高度方向总尺寸、定位尺寸（两层之间楼地面的垂直距离即层高）、细部尺寸（楼地面、阳台、檐口、女儿墙、台阶、平台等部位）。

2）水平方向：立面图水平方向一般不标注尺寸，但需要标出立面图最外两端墙的轴线及编号。

3）其他标注：立面图上可在适当位置用文字标出其装修。

（6）标高标注

楼地面、阳台、檐口、女儿墙、台阶、平台等处标高。上顶面标高应标注建筑标高（包括粉刷层，如女儿墙顶面），下地面标高应标注结构标高（不包括粉刷层，如雨篷、门窗洞口）。

5. 立面索引符号

为表示室内立面在平面上的位置，应在平面图中用内视符号注明视点位置、方向及立面的编号，立面索引符号由直径 8~12mm 的圆构成，以细实线绘制，并以三角形为投影方向共同组成。

圆内直线以细实线绘制，在立面索引符号的上半圆内用大写字母标注，下半圆标注图纸所在位置，在实际应用中也可扩展灵活使用，如图 4-11 所示。

图 4-11　立面索引符号

4.3.4　建筑剖面图

假想用一个或多个垂直于外墙轴线的铅垂剖切面将房屋剖开，所得的投影图称为建筑剖面图，简称剖面图。建筑剖面图如图 4-12 所示。

1. 建筑剖面图的形成

建筑剖面图一般是指建筑物的垂直剖面图，也就是假想用一个竖直平面去剖切房屋，移去靠近观察者视线的部分后的正投影图，简称剖面图，如图 4-13 所示。

音频 4-2：剖面图的作用与数量

剖切平面是假想的，由一个投影图画出剖面图后，其他投影图不受剖切的影响，仍然按剖切前的完整形体来画，不能画成半个。

2. 建筑剖面图的剖切方法与剖切位置

剖面图的数量是根据房屋的具体情况和施工的实际需要确定的。剖切面一般为横向，即平行于侧面，必要时也可为纵向，即平行于正面。其位置应选择在能反映出房屋内部构造比较复杂和典型的部位，并应通过门窗洞。若为多层房屋，剖切面应选择在楼梯间或层高不同、层数不同的部位。剖面图的图名应与平面图上所标注剖切符号的编号一致。

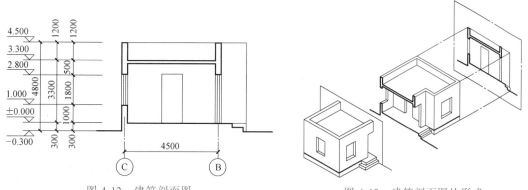

图 4-12　建筑剖面图　　　　　　　　　　图 4-13　建筑剖面图的形成

剖面图中的图线形体被切开后，移开部分形体表面的可见轮廓线不存在了，在剖面图中不再画出。剖切平面所切到的实心体形成切断面。为了突出断面部分，剖面图中被剖到的构配件的轮廓线用粗实线绘制，在断面轮廓范围内应该按国家标准规定选用材料图例，当材料图例不能指明形体的建筑材料时，则用间距相等、与水平线成45°角并相互平行的细实线作图例线。在剖面图中，除断面轮廓以外，其余投影可见的线均画成中粗实线。对于那些不重要的、不影响表示形体的虚线，一般省去不画。

为了方便看图，应在与剖面图有关的投影图中，把所画剖面图的剖切位置、投影方向及剖面编号用剖切符号表示出来。通常剖面图中不标注剖面符号的情况有：通过门窗洞口的水平剖面图，即建筑平面图；通过形体的对称平面、中心线等位置剖切所画出的建筑剖面图。

建筑剖面图的剖切位置通常选择在能表现建筑物内部结构，构造比较复杂、有变化、有代表性的部位。一般应通过门窗洞口、楼梯间及主要出入口等位置。必要时，还要采用几个平行的平面进行剖切。

建筑剖面图的主要任务是根据房屋的使用功能和建筑外观造型的需要，考虑层数、层高及建筑在高度方向的安排方式，用来表示建筑物内部垂直方向的结构形式，分层情况、内部构造及各部位的高度，同时还要表明房屋各主要承重构件之间的相互关系，如各层梁、板的位置及其与墙、柱的关系，屋顶的结构形式及其尺寸等。

地面以上的内部结构和构造形式，主要由各层楼面板、屋面板的设置决定。在剖面图中，主要是表达清楚楼面层、屋顶层、各层梁，梯段、平台板、雨篷等与墙体间的连接情况。但在比例为1:100的剖面图中，对于楼板、屋面板、墙身、天沟等详细构造的做法，不能直接详细地表达。往往要采用节点详图和施工说明的方式来表明构件的构造做法。

节点详图一般采用较大比例，如1:1、1:5、1:10单独绘制，同时还要附加详细的施工说明。节点详图的特点是比例大，图示清楚，尺寸标注齐全，文字说明准确、详细。施工说明能表达图样无法表达的重要内容，如设计依据、采用图集、细部构造的具体做法。

一般情况下，简单的楼房有两个剖面图即可：一个剖面图表达建筑的层高、被剖切到的房间布局及门窗的高度等；另一个剖面图表达楼梯间的尺寸，每层楼梯的踏步数量及踏步的详细尺寸，建筑入口处的室内外高差，雨篷的样式及位置等。

有特殊设备的房间，如卫生间、实验室等，需用详图标明固定设备的位置、形状及其细部做法等。局部构造详图中，墙身剖面、楼梯、门窗、台阶、阳台等都要分别画出。有特殊装修的房间，需绘制装修详图，如吊顶平面图等。

建筑剖面图的所有内容都与建筑物的竖向高度有关，它主要用来确定建筑物的竖向高度。因此，在识读剖面图时，主要识读它的竖向高度，并且要与平面图、立面图结合起来。

在施工过程中，建筑剖面图是进行分层，砌筑内墙，铺设楼板、屋面板和楼梯，内部装修等工作的依据。建筑剖面图与建筑立面图、建筑平面图结合起来表示建筑物的全局，因而建筑平面图、立面图、建筑剖面图是建筑施工最基本的图样。

3. 建筑剖面图表达内容

在建筑剖面图中，除了有地下室的情况以外，一般不画出室内外地面以下部分，而只对室内外地面以下的基础墙画折断线。因为基础部分将由结构施工图中的基础图来表达。在1：100的剖面图中，室内外地面的层次和做法一般将由剖面节点详图或施工说明来表达（通常套用标准图或通用图），故在剖面图中只画一条粗实线来表达室内外地面线，并标注各部分不同高度的标高。

各层楼面都设置楼板，屋面设置屋面板，它们搁置在砖墙或楼（屋）面梁上。为了屋面排水需要，屋面板铺设成一定的坡度（有时可将屋面板水平铺置，而将屋面面层材料做出坡度），并且在檐口处和其他部位设置天沟板（挑檐檐口称为"檐沟板"），以便导流屋面上的雨水经天沟排向雨水管。楼板、屋面板、天沟的详细形式，以及楼面层和屋顶层的层次及其做法，可另画剖面节点详图，也可在施工说明中标明，或套用标准图及通用图（注明所套用图集的名称和图号），故在1：100的剖面图中也可以示意性地用两条线来表示楼面层和屋顶层的总厚度。

在墙身的门、窗洞顶，屋面板下和每层楼板下的涂黑矩形断面，为该房屋的钢筋混凝土门、窗过梁和圈梁。大门上方画出的涂黑断面为过梁连同雨篷板的断面，中间是看到的"倒翻"雨篷梁。当圈梁的梁底标高与同层的门或窗的过梁底标高一致时，可以只设一道梁，即圈梁同时起了门、窗过梁的作用。外墙顶部的涂黑梯形断面是女儿墙顶部的现浇钢筋混凝土压顶。

除了必须画出被剖切到的构件（如墙身、室内外地面、楼面层、屋顶层、各种梁、梯段及平台板、雨篷和水箱）外，还应画出未被剖切到的可见部分（如门厅的装饰及会客室和走廊中可见的西窗，可见的楼梯梯段和栏杆扶手，女儿墙的压顶，水斗和雨水管，厕所间的隔断，可见的内外墙轮廓线，可见的踢脚和勒脚）。

4. 建筑剖面图的线型

剖面图的线型按《总图制图标准》（GB/T 50103—2010）规定，凡是剖到的墙、板、梁等构件的剖切线均用粗实线表示；而未剖到的其他构件的投影则常用细实线表示，如图4-14所示。

5. 建筑剖面图的尺寸标注

（1）竖直方向

图形外部一般标注三道尺寸及建筑物的室内外地坪、各层楼面、门窗的上下口及墙顶等部位的标高。图形内部的梁等构件的下口标高也应标注，且楼地面的标高应尽量标注在图形内。外部的三道尺寸，最外一道为总高尺寸，从室外地平面起标到墙顶止，标注建筑物的总

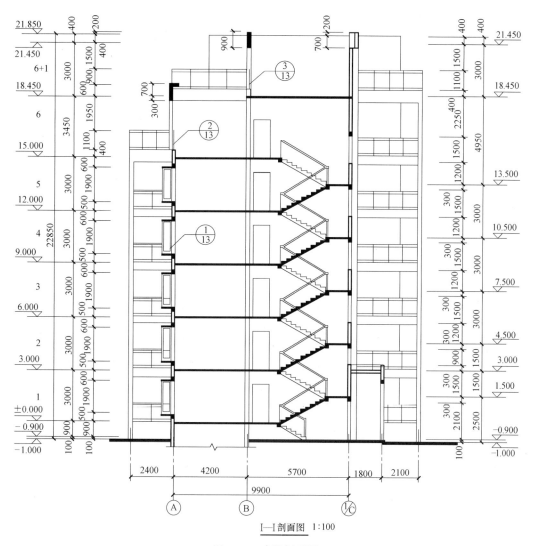

图 4-14　建筑剖面图

高度；中间一道尺寸为层高尺寸，标注各层层高（两层之间楼地面的垂直距离称为层高）；最里边一道尺寸称为细部尺寸，标注墙段及洞口尺寸。

（2）水平方向

常标注剖到的墙、柱及剖面图两端的轴线编号和轴线间距，并在图的下方注写图名和比例。

（3）其他标注

由于剖面图比例较小，某些部位（如墙脚、窗台、过梁、墙顶等）节点不能详细表达，可在剖面图的该部位处画上详图索引标志，另用详图来表示其细部构造尺寸。此外，楼地面及墙体的内外装修，可用文字分层标注。

图 4-14 所示为某县技术质量监督局职工住宅的剖面图。从图 4-14 中可以看出，此建筑物共 7 层，室内外高差为 100mm；各层层高均为 3000mm；该建筑总高为 22850mm。从图 4-14 右边竖直方向的外部尺寸可以看出，楼梯间入口处室内外高差为 100mm，从室外通

过标高为-0.900m的门斗平台进入到楼梯间室内,然后上6级台阶到一层地坪。楼梯间首层平台处窗距地高度为1800mm,洞口高900mm,其余楼梯间的窗距地高度为1200mm,洞口高1500mm。从图4-14中楼梯间⑧轴线墙右边可以看到,各层楼层平台(楼梯间中标高与楼层一致的平台称为楼层平台)处是住户的入户门。4轴线墙上的窗为各层平面图上入户后次卧室中对应的④轴线墙上的阳光窗,窗台距楼面的高度为500mm,窗洞口高为1900mm。图4-14中还表达了楼梯间六层⑧轴线墙外为六层住户的屋顶花园露台;楼梯间屋顶也为七层(六层加一层)住户的屋顶花园露台。此外,凸窗、阳台栏板、女儿墙的详细做法,另有①号、②号、③号详图详细表达。

由于本剖面图比例为1:100,故构件断面除钢筋混凝土梁、板涂黑表示外,墙及其他构件不再加画材料图例。

以上介绍了建筑的总平面图及平面图、立面图和剖面图,这些都是建筑物全局性的图样。在这些图中,图示的准确性是很重要的,应力求贯彻国家统一制图标准,严格按制图标准规定绘制图样。其次,尺寸标注也是非常重要的,应力求准确、完整、清楚。

建筑平面图中总长、总宽尺寸,立面图和剖面图中的总高尺寸为建筑的总尺寸。

建筑平面图中的轴线尺寸,立面图、剖面图及建筑详图中的细部尺寸为建筑的定量尺寸,也称定形尺寸,某些细部尺寸同时也是定位尺寸。

此外,每一种建筑构配件都有三种尺寸,分别是标志尺寸、构造尺寸和实际尺寸。

标志尺寸(又称设计尺寸),是在进行设计时采用的尺寸。构件在制作时采用的尺寸称为构造尺寸。由于建筑构配件表面较粗糙,考虑到施工时各个构件之间的安装搭接方便,构件在制作时还要考虑构件搭接时的施工缝隙,故

$$构造尺寸=标志尺寸-缝宽$$

实际尺寸是建筑构配件制作完成后的实际尺寸,由于制作时的误差,故

$$实际尺寸=构造尺寸±允许误差$$

6. 剖面图的画图步骤

1)画室内外地平线、最外墙(柱)身的轴线和各部高度,如图4-15所示。

2)画墙、门窗洞口及可见的主要轮廓线,如图4-16所示。

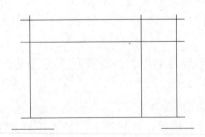

图4-15 剖面图的画图步骤(一)

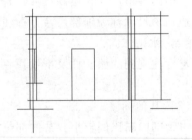

图4-16 剖面图的画图步骤(二)

3)画屋面及踢脚板等细部。

4)加深图线,并标注尺寸数字,书写文字说明,如图4-17所示。

7. 剖面图的读图要点

1）图名、比例。

2）剖面的剖切位置。

3）建筑物的高度尺寸、建筑的总层数、底层室内外地面的高差、各层的层高。

4）楼梯形式、各构件之间的关系。

8. 剖切符号

剖面图即剖视图中用以表示剖切面剖切位置的图线，剖切符号用粗实线表示。在标注剖切符号时，应同时注上编号，剖面图的名称都用其编号来命名。剖切符号的使用应符合下列规定：

1）剖切符号应由剖切位置线及投影方向线组成，用粗实线绘制，剖切位置线长 6~10mm，方向线长 4~6mm，如图 4-18 所示。

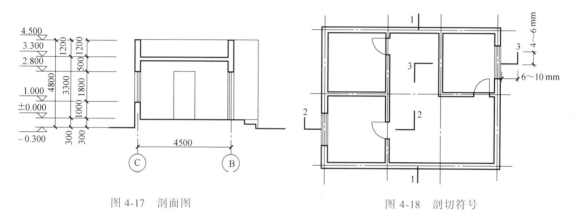

图 4-17　剖面图　　　　　　　　　　　　图 4-18　剖切符号

2）剖切符号的编号宜采用阿拉伯数字。

3）需要转折的剖切位置线，应在转角的外侧加注与该符号相同的编号。

4）建筑物剖面图的剖切符号写在±0.000 标高的平面图上。

5）断面的剖切符号应该用剖切位置线来表示，并应以粗实线绘制，长度为 6~10mm。

6）剖面图或断面图，如与被剖切图样不在同一张图内，可在剖切位置线的另一侧注明其所在图纸的编号，也可以在图上集中说明，比如"建施-6"。在平面图中标识好剖切符号后，要在绘制剖面图下方标明相对应的剖面图名称。

4.3.5　建筑详图与索引符号

1. 建筑详图

建筑详图是建筑细部或建筑构件、配件的施工图。

建筑平面图、立面图、剖面图一般采用较小的比例绘制，因而对房屋的细部或建筑构件、配件和剖面节点等细部的样式、连接组合方式及具体的尺寸、做法和用料等不能表达清楚。因此，在实际施工作业中，还需有较大比例（如 1∶50、1∶20、1∶10、1∶5）的图样，将建筑的细部和建筑构件及配件的形状、材料、做法、尺寸大小等详细内容表达在图上，这样的图样称为建筑详图，简称详图。实际上，建筑详图是一种局部放大图或是在局部放大图的基础上增加一些其他图样。建筑物建成后的真实效果，不只是取决于建筑平面图、立面图、剖面图，取决于详细设计的优劣。因为真正的推敲要经过细部用料、尺度、比例的设计才能实现。

详图的特点：①比例较大；②图示内容详尽（材料及做法、构件布置及定位等）；③尺寸、标高齐全。

在建筑详图中经常使用索引符号、详图符号和材料图例符号等。

2. 详图的分类

根据《建筑工程设计文件编制深度规定》（2016 年版）要求绘制的详图，按其类型可分为以下三种：

（1）构造详图

构造详图是指屋面、墙身、墙身内外饰面、吊顶、地面、地沟、地下工程防水、楼梯等建筑部位的用料和构造做法。其中，大多数都可以直接引用或参见相应的标准图，否则应画出节点详图。

（2）配件和设施详图

配件和设施详图是指门、窗、幕墙、浴厕设施，固定的台、柜、架、桌、椅、池、箱等的用料、形式、尺寸和构造（活动设备不属于建筑设计范围）。以上配件和设施也大多可以直接或参见选用标准图或厂家样本。

（3）装饰详图

装饰详图是指为美化室内外环境和增强视觉效果，在建筑物上所进行的艺术处理，如花格窗，柱头，壁饰，地面图案的纹样、用材、尺寸和构造等。

3. 外墙节点详图

外墙节点详图是房屋墙身在竖直方向的节点剖面图，主要表达房屋的屋面、楼面、地面、檐口、门窗、勒脚、散水等节点的尺寸、材料、做法等构造情况，以及楼板、屋面板与墙身的构造连接关系。

外墙节点详图不仅表明了楼地板的构造及其与墙身等其他构件的关系，还表明了门窗顶、窗台、勒脚、散水等相关部位的详细做法。外墙节点详图读图时，除明确其轴线位置及其所代表的范围外，还应注意以下几点：

1）外墙底部节点。主要识读基础墙、防潮层、室内地面与外墙脚各种配件构造做法技术要求。

2）中间节点（或标准层节点）。主要识读墙厚及其轴线位于墙身的位置，内外窗台构造，变形截面的雨篷、圈梁、过梁标高与高度，楼板结构类型、与墙搭接方式与结构尺寸。

3）檐口节点（或屋顶节点）。主要识读屋顶承重层结构组成与做法、屋面组成与坡度做法。也要注意各节点的引用标准图集代号与页码，以便与剖面图相核对和查找。

除了读懂外墙节点详图的全部内容外，还应仔细与建筑平面图、立面图、剖面图和其他专业的图样联系识读。如勒脚下边的基础墙做法要与结构施工图的基础平面图和剖面图联系识读；楼层与檐口、阳台等也应和结构施工图的各层楼板平面布置图和剖面节点图联系识读。

要反复核对图内尺寸标高是否一致，并与本项目其他专业的图样反复校核。

因每条可见轮廓线可能代表一种材料的做法，所以不能忽视每一条可见轮廓线，如图 4-19 所示。由图 4-19 可见，门厅是由室外三步台阶步入的，在第二台阶外有一条可见轮廓线，说明那里有一堵没有剖切到的墙，这堵墙直接连接到二层挑出的面梁处，在地面和楼地面上有一道可见轮廓线，为踢脚线。

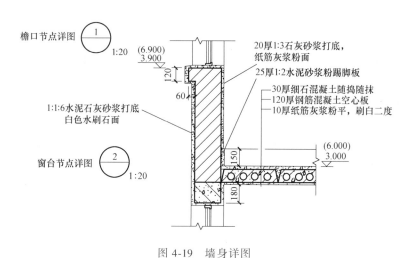

图 4-19　墙身详图

4. 楼梯详图

楼梯详图一般包括楼梯平面图、楼梯剖面图和踏步、栏杆、扶手等节点详图。一般楼梯的建筑施工图和结构施工图分别绘制，较简单的楼梯有时合并绘制，或编入建筑施工图中或编入结构施工图中。识读前要明确是现浇结构还是装配式预制构件。

楼梯详图一般分为建筑详图和结构详图，分别编入建筑施工图和结构施工图中。建筑详图主要用来表达楼梯的类型、结构形式、各部位的尺寸及装修做法，一般包括平面图、剖面图和节点（如踏步、栏杆、扶手、防滑条等）详图。

音频 4-3：楼梯详图的内容

（1）楼梯平面图

楼梯平面图是在距地面 1m 以上的位置，用一个假想的剖切平面，沿着水平方向剖开向下所绘的正投影图，主要用于表达楼梯平面的详细布置情况，如楼梯间的尺寸大小、墙厚、楼梯段的长度和宽度、上行或下行的方向、踏面数和踏面宽度、平台和楼梯位置等。

在多层建筑中，楼梯平面图一般应分层绘制。如果中间各层的楼梯位置、构造形式、尺寸等均相同时，可只画出底层、中间层和顶层三个楼梯平面图。

在楼梯平面图中，各层被剖切到的梯段，按规定均在平面图中以一根倾斜 45°的折断线表示。在每一梯段处画有一长箭头，并注写"上"或"下"字和步级数，表明从该楼层楼面向上或向下走多少步级可到达上一层或下一层的楼（地）面。在底层平面图中还应注明楼梯坡面图的剖切位置和投影方向。

在识读楼梯平面图时，要熟悉各层平面图的以下特点：

1）在底层平面图中，由于剖切平面是在该层往上走的第一梯段中剖切的，故只画了被剖切梯段及栏杆。底层楼梯平面图如图 4-20 所示。

2）在中间二层、三层（标准层）平面图中，既要画出被剖切的向上走的部分梯段，又要画出该层向下走的完整梯段、平台以及平台向下的部分梯段。这部分梯段与被剖切的梯段的投影重合，以45°折断线为分界。标准层楼梯平面图如图4-21所示。

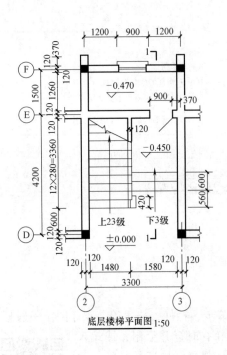

图4-20　底层楼梯平面图

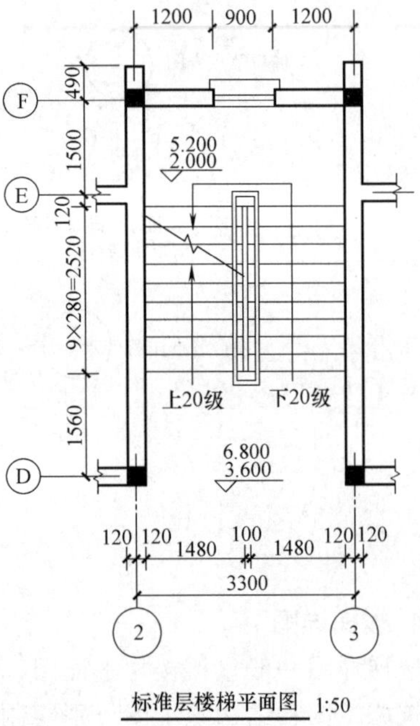

图4-21　标准层楼梯平面图

3）在顶层平面图中，由于剖切平面在安全栏杆之上，故两个梯段及平台都未被剖切到，但均可见，因而在图中画有两端完整的梯段和平台以及安全栏杆的位置。由于是顶层，只有上行没有下行，所以在梯口处只标有下楼方向。顶层楼梯平面图如图4-22所示。

（2）楼梯剖面图

假想用一个铅垂平面，通过各层的一个梯段和楼梯间的门窗洞将楼梯剖开，向另一未剖到的梯段方向投影所绘的正投影图为楼梯剖面图，如图4-23所示。

5. 索引符号（图4-24）

图样中的某一局部或构件，如需另见详图，应以索引符号索引，索引符号的圆及直径均应以细实线绘制，圆的直径应为10mm。索引符号应按下列规定编写：

1）索引出的详图，如与被索引的图样同在一张图纸内，应在索引符号的上半圆中用阿拉伯数字注明该详图的编号，并在下半圆中间画一段水平细实线。

2）索引出的详图，如与被索引的图样不在同一张图纸内，应在索引符号的下半圆中用阿拉伯数字注明该详图所在图纸的图纸编号。

3）索引出的详图，如采用标准图，应在索引符号水平直径的延长线上加注该标准图册的编号。

4）索引符号如用于索引剖面详图，应在被剖切的部位绘制剖切位置线，并应以引出线引出索引符号，引出线所在的一侧应为剖视方向，如图4-25所示。

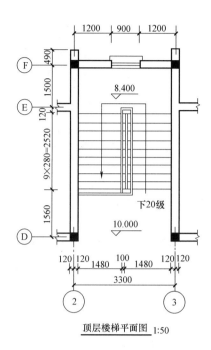

顶层楼梯平面图 1:50

图 4-22　顶层楼梯平面图

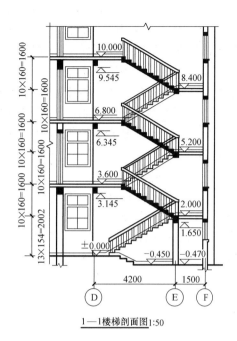

1—1楼梯剖面图1:50

图 4-23　楼梯剖面图

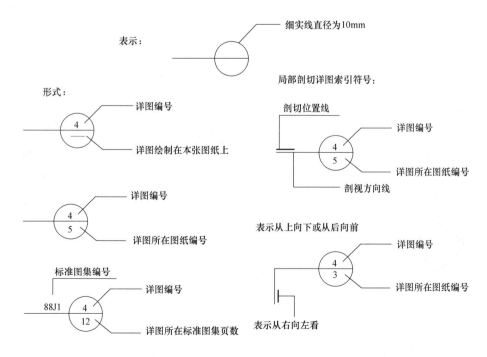

图 4-24　索引符号

详图的位置和编号，应以详图符号表示，详图符号应以粗实线绘制，直径应为 14mm。详图应按下列规定编号：

① 详图与被索引的图样同在一张图纸内时，应在详图符号内用阿拉伯数字注明详图的编号。

② 详图与被索引的图样，如不在同一张图纸内，可用细实线在详图符号内画一水平直径，在上半圆中注明详图编号，在下半圆中注明被索引图纸的图纸编号。也可用第①条的方法，不注被索引图纸的图纸号。两种索引图样如图 4-26 所示。

5）室内立面索引符号

为表示室内立面在平面上的位置，应在平面图中用内视符号注明视点位置、方向及立面的编号。立面索引符号由直径为 8~12mm 的圆构成，以细实线绘制，并以三角形为投影方向共同组成，如图 4-27 所示。

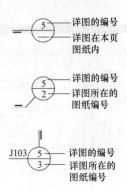

图 4-25 用于索引剖面详图的索引符号

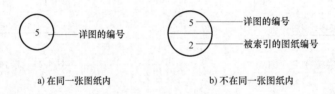

a) 在同一张图纸内   b) 不在同一张图纸内

图 4-26 索引图样

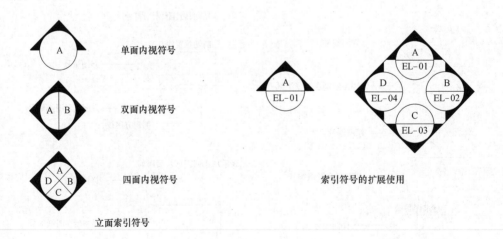

图 4-27 立面索引符号示例

圆内直线以细实线绘制，在立面索引符号的上半圆内用字母标识，下半圆标识图纸所在位置。在实际应用中也可扩展灵活使用，如图 4-28 所示。

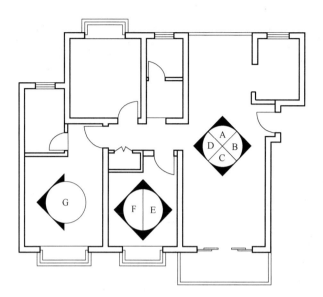

图 4-28　平面图上索引符号的应用

5.1 建筑面积的概念与作用

1. 建筑面积的概念

建筑面积是指建筑物（包括墙体）所形成的楼地面面积。面积是所占平面图形的大小，建筑面积主要是墙体围合的楼地面面积（包括墙体的面积），因此计算建筑面积时，首先以外墙结构外围水平面积计算。

建筑面积还包括附属于建筑物的室外阳台、雨篷、檐廊、室外走廊、室外楼梯等建筑部件的面积。建筑面积可以分为使用面积、辅助面积和结构面积。

1）使用面积。使用面积是指建筑物各层平面布置中，可直接为生产或生活使用的净面积总和。居室净面积在民用建筑中，也称居住面积。例如住宅建筑中的居室、客厅、书房等。

2）辅助面积。辅助面积是指建筑物各层平面布置中为辅助生产或生活所占净面积的总和，例如住宅建筑中的楼梯、走道、卫生间、厨房等。使用面积和辅助面积的总和称为有效面积。

3）结构面积。结构面积是指建筑物各层平面布置中的墙体、柱等结构所占面积的总和（不包括抹灰厚度所占的面积）。各种面积相互关系如图 5-1 所示。

图 5-1 建筑面积的组成

2. 建筑面积的作用

建筑面积计算是工程计量的基础工作，在工程建设中具有重要意义。首先，在工程建设的众多技术经济指标中，大多数以建筑面积为基数，建筑面积是核定估算、概算、预算工程造价的重要基础数据之一，是计算和确定工程造价，并分析工程造价和工程设计合理性的基础指标之一。其次，建筑面积是国家进行建设工程数据统计、固定资产宏观调控的重要指标；再次，建筑面积还是房地产交易、工程承发包交易、建筑工程有关运营费用核定等的关键指标之一。建筑面积的作用具体有以下几个方面：

（1）确定建设规模的重要指标

根据项目立项批准文件所核准的建筑面积是初步设计的重要控制指标。对于国家投资的项目，施工图的建筑面积不得超过初步设计的 5%，否则必须重新报批。

（2）确定各项技术经济指标的基础

音频 5-1：建筑面积的作用

建筑面积与使用面积、辅助面积、结构面积之间存在着一定的比例关系。设计人员在进行建筑设计或结构设计时，在计算建筑面积的基础上再分别计算出结构面积、有效面积等技术经济指标。例如，有了建筑面积，才能确定每平方米建筑面积的工程造价。

$$单位面积工程造价 = 工程造价 \div 建筑面积$$
$$单位建筑面积的材料消耗指标 = 工程材料耗用量 \div 建筑面积$$
$$单位建筑面积的人工消耗指标 = 工程人工工日耗用量 \div 建筑面积$$

（3）评价设计方案的依据

建设规划和建筑设计中，经常使用建筑面积控制某些指标，比如容积率、建筑密度、建筑系数等。在评价设计方案时，通常采用居住面积系数、土地利用系数、有效面积系数、单方造价等指标，它们都与建筑面积密切相关。因此，为了评价设计方案，必须准确计算建筑面积。

$$容积率 = 建筑总面积 \div 建筑占地面积 \times 100\%$$
$$建筑密度 = 建筑物底层面积 \div 建筑占地总面积 \times 100\%$$

根据有关规定，容积率计算公式中的建筑总面积不包括地下室、半地下室建筑面积，屋顶建筑面积不超过标准建筑面积 10% 的也不计算。

（4）计算有关分项工程量的依据

在编制一般土建工程预算时，建筑面积是确定一些分项工程量的基本数据。应用统筹计算方法，根据底层建筑面积，就可以很方便地推算出室内回填土体积、地（楼）面面积和天棚面积等。另外，建筑面积也是脚手架、垂直运输机械费用的计算依据。

（5）选择概算指标和编制概算的基础数据

概算指标通常以建筑面积为计量单位。用概算指标编制概算时，要以建筑面积为计算基础。

5.2　建筑面积的计算规则与相关计算

5.2.1　建筑面积计算相关术语

1）建筑面积：建筑物（包括墙体）所形成的楼地面面积。

2）自然层：按楼地面结构分层的楼层。

3）结构层高：楼面或地面结构层上表面至上部结构层上表面之间的垂直距离。

4）围护结构：围合建筑空间的墙体、门、窗。

5）建筑空间：以建筑界面限定的、供人们生活和活动的场所。

6）结构净高：楼面或地面结构层上表面至上部结构层下表面之间的垂直距离。

7）围护设施：为保障安全而设置的栏杆、栏板等围挡。

8）地下室：室内地平面低于室外地平面的高度超过室内净高的 1/2 的房间。

9）半地下室：室内地平面低于室外地平面的高度超过室内净高的 1/3，且不超过 1/2 的房间。

10）架空层：仅有结构支撑而无外围护结构的开敞空间层。

11）走廊：建筑物中的水平交通空间。

12）架空走廊：专门设置在建筑物的二层或二层以上，作为不同建筑物之间水平交通的空间。

13）结构层：整体结构体系中承重的楼板层。

14）落地橱窗：凸出外墙面且根基落地的橱窗。

15）凸窗（飘窗）：凸出建筑物外墙面的窗户。

16）檐廊：建筑物挑檐下的水平交通空间。

17）挑廊：挑出建筑物外墙的水平交通空间。

18）门斗：建筑物入口处两道门之间的空间。

19）雨篷：建筑出入口上方为遮挡雨水而设置的部件。

20）门廊：建筑物入口前有顶棚的半围合空间。

21）楼梯：由连续行走的梯级、休息平台和围护安全的栏杆（或栏板）、扶手以及相应的支托结构组成的作为楼层之间垂直交通使用的建筑部件。

22）阳台：附设于建筑物外墙，设有栏杆或栏板，可供人活动的室外空间。

23）主体结构：接受、承担和传递建设工程所有上部荷载，维持上部结构整体性、稳定性和安全性的有机联系的构造。

24）变形缝：防止建筑物在某些因素作用下引起开裂甚至破坏而预留的构造缝。

25）骑楼：建筑底层沿街面后退且留出公共人行空间的建筑物。

26）过街楼：跨越道路上空并与两边建筑相连接的建筑物。

27）建筑物通道：为穿过建筑物而设置的空间。

28）露台：设置在屋面、首层地面或雨篷上的供人室外活动的有围护设施的平台。

29）勒脚：在房屋外墙接近地面部位设置的饰面保护构造。

30）台阶：联系室内外地坪或同楼层不同标高而设置的阶梯形踏步。

5.2.2　计算建筑面积的范围和规则

1）建筑物的建筑面积应按自然层外墙结构外围水平面积之和计算。结构层高在 2.20m 及以上的，应计算全面积；结构层高在 2.20m 以下的，应计算 1/2 面积。

自然层是指按楼地面结构分层的楼层。结构层高是指楼面或地面结构层上表面至上部结构层上表面之间的垂直距离。上下均为楼面时，结构层高是指相邻两层楼板结构层上表面之间的垂直距离；建筑物最底层，从"混凝土构造"的上表面，算至上层楼板结构层上表面（分两种情况：一是有混凝土底板的，从底板上表面算起，如底板上有上反梁，则应从上反梁上表面算起；二是无混凝土底板、有地面构造的，以地面构造中最上一层混凝土垫层或混凝土找平层上表面算起）；建筑物顶层，从楼板结构层上表面算至屋面板结构层上表面，如图 5-2 所示。

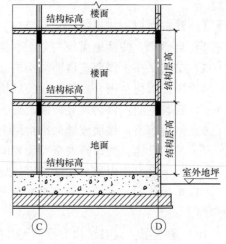

图 5-2　结构层高示意图

建筑面积计算不再区分单层建筑和多层建筑，有围护结构的以围护结构外围计算。所谓围护结构是指围合建筑空间的墙体、门、窗。计算建筑面积时不考虑勒脚，勒脚是建筑物外墙与室外地面或散水接触部分墙体的加厚部分，其高度一般为室内地坪与室外地面的高差，有的将勒脚高度提高到底层窗台，因为勒脚是墙根很矮的一部分墙体加厚，不能代表整个外墙结构。当外墙结构本身在一个层高范围内不等厚时（不包括勒脚，外墙结构在该层高范围内材质不变），以楼地面结构标高处的外围水平面积计算，如图 5-3 所示。当围护结构下部为砌体，上部为彩钢板围护的建筑物，如图 5-4 所示。其建筑面积的计算：当 $h<0.45\text{m}$ 时，建筑面积按彩钢板外围水平面积计算；当 $h\geqslant0.45\text{m}$ 时，建筑面积按下部砌体外围水平面积计算。

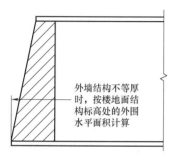

图 5-3　外墙结构不等厚

图 5-4　下部为砌体，上部为彩钢板围护

【例 5-1】　已知某单层建筑具体尺寸如图 5-5 所示，三维软件绘制图如图 5-6 所示，层高为 3.5m，墙厚为 240mm，试求其建筑面积。

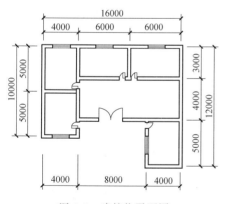

图 5-5　建筑物平面图

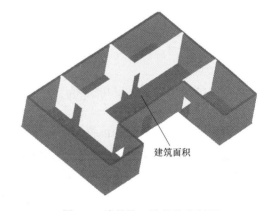

图 5-6　建筑物三维软件绘制图

【解】

（1）识图内容

通过题干内容可知，层高 3.5m，3.5m>2.2m，计算全面积。

（2）工程量计算

$S = (4+0.24)\times(10+0.24)+(6+6)\times(7+0.24)+5\times(4+0.24) = 43.42+86.88+21.2$
$= 151.5（\text{m}^2）$

【小贴士】　式中：（4+0.24）×（10+0.24）为左侧两间房的面积；（6+6）×（7+0.24）为右侧上方三间房的面积；5×（4+0.24）为右下角房间的面积。

2）建筑物内设有局部楼层时，对于局部楼层的二层及以上楼层，有围护结构的应按其围护结构外围水平面积计算，无围护结构的应按其结构底板水平面积计算且结构层高在2.20m 及以上的，应计算全面积，结构层高在 2.20m 以下的，应计算 1/2 面积。

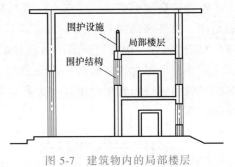

图 5-7 建筑物内的局部楼层

如图 5-7 所示，在计算建筑面积时，只要是在一个自然层内设置的局部楼层，其首层面积已包括在原建筑物中，不能重复计算。因此，应从二层以上开始计算局部楼层的建筑面积。计算方法是有围护结构按围护结构面积计算，没有围护结构的按底板面积计算。需要注意的是，没有围护结构的应该有围护设施。围护结构是指围合建筑空间的墙体、门、窗、栏杆、栏板属于围护设施。

【例 5-2】 已知某建筑物内设有局部楼层，如图 5-8 所示，立面图如图 5-9 所示，层高为 3.3m，墙厚为 240mm，试求其建筑面积。

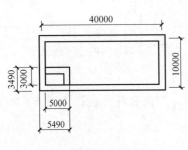

图 5-8 建筑平面图

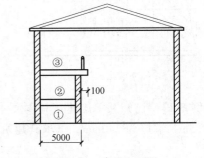

图 5-9 建筑立面图

【解】

（1）识图内容

通过题干内容可知，层高 3.3m，3.3m>2.2m，计算全面积。

（2）工程量计算

首层建筑面积 $S_1 = 40 \times 10 = 400$ （m^2）

局部二层建筑面积（按围护结构计算）$S_2 = 5.49 \times 3.49 = 19.16$ （m^2）

局部三层建筑面积（按底板计算）$S_3 = (5+0.1) \times (3+0.1) = 15.81$ （m^2）

【小贴士】式中：40 为建筑物的长度；10 为建筑物的宽度；5.49 为局部二楼的长度；3.49 为局部二楼的宽度；（5+0.1）为局部三楼的长度；（3+0.1）为局部三楼的宽度。

3）形成建筑空间的坡屋顶，结构净高在 2.10m 及以上的部位应计算全面积；结构净高在 1.20m 及以上至 2.10m 以下的部位应计算 1/2 面积；结构净高在 1.20m 以下的部位不应计算建筑面积。

建筑空间是指以建筑界面限定的、供人们生活和活动的场所。建筑空间是围合空间，可出入（可出入是指人能够正常出入，即通过门或楼梯等进出；而必须通过窗、栏杆、人孔、检修孔等出入的不算可出入）、可利用。所以，这里的坡屋顶指的是与其他围护结构能形成建筑空间的坡屋顶。

结构净高是指楼面或地面结构层上表面至上部结构层下表面之间的垂直距离，如图 5-10

所示。

4）场馆看台下的建筑空间，结构净高在 2.10m 及以上的部位应计算全面积；结构净高在 1.20m 及以上至 2.10m 以下的部位应计算 1/2 面积；结构净高在 1.20m 以下的部位不应计算建筑面积。室内单独设置的有围护设施的悬挑看台，应按看台结构底板水平投影面积计算建筑面积。有顶盖无围护结构的场馆看台应按其顶盖水平投影面积的 1/2 计算面积。场馆区分三种不同的情况：看台下的建筑空间，对"场"（顶盖不闭合）和"馆"（顶盖闭合）都适用；室内单独悬挑看台，仅对"馆"适用；有顶盖无围护结构的看台，仅对"场"适用。

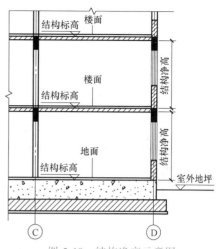

图 5-10　结构净高示意图

① 对于第一种情况，场馆看台下的建筑空间因其上部结构多为斜板，所以采用净高的尺寸划定建筑面积的计算范围，如图 5-11 所示。

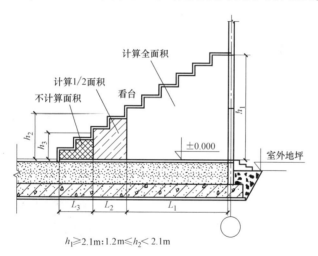

$h_1 \geqslant 2.1m; 1.2m \leqslant h_2 < 2.1m$

图 5-11　场馆看台下建筑空间

② 对于第二种情况，室内单独设置的有围护设施的悬挑看台，因其看台上部设有顶盖且可供人使用，所以按看台板的结构底板水平投影计算建筑面积。

③ 对于第三种情况，场馆看台上部空间建筑面积计算，取决于看台上部有无顶盖。按顶盖计算建筑面积的范围应是看台与顶盖重叠部分的水平投影面积。对有双层看台的，各层分别计算建筑面积，顶盖及上层看台均视为下层看台的盖。无顶盖的看台不计算建筑面积。场馆看台（剖面）示意图如图 5-12 所示。

5）地下室、半地下室应按其结构外围水平面积计算。结构层高在 2.20m 及以上的，应计算全面积；结构层高在 2.20m 以下的，应计算 1/2 面积。地下室、半地下室示意图

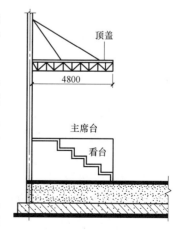

图 5-12　场馆看台（剖面）示意图

如图 5-13 所示。

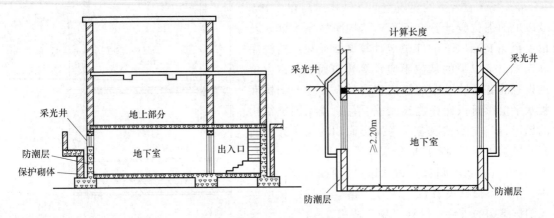

图 5-13 地下室、半地下室示意图

室内地平面低于室外地平面的高度超过室内净高的房间 1/2 的为地下室；室内地平面低于室外地平面的高度超过室内净高 1/3 且不超过 1/2 的房间为半地下室。地下室、半地下室按"结构外围水平面积"计算，而不按"外墙上口"取定。当外墙为变截面时，按地下室、半地下室楼地面结构标高处的外围水平面积计算。地下室的外墙结构不包括找平层、防水（潮）层、保护墙等。地下空间未形成建筑空间的，不属于地下室或半地下室，不计算建筑面积。

【例 5-3】 某建筑修建了一个地下室，墙厚为 240mm，层高为 2m，地下室的尺寸如图 5-14 所示，三维软件绘制图如图 5-15 所示。试计算地下室的建筑面积。

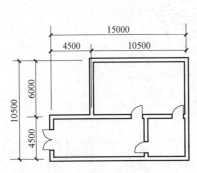

图 5-14 地下室尺寸示意图

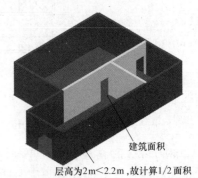

图 5-15 地下室三维软件绘制图

【解】

（1）识图内容

通过题干内容可知，层高 2m，2m<2.2m，计算 1/2 面积。

（2）工程量计算

$$S = \left[(15+0.24) \times (10.5+0.24) - 4.5 \times 6 \right] \times 1/2$$
$$= (163.68-27) \times 1/2 = 68.34 (\text{m}^2)$$

【小贴士】式中：把地下室的建筑面积看成是一个 15×10.5 的矩形，（15+0.24）×（10.5+0.24）为整个矩形外围水平面积，4.5×6 为左上角缺少部分面积，因为只需要计算一半的建筑面积，所以乘以 1/2。

6）出入口外墙外侧坡道有顶盖的部位，应按其外墙结构外围水平面积的 1/2 计算面积。

出入口坡道分为有顶盖出入口坡道和无顶盖出入口坡道两种，顶盖以设计图为准，对后增加及建设单位自行增加的顶盖等，不计算建筑面积。顶盖不考虑材料种类（如钢筋混凝土顶盖、彩钢板顶盖、阳光板顶盖等）。地下室出入口如图 5-16 所示。

坡道是从建筑物内部一直延伸到建筑物外部的，建筑物内的部分按建筑物正常计算建筑面积，建筑物外的部分按本条执行。建筑物内、外的划分以建筑物外墙结构外边线为界（图 5-17）。所以，出入口坡道顶盖的挑出长度，为顶盖结构外边线至外墙结构外边线的长度。

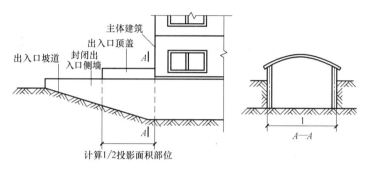

图 5-16　地下室出入口示意图

7）建筑物架空层及坡地建筑物吊脚架空层，应按其顶板水平投影计算建筑面积。结构层高在 2.20m 及以上的，应计算全面积；结构层高在 2.20m 以下的，应计算 1/2 面积。

架空层是指仅有结构支撑而无外围护结构的开敞空间层，即架空层是没有围护结构的。架空层建筑面积的计算方法适用于建筑物吊脚架空层、深基础架

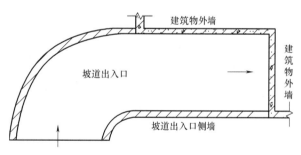

图 5-17　外墙外侧坡道与建筑物内部坡道的划分示意图

空层，也适用于目前部分住宅、学校教学楼等工程在底层架空或在二楼或以上某个甚至多个楼层架空，作为公共活动、停车、绿化等空间的情况。建筑物架空层如图 5-18 所示。

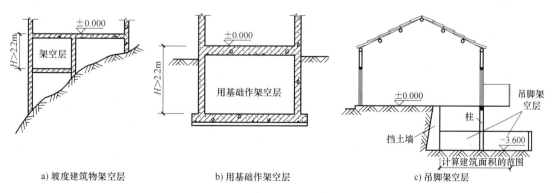

图 5-18　建筑物架空层示意图

顶板水平投影面积是指架空层结构顶板的水平投影面积，不包括架空层主体结构外的阳台、空调板、通长水平挑板等外挑部分。

8）建筑物的门厅、大厅应按一层计算建筑面积，门厅、大厅内设置的走廊应按走廊结构底板水平投影面积计算建筑面积。结构层高在 2.20m 及以上的，应计算全面积；结构层高在 2.20m 以下的，应计算 1/2 面积。某建筑物门厅、大厅示意图如图 5-19 所示。

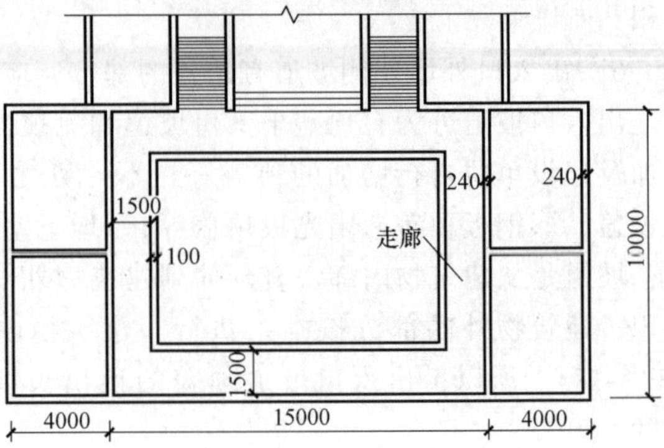

图 5-19　某建筑物门厅、大厅示意图

9）建筑物间的架空走廊，有顶盖和围护结构的，应按其围护结构外围水平面积计算全面积；无围护结构、有围护设施的，应按其结构底板水平投影面积计算 1/2 面积。

架空走廊是指专门设置在建筑物的二层或二层以上，作为不同建筑物之间水平交通的空间。无围护结构的架空走廊（有围护设施）如图 5-20 所示，有围护结构的架空走廊如图 5-21 所示。架空走廊建筑面积计算分为以下两种情况：一是有围护结构且有顶盖，计算全面积；二是无围护结构、有围护设施，无论是否有顶盖，均计算 1/2 面积。有围护结构的，按围护结构计算面积；无围护结构的，按底板计算面积。

音频 5-2：架空走廊建筑面积计算划分

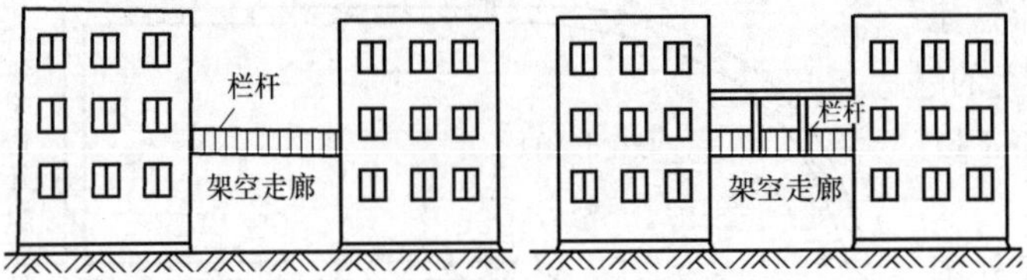

图 5-20　无围护结构的架空走廊（有围护设施）

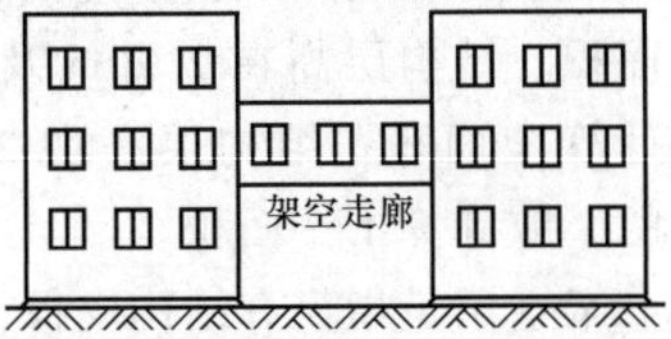

图 5-21　有围护结构的架空走廊

【例 5-4】 已知某架空走廊平面图如图 5-22 所示，架空走廊立面图如图 5-23 所示，墙厚 240mm，架空走廊层高 3m，有围护结构，试计算该架空走廊的建筑面积。

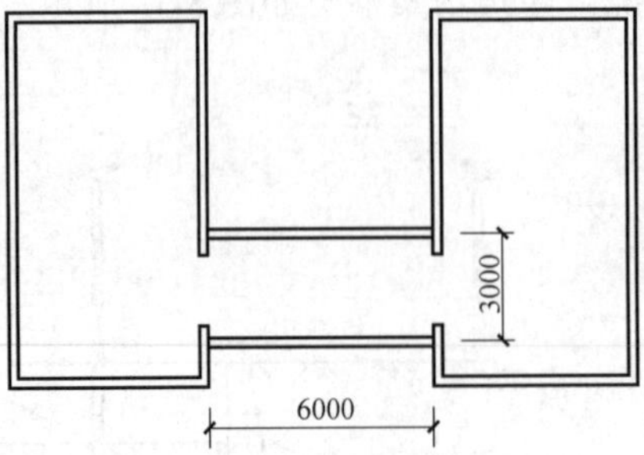

图 5-22　架空走廊平面图

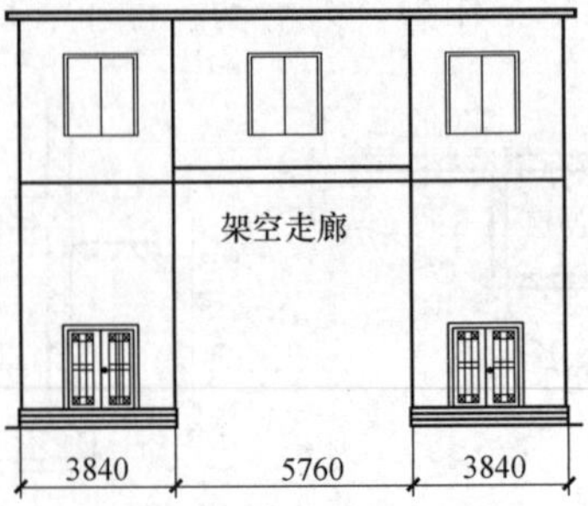

图 5-23　架空走廊立面图

【解】

（1）识图内容

通过题干内容可知，该架空走廊层高 3m，有围护结构。

（2）工程量计算

$S = (6 - 0.24) \times (3 + 0.24) = 18.66$（m^2）

【小贴士】式中：6 为架空走廊长度；3 为架空走廊宽度；0.24 为墙厚。

10）立体书库、立体仓库、立体车库，有围护结构的，应按其围护结构外围水平面积计算建筑面积；无围护结构、有围护设施的，应按其结构底板水平投影面积计算建筑面积。无结构层的应按一层计算，有结构层的应按其结构层面积分别计算。结构层高在 2.20m 及以上的，应计算全面积；结构层高在 2.20m 以下的，应计算 1/2 面积。

结构层是指整体结构体系中承重的楼板层，包括板、梁等构件，而非局部结构起承重作用的分隔层。立体车库中的升降设备，不属于结构层，不计算建筑面积；仓库中的立体货架、书库中的立体书架都不算结构层，故该部分分层不计算建筑面积。立体书库示意图如图 5-24 所示。

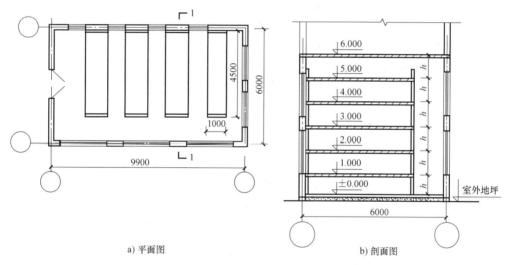

a) 平面图　　　　　　　　　　　b) 剖面图

图 5-24　立体书库示意图

11）有围护结构的舞台灯光控制室，应按其围护结构外围水平面积计算。结构层高在 2.20m 及以上的，应计算全面积；结构层高在 2.20m 以下的，应计算 1/2 面积。舞台灯光控制室示意图如图 5-25 所示。

12）附属在建筑物外墙的落地橱窗，应按其围护结构外围水平面积计算。结构层高在 2.20m 及以上的，应计算全面积；结构层高在 2.20m 以下的应计算 1/2 面积。

落地橱窗是指凸出外墙面且根基落地的橱窗，可以分为在建筑物主体结构内的和在主体结构外的，这里指的是后者。所以，从两点来理解该处橱窗：一是附属在建筑物外墙，属于建筑物的附属结构；二是落地，橱窗下设置有基础。若不落地，可按凸（飘）窗规定执行，如图 5-26 所示。

13）窗台与室内楼地面高差在 0.45m 以下且结构净高在 2.10m 及以上的凸（飘）窗，应按其围护结构外围水平面积计算 1/2 面积。

凸（飘）窗是指凸出建筑物外墙面的窗户。凸（飘）窗需同时满足两个条件方能计算建筑面积：一是结构高差在 0.45m 以下，二是结构净高在 2.10m 及以上。如图 5-27 所示，窗台与室内楼地面高差为 0.6m，超出了 0.45m，并且结构净高 1.9m<2.1m，两个条件均不满足，故该凸（飘）窗不计算建筑面积。如图 5-28 所示，窗台与室内楼地面高差为 0.3m，小于 0.45m，并且结构净高 2.2m>2.1m，两个条件同时满足，故该凸（飘）窗计算建筑面积。

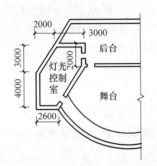

图 5-25　舞台灯光控制室示意图

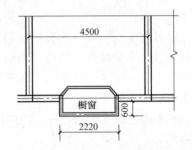

图 5-26　橱窗示意图

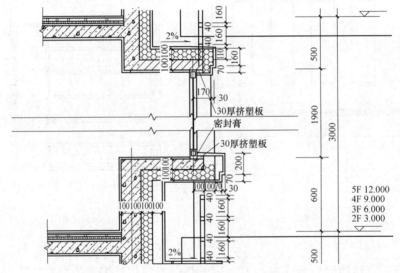

图 5-27　不计算建筑面积凸（飘）窗示意图

14）有围护设施的室外走廊（挑廊），应按其结构底板水平投影面积计算 1/2 面积；有围护设施（或柱）的檐廊，应按其围护设施（或柱）外围水平面积计算 1/2 面积。

室外走廊（挑廊）、檐廊都是室外水平交通空间。挑廊是悬挑的水平交通空间；檐廊是底层的水平交通空间，由屋檐或挑檐作为顶盖，且一般有柱或栏杆、栏板等。底层无围护设施但有柱的室外走廊可参照檐廊的规则计算建筑面积。无论哪一种，除了必须有地面结构外，还必须有栏杆、栏板等围护设施或柱，这两个条件缺一不可，缺少任何一个条件都不计算建筑面积（图 5-29）。在图 5-29 中，3 部位没有围护设施，所以不计算建筑面积，4 部位有围护设施，按围护设施所围成面积的 1/2 计算。室外走廊（挑廊）、檐廊虽然都算 1/2 面积，但取定的计算部位不同：室外走廊（挑廊）按结构底板计算，檐廊按围护设施（或柱）外围计算。

15）门斗应按其围护结构外围水平面积计算建筑面积。结构层高在 2.20m 及以上的，

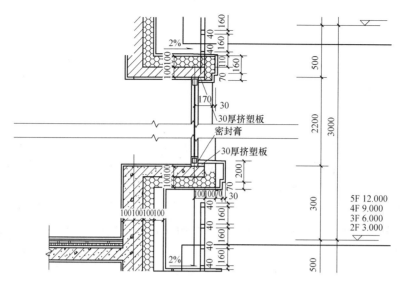

图 5-28 计算建筑面积凸（飘）窗示意图

应计算全面积；结构层高在 2.20m 以下的，应计算 1/2 面积。

门斗是建筑物出入口两道门之间的空间，它是有顶盖和围护结构的全围合空间。门斗是全围合的，门廊、雨篷至少有一面不围合。门斗如图 5-30 所示。

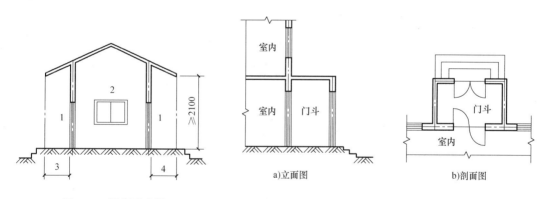

图 5-29 檐廊示意图

1—檐廊 2—室内 3—不计算建筑面积部位

4—计算 1/2 建筑面积部位

图 5-30 门斗示意图

a)立面图   b)剖面图

【例 5-5】 已知某室外门斗平面图如图 5-31 所示，立面图如图 5-32 所示，墙厚 240mm，门斗高 2.4m，试求该室外门斗的建筑面积。

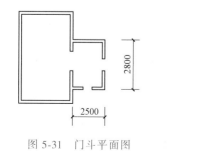

图 5-31 门斗平面图

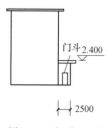

图 5-32 门斗立面图

【解】

（1）识图内容

通过题干内容可知，该门斗层高 2.4m，2.4m>2.2m，计算全面积。

（2）工程量计算

$S = 2.5 \times 2.8 = 7$（m^2）

【小贴士】 式中：2.5 为门斗短边方向的长度；2.8 为门斗长边方向的长度。

16）门廊是指在建筑物出入口，无门、三面或两面有墙，上部有板（或借用上部楼板）围护的部位。门廊可分为全凹式、半凹半凸式和全凸式，如图 5-33 所示。门廊应按其顶板水平投影面积的 1/2 计算建筑面积。

雨篷分为有柱雨篷和无柱雨篷。有柱雨篷，没有出挑宽度的限制，也不受跨越层数的限制，均计算建筑面积。无柱雨篷，其结构板不能跨层，并受出挑宽度的限制，设计出挑宽度大于或等于 2.10m 时才计算建筑面积。出挑宽度，是指雨篷结构外边线至外墙结构外边线的宽度，弧形或异形时，取最大宽度。雨篷如图 5-34 所示。

音频 5-3：雨篷的计算

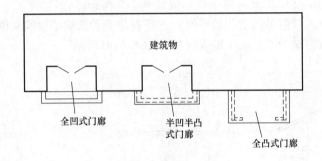

图 5-33 门廊示意图

全凹式门廊　　半凹半凸式门廊　　全凸式门廊

17）设在建筑物顶部的、有围护结构的楼梯间、水箱间、电梯机房等，结构层高在 2.20m 及以上的应计算全面积；结构层高在 2.20m 以下的，应计算 1/2 面积。

建筑物房顶上的建筑部件属于建筑空间的可以计算建筑面积，不属于建筑空间的则归为屋顶造型（装饰性结构构件），不计算建筑面积。水箱间、电梯机房如图 5-35 所示。

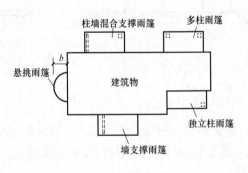

柱墙混合支撑雨篷　　多柱雨篷

悬挑雨篷

建筑物

独立柱雨篷

墙支撑雨篷

图 5-34 雨篷示意图

18）围护结构不垂直于水平面的楼层，应按其底板面的外墙外围水平面积计算。结构净高在 2.10m 及以上的部位，应计算全面积；结构净高在 1.20m 及以上至 2.10m 以下的部位，应计算 1/2 面积；结构净高在 1.20m 以下的部位，不应计算建筑面积。某围护结构如图 5-36 所示。

19）建筑物的室内楼梯、电梯井、提物井、管道井、通风排气竖井、烟道，应并入建筑物的自然层计算建筑面积。有顶盖的采光井应按一层计算面积，结构净高在 2.10m 及以上的，应计算全面积，结构净高在 2.10m 以下的，应计算 1/2 面积。

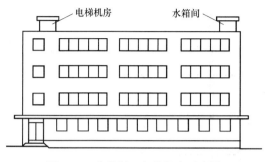

图 5-35　水箱间、电梯机房示意图

图 5-36　某围护结构示意图

室内楼梯包括了形成井道的楼梯（即室内楼梯间）和没有形成井道的楼梯（即室内楼梯），即没有形成井道的室内楼梯应计算建筑面积。如建筑物大堂内的楼梯、跃层（或复式）住宅的室内楼梯等应计算建筑面积。建筑物的楼梯间层数按建筑物的自然层数计算，如图 5-37 所示。

有顶盖的采光井包括建筑物中的采光井和地下室采光井。图 5-38 所示为地下室采光井，按一层计算面积。

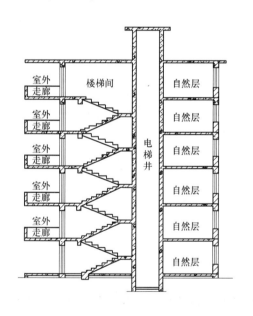

图 5-37　电梯井

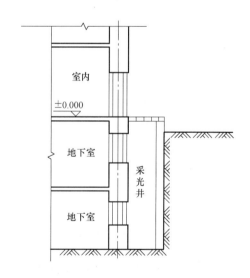

图 5-38　地下室采光井

当室内公共楼梯间两侧自然层数不同时，以楼层多的层数计算。如图 5-39 所示楼梯间应计算 6 个自然层建筑面积。

20）室外楼梯应并入所依附建筑物自然层，并应按其水平投影面积的 1/2 计算建筑面积。

室外楼梯作为连接该建筑物层与层之间交通不可缺少的基本部件，无论从其功能还是工程计价的要求来讲，均需计算建筑面积。室外楼梯不论有无顶盖都需要计算建筑面积。层数为室外楼梯所依附的楼层数，即梯段部分投影到建筑物范围的层数，利用室外楼梯下部的建筑空间不得重复计算建筑面积；利用地势砌筑的为室外踏步，不计算建筑面积，如图 5-40 所示。

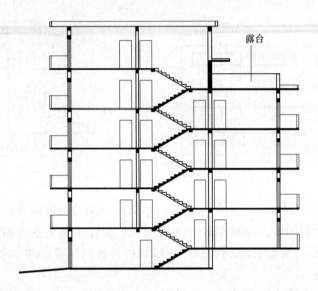

图 5-39　室内公共楼梯间两侧自然层数不同

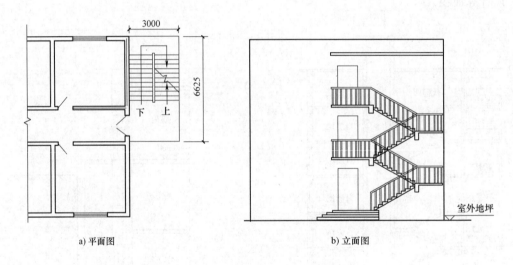

a) 平面图　　　　　　　　　　b) 立面图

图 5-40　某建筑物室外楼梯平面图和立面图

21）在主体结构内的阳台，应按其结构外围水平面积计算全面积；在主体结构外的阳台，应按其结构底板水平投影面积计算 1/2 面积，阳台示意图如图 5-41 所示。

【例 5-6】　某建筑标准层阳台平面图如图 5-42 所示，三维软件绘制图如图 5-43 所示，已知墙厚 240mm，层高 3.0m，求该阳台建筑面积。

【解】

（1）识图内容

通过题干内容可知，阳台的总长度为 3600+3600 = 7200（mm），阳台凸出建筑物外墙的长度为 1500mm。

（2）工程量计算

$S = 0.5 \times (3.6 + 3.6) \times 1.5 = 5.4$（m²）

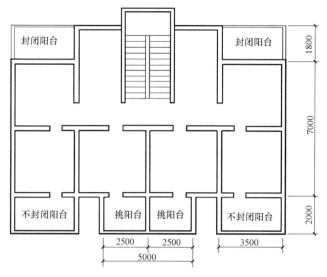

图 5-41 阳台示意图

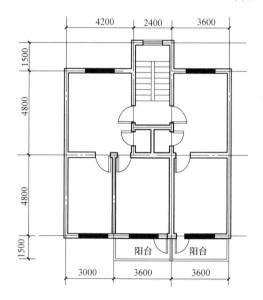

图 5-42 标准层阳台平面图

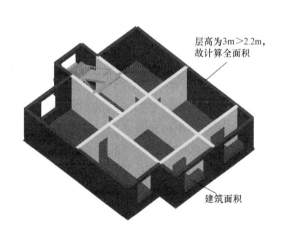

图 5-43 标准层阳台三维软件绘制图

【小贴士】 式中：（3.6+3.6）为阳台总长度；1.5 为阳台凸出建筑物外墙的长度。

22）有顶盖无围护结构的车棚、货棚、站台、加油站、收费站等，应按其顶盖水平投影面积的 1/2 计算建筑面积。站台如图 5-44 所示。

【例 5-7】 某建筑单排柱货棚立面图如图 5-45 所示，剖面图如图 5-46 所示，求该货棚建筑面积。

【解】

（1）识图内容

通过图中内容可知，货棚的长度为 12000mm，宽度为 6500mm。

（2）工程量计算

$S = 0.5 \times 12 \times 6.5 = 39$（m²）

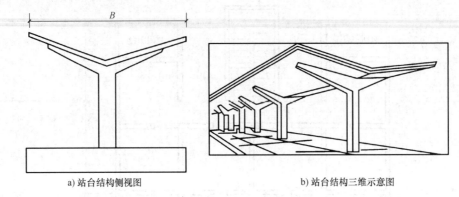

a) 站台结构侧视图   b) 站台结构三维示意图

图 5-44　站台示意图

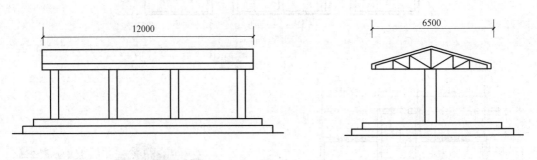

图 5-45　单排柱货棚立面图   图 5-46　单排柱货棚剖面图

【小贴士】式中：12 为货棚的长度；6.5 为货棚的宽度。

23）以幕墙作为围护结构的建筑物，应按幕墙外边线计算建筑面积。幕墙以其在建筑物中所起的作用和功能来区分，直接作为外墙起围护作用的幕墙，按其外边线计算建筑面积；设置在建筑物墙体外起装饰作用的幕墙，不计算建筑面积。

24）建筑物的外墙外保温层，应按其保温材料的水平截面面积计算，并计入自然层建筑面积。

建筑物外墙外侧有保温隔热层的，保温隔热层以保温材料的净厚度乘以外墙结构外边线长度按建筑物的自然层计算建筑面积，其外墙外边线长度不扣除门窗和建筑物外已计算建筑面积构件（如阳台、室外走廊、门斗、落地橱窗等部件）所占长度。当建筑物外已计算建筑面积的构件（如阳台、室外走廊、门斗、落地橱窗等部件）有保温隔热层时，其保温隔热层也不再计算建筑面积。外墙是斜面的按楼面楼板处的外墙外边线长度乘以保温材料的净厚度计算，如图 5-47 所示。外墙外保温以沿高度方向满铺为准，某层外墙外保温铺设高度未达到全部高度时（不包括阳台、室外走廊、门斗、落地橱窗、雨篷、飘窗等），不计算建筑面积。保温隔热层的建筑面积是以保温隔热材料的厚度来计算的，不包含抹灰层、防潮层、保护层（墙）的厚度。建筑外墙外保温如图 5-48 所示，只计算保温材料本身的面积。复合墙体不属于外墙外保温层，整体视为外墙结构，按外围面积计算。

25）与室内相同的变形缝，应按其自然层合并在建筑物建筑面积内计算。对于高低联跨的建筑物，当高低跨内部连通时，其变形缝应计算在低跨面积内（变形缝包括伸缩缝、沉降缝和防震缝，它的作用是保证房屋在温度变化、基础不均匀沉降或地震时能有一些自由伸缩，以防止墙体开裂、结构破坏）。变形缝如图 5-49 所示。

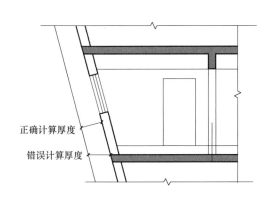

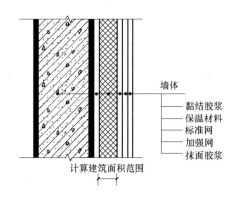

图 5-47 围护结构不垂直于水平面时,
外墙外保温计算厚度

图 5-48 建筑外墙外保温结构

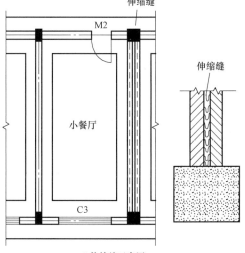

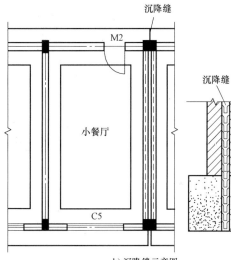

a) 伸缩缝示意图

b) 沉降缝示意图

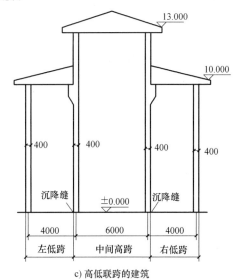

c) 高低联跨的建筑

图 5-49 变形缝示意图

26）对于建筑物内的设备层、管道层、避难层等有结构层的楼层，结构层高在 2.20 及以上的，应计算全面积；结构层高在 2.2m 以下的，应计算 1/2 面积。

设备层、管道层虽然其具体功能与普通楼层不同，但在结构上及施工消耗上并无本质区别，因此将设备、管道楼层归为自然层，其计算规则与普通楼层相同。在吊顶空间内设置管道的，则吊顶空间部分不能被视为设备层、管道层。设备层如图 5-50 所示，图中设备结构层层高为 1.8m，所以设备层按围护结构的 1/2 计算建筑面积。

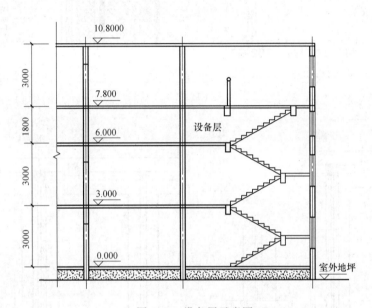

图 5-50 设备层示意图

5.2.3 不计算建筑面积的范围和规则

1）与建筑物内不相连通的建筑部件。建筑部件指的是依附于建筑物外墙外不与户室开门连通，起装饰作用的敞开式挑台（廊）、平台，以及不与阳台相通的空调室外机搁板（箱）等设备平台部件。

"与建筑物内不相连通"是指没有正常的出入口。即通过门进出的，视为"连通"，通过窗或栏杆等翻出去的，视为"不连通"。

2）骑楼、过街楼底层的开放公共空间和建筑物通道。骑楼是指建筑底层沿街面后退且留出公共人行空间的建筑物，如图 5-51 所示。过街楼是指跨越道路上空并与两边建筑相连接的建筑物，如图 5-52 所示。建筑物通道是指为穿过建筑物而设置的空间，如图 5-53 所示。

3）舞台及后台悬挂幕布和布景的天桥、挑台等。这里指的是影剧院的舞台

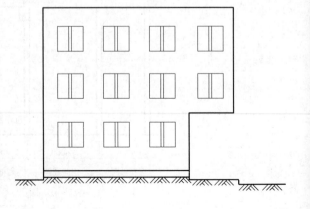

图 5-51 骑楼

及为舞台服务的可供上人维修、悬挂幕布、布置灯光及布景等搭设的天桥和挑台等构件设施。

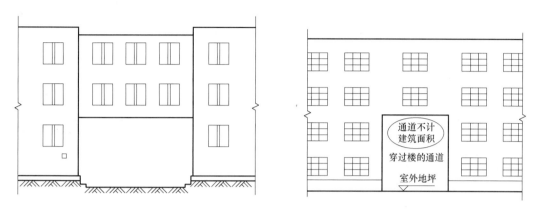

图 5-52　过街楼　　　　　　　　　　　　图 5-53　建筑物通道

4）露台、露天游泳池、花架、屋顶的水箱及装饰性结构构件，如图 5-54 所示。露台是设置在屋面、首层地面或雨篷上的供人室外活动的有围护设施的平台。

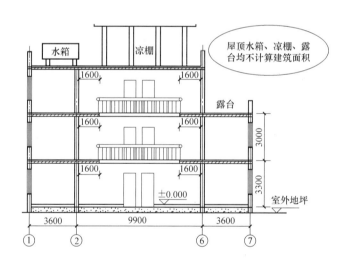

图 5-54　屋顶水箱、凉棚、露台示意图

5）建筑物内的操作平台、上料平台、安装箱和罐体的平台。建筑物内不构成结构层的操作平台、上料平台（包括工业厂房、搅拌站和料仓等建筑中的设备操作控制平台、上料平台等），其主要作用为室内构筑物或设备服务的独立上人设施，因此不计算建筑面积。某车间操作平台如图 5-55 所示。

6）勒脚、附墙柱（附墙柱是指非结构性装饰柱）、垛、台阶、墙面抹灰、装饰面、镶贴块料面层、装饰性幕墙，主体结构外的空调室外机搁板（箱）、构件、配件，挑出宽度在 2.10m 以下的无柱雨篷和顶盖高度达到或超过两个楼层的无柱雨篷。某墙垛、墙体保温层、附墙柱、飘窗示意图如图 5-56 所示。

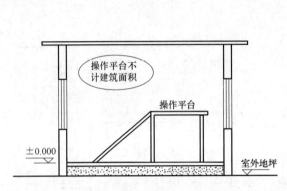

图 5-55　某车间操作平台示意图

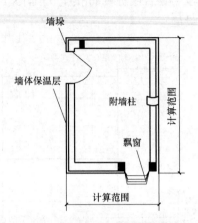

图 5-56　某墙垛、墙体保温层、附
墙柱、飘窗示意图

7）窗台与室内地面高差在 0.45m 以下且结构净高在 2.10m 以下的凸（飘）窗，窗台与室内地面高差在 0.45m 及以上的凸（飘）窗。

8）室外爬梯、室外专用消防钢楼梯。专用的消防钢楼梯是不计算建筑面积的。当钢楼梯是建筑物通道，兼顾消防用途时，则应计算建筑面积。

9）无围护结构的观光电梯。

10）建筑物以外的地下人防通道，独立的烟囱、烟道、地沟、油（水）罐、气柜、水塔、贮油（水）池、贮仓、栈桥等构筑物。

6.1 工程量计算依据

新的清单范围土石方工程划分的子目包含单独土石方、基础土方、基础凿石及出渣、平整场地及其他共 4 节，20 个项目。

单独土石方工程计算依据一览表见表 6-1。

表 6-1 单独土石方工程计算依据一览表

计算规则	清单规则	定额规则
挖单独土方	按设计图示尺寸，以体积计算	土石方的开挖、运输均按开挖前的天然密实体积计算
单独土方回填	按设计图示尺寸，以体积计算	土方回填，按回填后的竣工体积计算。不同状态的土方体积按表 6-2 换算
挖单独石方	按设计图示尺寸，以体积计算	土石方的开挖、运输均按开挖前的天然密实体积计算
障碍物清除	按障碍物的不同类型，以"项"计算	土石方的开挖、运输均按开挖前的天然密实体积计算

表 6-2 土方体积换算系数 [河南省房屋建筑与装饰工程预算定额（HA01—31—2016）]

名称	虚方	松填	天然密实	夯填
土方	1.00	0.83	0.77	0.67
	1.20	1.00	0.92	0.80
	1.30	1.08	1.00	0.87
	1.50	1.25	1.15	1.00
石方	1.00	0.85	0.65	—
	1.18	1.00	0.76	—
	1.54	1.31	1.00	—
块石	1.75	1.43	1.00	（码方）1.67
砂夹石	1.07	0.94	1.00	

基础土方工程计算依据一览表见表 6-3。

表 6-3　基础土方工程计算依据一览表

计算规则	清单规则	定额规则
挖一般土方	按设计图示基础(含垫层)尺寸,另加工作面宽度和土方放坡宽度,乘以开挖深度,以体积计算	土石方的开挖、运输均按开挖前的天然密实体积计算
挖沟槽土方	按设计图示沟槽长度乘以沟槽断面面积(包括工作面宽度和土方放坡宽度),以体积计算 沟槽长度,按设计规定计算;设计无规定时,按下列规定计算: 1. 条形基础的沟槽长度 (1)外墙沟槽,按外墙中心线长度计算 (2)内墙(框架间墙)沟槽,按内墙(框架间墙)条形基础的垫层(基础底坪)净长度计算 (3)凸出墙面的墙垛的沟槽,按墙垛凸出墙面的中心线长度,并入相应工程量内计算 2. 管道的沟槽长度,以设计图示管道垫层(无垫层时按管道)中心线长度(不扣除下口直径或边长≤1.5m 的井池)计算。下口直径或边长>1.5m 的井池的土石方,另按地坑的相应规定计算	沟槽土石方,按设计图示沟槽长度乘以沟槽断面面积,以体积计算 1. 条形基础的沟槽长度,按设计规定计算;设计无规定时,按下列规定计算: (1)外墙沟槽,按外墙中心线长度计算。凸出墙面的墙垛,按墙垛凸出墙面的中心线长度,并入相应工程量内计算 (2)内墙沟槽,框架间墙沟槽,按基础垫层底面净长线计算,凸出墙面的墙垛部分的体积并入沟槽土方工程量 2. 管道的沟槽长度,按设计规定计算;设计无规定时,以设计图示管道中心线长度(不扣除下口直径或边长≤1.5m 的井池)计算。下口直径或边长>1.5m 的井池的土石方,另按基坑的相应规定计算 3. 沟槽的断面面积,应包括工作面宽度、放坡宽度或石方允许超挖量的面积
挖淤泥流沙	按设计图示尺寸,以体积计算	挖淤泥流沙,以实际挖方体积计算
土方场内运输	按挖方体积(减去回填方体积),以天然密实体积计算	土方运输,以天然密实体积计算土方运输。挖土总体积减去回填土(折合天然密实体积),总体积为正,则为余土外运;总体积为负,则为取土内运

基础凿石及出渣工程计算依据一览表见表 6-4。

表 6-4　基础凿石及出渣工程计算依据一览表

计算规则	清单规则	定额规则
挖一般石方	按设计图示基础(含垫层)尺寸、另加工作面宽度和土方放坡宽度,乘以开挖深度,以体积计算	土石方的开挖、运输均按开挖前的天然密实体积计算
挖沟槽石方	按设计图示沟槽长度乘以沟槽断面面积(包括工作面宽度和允许超挖量),以体积计算 沟槽长度,按设计规定计算;设计无规定时,按下列规定计算: 1. 条形基础的沟槽长度 (1)外墙沟槽,按外墙中心线长度计算 (2)内墙(框架间墙)沟槽,按内墙(框架间墙)条形基础的垫层(基础底坪)净长度计算 (3)凸出墙面的墙垛的沟槽,按墙垛凸出墙面的中心线长度,并入相应工程量内计算。 2. 管道的沟槽长度,以设计图示管道垫层(无垫层时按管道)中心线长度(不扣除下口直径或边长≤1.5m 的井池)计算。下口直径或边长>1.5m 的井池的土石方,另按地坑的相应规定计算	沟槽土石方,按设计图示沟槽长度乘以沟槽断面面积,以体积计算 1. 条形基础的沟槽长度,按设计规定计算;设计无规定时,按下列规定计算: (1)外墙沟槽,按外墙中心线长度计算。凸出墙面的墙垛,按墙垛凸出墙面的中心线长度,并入相应工程量内计算 (2)内墙沟槽、框架间墙沟槽,按基础垫层底面净长线计算,凸出墙面的墙垛部分的体积并入沟槽土方工程量 2. 管道的沟槽长度,按设计规定计算;设计无规定时,以设计图示管道中心线长度(不扣除下口直径或边长≤1.5m 的井池)计算。下口直径或边长>1.5m 的井池的土石方,另按基坑的相应规定计算 3. 沟槽的断面面积,应包括工作面宽度、放坡宽度或石方允许超挖量的面积

平整场地及其他工程计算依据一览表见表 6-5。

表 6-5 平整场地及其他工程计算依据一览表

计算规则	清单规则	定额规则
平整场地	按设计图示尺寸,以建筑物(构筑物)首层建筑面积(结构外围内包面积)计算。建筑物地下室结构外边线凸出首层结构外边线时,其凸出部分的建筑面积合并计算	按设计图示尺寸,以建筑物首层建筑面积计算。建筑物地下室结构外边线突出首层结构外边线时,其突出部分的建筑面积合并计算
回填方	按设计图示尺寸,以体积计算: 1. 基坑回填,按挖方体积减去设计室外地坪以下建筑物(构筑物)、基础(含垫层)的体积计算 2. 管道沟槽回填,按挖方体积减去管道基础和表6-6所示管道折合回填体积计算 3. 房心回填,按主墙间净面积(扣除单个底面积2m² 以上的基础等)乘以回填厚度计算 4. 场地回填,按回填面积乘以回填平均厚度计算	按下列规定,以体积计算: (1)沟槽、基坑回填,按挖方体积减去设计室外地坪以下建筑物、基础(含垫层)的体积计算 (2)管道沟槽回填,按挖方体积减去管道基础和表6-6所示管道折合回填体积计算

表 6-6 管道折合回填体积　　　　(单位:m³/m)

管道	公称直径(mm 以内)					
	500	600	800	1000	1200	1500
混凝土管及钢筋混凝土管道	—	0.33	0.60	0.92	1.15	1.45
其他材质管道	—	0.22	0.46	0.74	—	—

6.2 工程案例实战分析

6.2.1 问题导入

相关问题:

1)土方开挖如何计算?

2)挖掘沟槽、基坑土方如何计算?

3)何谓平整场地,平整场地如何计算?

6.2.2 案例导入与算量解析

1. 单独土石方工程

(1)名词概念

单独土石方工程是指建筑物、构筑物、市政设施等基础土石方以外的,且单独编制预结算的人工或机械土石方工程,包括土石方的挖、填、运等。适用于自然地坪与设计室外地坪之间,且挖土方或填方工程量大于 5000m³ 的土石方工程。如图 6-1 和图 6-2 所示。

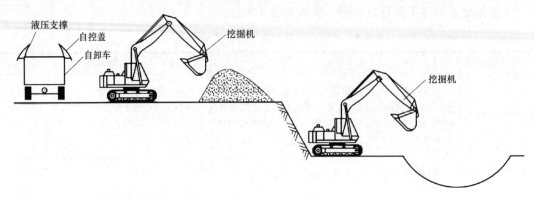

图 6-1 土石方开挖

图 6-2 土方开挖现场

音频 6-1：土的
工程分类

计算土石方工程量前应先确定土壤及岩石类别，见表 6-7 和表 6-8。

表 6-7 土壤分类

土壤分类	土壤名称	开挖方法
一类、二类土	粉土、砂土(粉砂、细砂、中砂、粗砂、砾砂)、粉质黏土、弱中盐渍土、软土(淤泥质土、泥炭、泥炭质土)、软塑红黏土、冲填土	用锹、少许用镐、条锄开挖。机械能全部直接铲挖满载者
三类土	黏土、碎石土(圆砾、角砾)混合土、可塑红黏土、硬塑红黏土、强盐渍土、素填土、压实填土	主要用镐、条锄、少许用锹开挖。机械需部分刨松方能铲挖满载者或可直接铲挖但不能满载者
四类土	碎石土(卵石、碎石、漂石、块石)、坚硬红黏土、超盐渍土、杂填土	全部用镐、条锄、少许用撬棍挖掘。机械需普遍刨松方能铲挖满载者

表 6-8 岩石分类

岩石分类	代表性岩石	开挖方法
极软岩	1. 全风化的各种岩石 2. 各种半成岩	部分用手凿工具、部分用爆破法开挖

（续）

岩石分类		代表性岩石	开挖方法
软质岩	软岩	1. 强风化的坚硬岩或较硬岩 2. 中等风化~强风化的较软岩 3. 未风化~微风化的页岩、泥岩、泥质砂岩等	用风镐和爆破法开挖
	较软岩	1. 中等风化~强风化的坚硬岩或较硬岩 2. 未风化~微风化的凝灰岩、千枚岩、泥灰岩、砂质泥岩等	用爆破法开挖
硬质岩	较硬岩	1. 微风化的坚硬岩 2. 未风化~微风化的大理岩、板岩、石灰岩、白云岩、钙质砂岩等	用爆破法开挖
	坚硬岩	未风化~微风化的花岗岩。闪长岩、辉绿岩、玄武岩、安山岩、片麻岩、石英岩、石英砂岩、硅质砾岩、硅质石灰岩等	用爆破法开挖

（2）案例导入与算量解析

【例6-1】 某工程基础平面图如图6-3所示，断面图如图6-4所示，三维软件绘制图如图6-5所示，土质为二类土，采用挖掘挖土（大开挖、坑内作业），自卸汽车运土，运路为500m，试计算该基础土石方工程量（不考虑坡道挖土）。

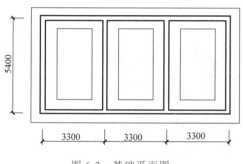

图6-3 基础平面图

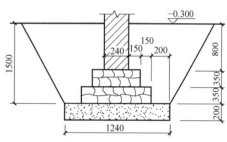

图6-4 基础断面图

【解】

（1）识图内容

通过图示内容可知，基础垫层底面宽度为1.24m，挖土深度为1.5m，二类土，工作面宽度为400mm，放坡系数为0.33。

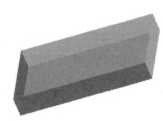

图6-5 大开挖三维软件绘制图

（2）工程量计算

① 清单工程量

外墙槽长 $L = (3.3 \times 3 + 5.4) \times 2 = 30.6$（m）

内墙槽长 $L = (5.4 - 1.24) \times 2 = 8.32$（m）

$V = (1.24 + 2 \times 0.4 + 0.33 \times 1.5) \times 1.5 \times (30.6 + 8.32) = 147.99$（m^3）

② 定额工程量

定额工程量同清单工程量。

【小贴士】 式中：3.3×3为长边方向槽长；5.4为短边方向槽长；1.24为基础底面垫层

的宽度；0.4为工作面宽度；0.33为放坡系数；1.5为基础挖土深度；30.6为外墙沟槽总长度；8.32为内墙沟槽总长度。

2. 基础土方

（1）名词概念

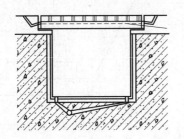

音频6-2：基坑排水的选择

挖基础土方包括埋设带形基础、独立基础、满堂基础（包括地下室基础）、设备基础而开挖的沟槽或基坑土方。基坑是在基础设计位置按基底标高和基础平面尺寸所开挖的土坑。开挖前应根据地质水文资料，结合现场附近建筑物情况，决定开挖方案，并做好防水排水工作。开挖不深者可用放边坡的办法，使土坡稳定，其坡度大小按有关施工工程规定确定。开挖较深及邻近有建筑物者，可用基坑壁支护方法、喷射混凝土护壁方法，大型基坑甚至可采用地下连续墙和柱列式钻孔灌注桩连锁等方法，防护外侧土层坍入；在附近建筑无影响者，可用井点法降低地下水位，采用放坡明挖；在寒冷地区可采用天然冷气冻结法开挖等。

1）沟槽、基坑、一般土石方的划分。

底宽（设计图示垫层或基础的底宽）≤7m且底长>3倍底宽为沟槽；底长≤3倍底宽且底面积≤150m²为基坑；超出上述范围，又非平整场地的，为一般土石方。沟槽、基坑示意图，如图6-6所示。

音频6-3：沟槽、基坑、一般土石方的划分

2）基础土方的开挖深度，应按基础（含垫层）底标高至设计室外地坪标高确定。交付施工场地标高与设计室外地坪标高不同时，应按交付施工场地标高确定。

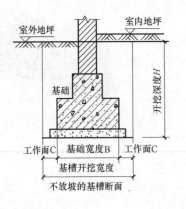
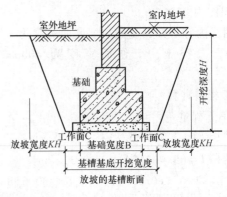

a) 沟槽示意图

b) 基槽断面图

图6-6 沟槽、基坑示意图

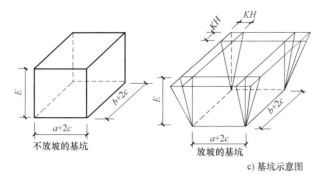

c) 基坑示意图

图 6-6　沟槽、基坑示意图（续）

3）基础土方放坡，自基础（含垫层）底标高算起。原槽、坑作基础垫层时，放坡自垫层上表面开始计算。

4）基础施工的工作面宽度，按施工组织设计（经过批准，下同）计算；施工组织设计无规定时，按下列规定计算：

5）组成基础的材料或施工方式不同时，基础施工的工作面宽度按表 6-9 计算。

表 6-9　基础施工单面工作面宽度计算　　　　　　　　　　（单位：mm）

基础材料	每面各增加工作面宽度
砖基础	200
毛石、方整石基础	250
混凝土基础(支模板)	400
混凝土基础垫层(支模板)	150
基础垂直面做砂浆防潮层	400(自防潮层面)
基础垂直面做防水层或防腐层	1000(自防水层或防腐层面)
支挡土板	100(另加)

① 基础施工需要搭设脚手架时，基础施工的工作面宽度，条形基础按 1.50m 计算（只计算一面）；独立基础按 0.45m 计算（四面均计算）。

② 基坑土方大开挖需做边坡支护时，基坑内施工各种桩时，基础施工的工作面宽度均按 2.00m 计算。

③ 管道施工的工作面宽度，见表 6-10。

表 6-10　管道施工工作面宽度计算　　　　　　　　　　（单位：mm）

管道材质	管道基础外沿宽度(无基础时管道外径)			
	≤500	≤1000	≤2500	>2500
混凝土管、水泥管	400	500	600	700
其他管道	300	400	500	600

6）土方放坡起点深度和放坡坡度，按施工组织设计计算；施工组织设计无规定时，按下列规定计算：

① 混合土质的基础土方，其放坡的起点深度和放坡坡度，按不同土类厚度加权平均计算。

② 基础土方放坡，自基础（含垫层）底标高算起。

③ 计算基础土方放坡时，不扣除放坡交叉处的重复工程量。

④ 基础土方支挡土板时，土方放坡不另计算。

土方放坡起点深度和放坡坡度计算数据见表 6-11。

表 6-11　土方放坡起点深度和放坡坡度

土壤类型	起点深度/m	放坡坡度			
		人工挖土	机械挖土		
			基坑内作业	基坑上作业	槽坑上作业
一类、二类土	>1.20	1∶0.50	1∶0.33	1∶0.75	1∶0.50
三类土	>1.50	1∶0.33	1∶0.25	1∶0.67	1∶0.33
四类土	>2.00	1∶0.25	1∶0.10	1∶0.33	1∶0.25

（2）案例导入与算量解析

【例 6-2】 挖矩形地坑平面图、剖面图如图 6-7 所示，三维软件绘制图如图 6-8 所示，工作面宽度 150mm，放坡系数 1∶0.33，三类土，试求矩形地坑开挖土方量。

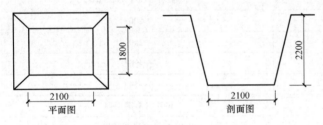

图 6-7　矩形地坑平面图、剖面图　　　　　图 6-8　矩形地坑三维软件绘制图

【解】

（1）识图内容

通过题干内容可知，工作面宽度为 150mm，放坡系数为 1∶0.33，三类土，通过图示可知地坑挖土深度为 2.2m。

（2）工程量计算

① 清单工程量

$V = (2.1+2×0.15+0.33×2.2)×(1.8+2×0.15+0.33×2.2)×2.2+1/3×0.33^2×2.2^3$

$= 19.82(m^3)$

② 定额工程量

定额工程量同清单工程量。

【小贴士】式中：2.1 为地坑下底面长度；1.8 为地坑下底面宽度；0.33 为放坡系数；2.2 为地坑的挖土深度。

【例 6-3】 已知圆形地坑示意图如图 6-9 所示，三维软件绘制图如图 6-10 所示，$R = 2.2m$，$r = 1.6m$，$H = 2.2m$，土壤类别为三类土，试求圆形地坑开挖土方量。

图 6-9　圆形地坑示意图

图 6-10　圆形地坑三维软件绘制图

【解】

（1）识图内容

通过题干内容可知 $R = 2.2$m，$r = 1.6$m，三类土，通过图示可知地坑挖土深度为 2.2m。

（2）工程量计算

① 清单工程量

$V = 1/3 \times 3.14 \times 2.2 \times (2.2^2 + 1.6^2 + 2.2 \times 1.6) = 24.89$（m³）

② 定额工程量

定额工程量同清单工程量。

【小贴士】式中：2.2 为圆形地坑的上口半径；1.6 为圆形地坑的下口半径；2.2 为圆形地坑的挖土深度。

【例 6-4】　某小区室外陶土管排水管管道长 68m，管道公称直径为 200mm，管道沟槽底宽为 900mm，管道平面图如图 6-11 所示，三维软件绘制图如图 6-12 所示，实物图如图 6-13 所示，用挖掘机挖沟槽，自卸汽车运土方，运距 1km，挖土深度为 1.2m，土质为普通土，不放坡，试计算该沟槽挖土方工程量。

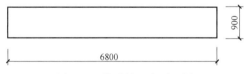

图 6-11　管道挖土方平面图

图 6-12　管道三维软件绘制图

【解】

（1）识图内容

通过题干内容可知，管道长 68m，管道公称直径为 200mm，管道沟槽底宽为 900mm，用挖掘机挖沟槽，自卸汽车运土方，运距 1km，挖土深度为 1.2m，土质为普通土，不放坡。

（2）工程量计算

① 清单工程量

$V = 68 \times 0.9 \times 1.2 = 73.44$（m³）

② 定额工程量

定额工程量同清单工程量。

图 6-13　管道挖土方实物图

【小贴士】式中：68为管道长度；0.9为管道沟槽宽度；1.2为地坑的挖土深度。

3. 回填

（1）名词概念

土方回填，是建筑工程的填土，主要有地基填土、基坑（槽）或管沟回填、室内地坪回填、室外场地回填平整等。

对地下设施工程（如地下结构物、沟渠、管线沟等）的两侧或四周及上部的回填土，应先对地下工程进行各项检查，办理验收手续后方可回填。室内回填指的是基础以上房间内的回填，而基础回填是指在有地下室时地下室外墙以外的回填土；无地下室时是指室外地坪以下的回填土。土方回填示意图如图6-14所示。

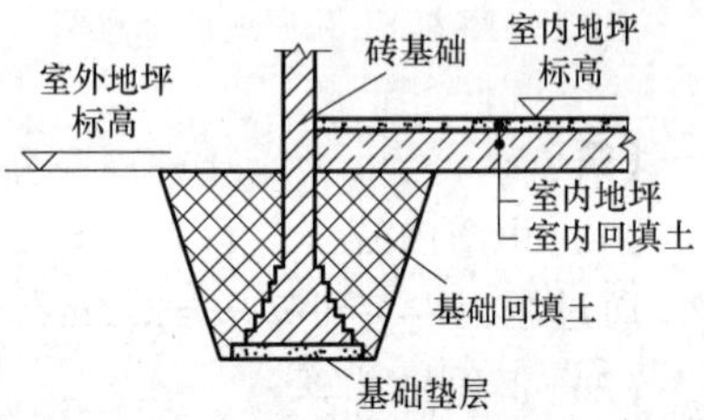

视频6-1：土方回填

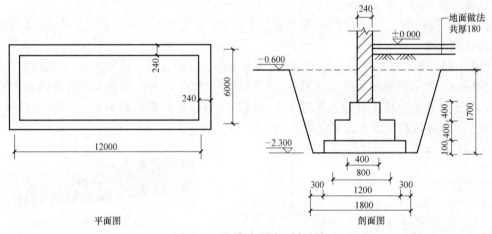

图6-14 土方回填示意图

（2）案例导入与算量解析

【例6-5】 某建筑物地槽平面图、剖面图如图6-15所示，三维软件绘制图如图6-16所示，三类土，放坡系数为0.33，工作面宽度为400mm，试求地槽回填土工程量。

平面图　　　　　　　　　剖面图

图6-15 地槽平面图、剖面图

【解】

（1）识图内容

通过题干可知工作面宽度300mm，放坡系数0.33，三类土，通过图示可知地坑挖土深度为1.7m。

图6-16 回填土三维软件绘制图

（2）工程量计算

① 清单工程量

地槽挖土工程量 $V = (1.2 + 2 \times 0.3 + 0.33 \times 1.7) \times 1.7 \times (12 + 6) \times 2$
$$= 144.49 \ (\text{m}^3)$$

回填土工程量 $V =$ 挖槽土方量 $-$ 室外设计地坪以下埋入量
$$= 144.49 - [1.2 \times 0.1 + 0.8 \times 0.4 + 0.4 \times 0.4 + 0.24$$
$$\times (1.7 - 0.1 - 0.4 - 0.4)] \times (12 + 6) \times 2$$
$$= 115.98 \ (\text{m}^3)$$

② 定额工程量

定额工程量同清单工程量。

【小贴士】式中：144.49 为地槽挖土工程量；1.2×0.1 为 100 厚垫层断面面积；0.8×0.4 为大放脚基础下面一阶放脚的断面面积；0.4×0.4 为等高大放脚基础的上面一阶断面面积；0.24 为砖基础的宽度；（1.7-0.1-0.4-0.4）为砖基础高度；（12+6）×2 为沟槽总长度。

【例 6-6】　某建筑物平面图、剖面图如图 6-17 所示，三维软件绘制图如图 6-18 所示，试求室内地面回填土工程量。

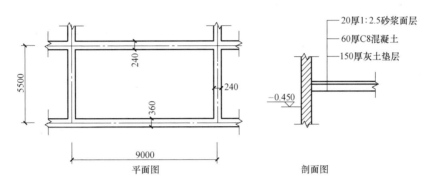

图 6-17　建筑物平面图、剖面图

【解】

（1）识图内容

通过图中可知室内建筑物长边方向尺寸为 9m，短边方向尺寸为 5.5m，墙厚分别为 240mm、360mm，回填土厚度为 0.45-0.02-0.06-0.15=0.22（m）。

（2）工程量计算

① 清单工程量

室内地面回填工程量

图 6-18　回填土三维软件绘制图

$V=[(9-0.24)×(5.5-0.18-0.12)]×(0.45-0.02-0.06-0.15)=10.02（m^3）$

② 定额工程量

定额工程量同清单工程量。

【小贴士】式中：（9-0.24）为建筑物长边方向的墙体内边线净长；（5.5-0.18-0.12）为短边方向的墙体内边线净长；（0.45-0.02-0.06-0.15）为回填土厚度。

4. 平整场地及其他

（1）名词概念

平整场地是指建筑场地厚度在 ±30cm 以内的就地挖填找平工作，超过 ±30cm 以外的竖向布置挖土或山坡切土，按挖土方项目另行计算，如图 6-19 所示。

平整场地前应先做好各项准备工作，如清除场地内所有地上、地下障碍物，排除地面积水，铺筑临时道路等，如图 6-20 所示。

视频 6-2：平整场地

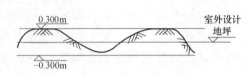

图 6-19　平整场地示意图

图 6-20　平整场地现场图

（2）案例导入与算量解析

【例 6-7】　某建筑物平整场地如图 6-21 所示，二类土，墙厚 240mm，试求平整场地工程量。

【解】

（1）识图内容

通过图中可知建筑场地长边方向的长度为 20m，短边方向的长度为 12m，墙厚 240mm。

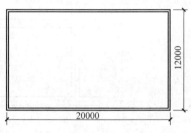

图 6-21　平整场地平面图

（2）工程量计算

① 清单工程量

平整场地工程量 $S = (20+0.24) \times (12+0.24) = 247.74$（$m^2$）

② 定额工程量

定额工程量同清单工程量。

【小贴士】　式中：（20+0.24）为建筑场地长边方向的长度；（12+0.24）为建筑场地短边方向的长度。

【例 6-8】　某建筑物平整场地如图 6-22 所示，二类土，墙厚 240mm，试求平整场地工程量。

【解】

（1）识图内容

通过图示可知建筑场地长边方向的长度为 31.2m，短边方向的长度为 17.5m，墙厚 240mm。

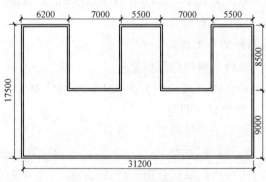

（2）工程量计算

① 清单工程量

平整场地工程量 $S = (31.2+0.24) \times (17.5+0.24) - (7-0.24) \times 8.5 \times 2$

$\qquad\qquad = 442.83$（m^2）

② 定额工程量

定额工程量同清单工程量。

【小贴士】　式中：（31.2+0.24）为建筑场地长边方向的长度；（17.5+0.24）为建筑场地短边方向的长度；（7-0.24）×8.5×2 为扣除的两个小矩形的建筑面积。

图 6-22　平整场地平面图

6.3 关系识图与疑难分析

6.3.1 关系识图

视频 6-3：
基坑

1. 沟槽和基坑

1）底宽在 7m 以内，且槽长大于槽宽 3 倍以上的，为沟槽，如图 6-23 所示。挖沟槽现场示意图如图 6-24 所示。

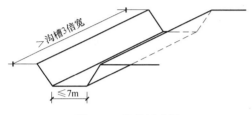

图 6-23 沟槽示意图

图 6-24 挖沟槽现场示意图

2）凡底面积在 150m² 以内为基坑，如图 6-25 所示。挖基坑现场示意图如图 6-26 所示。

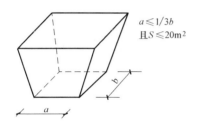

图 6-25 基坑示意图

图 6-26 挖基坑现场示意图

3）凡图示沟槽底宽 7m 以外，坑底面积 150m² 以外，平整场地挖土方厚度在 30cm 以外，均按挖土方计算。

4）图示沟槽底宽和基坑底面积的长、宽均不含两边工作面的宽度。根据施工图判断沟槽、基坑、挖土方的顺序为先根据尺寸判断沟槽是否成立；若不成立再判断是否属于基坑；若还不成立，则其是挖土方项目。

2. 沟槽、基坑和室内回填土

1）沟槽、基坑回填土体积以挖方体积减去设计室外地坪以下埋设砌筑物（包括基础垫层、基础等）体积计算，如图 6-27 所示。

2）房心回填即室内回填土，按主墙之间的面积乘以回填土厚度计算，如图 6-27 所示。

3）如图 6-27 所示，减去沟槽内砌筑的基础时，不能直接减去砖基础的工程量。砖基础与砖墙的分界线在设计室内地面，而回填土的分界线在设计室外地坪。

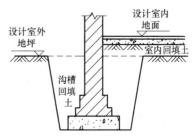

图 6-27 沟槽、基坑和
室内回填土示意图

6.3.2 疑难分析

1. 坡度系数 K 和放坡起点高度的选取

计算土方前应根据土质和挖土深度选取坡度系数 K 和放坡的起点高度。放坡系数 K 可参照表 6-11，K 表示深度为 1m 时应放出的宽度，当挖土深度为 H 时，应放出的宽度为 KH，计算放坡时，交接处重复部分工程量不予扣除，如图 6-28 所示。

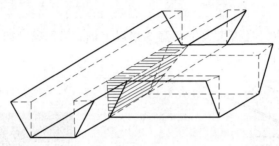

图 6-28 沟槽放坡时，交接处重复工程量示意图

2. 地槽土方计算

1）有放坡地槽（图 6-29）。

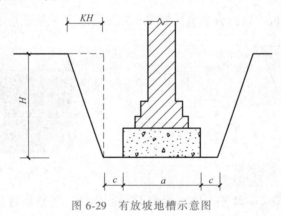

图 6-29 有放坡地槽示意图

土方计算公式为

$$V = (a + 2c + KH)HL$$

式中　　a——基础垫层宽度；

　　　　c——工作面宽度；

　　　　K——放坡系数；

　　　　H——地槽深度；

　　　　L——地槽长度。

2）支撑挡土板地槽（图 6-30）。当挖土深度超过规定的放坡深度但施工条件不允许放坡时可采用支挡土板的方法。

土方计算公式为

$$V = (a + 2c + 2 \times 0.1)HL$$

式中　　a——基础垫层宽度；

c——工作面宽度；

2×0.1——支挡土板宽度；

H——地槽深度；

L——地槽长度。

3）有工作面不放坡地槽（图6-31）。

土方计算公式为

$$V = (a + 2c) HL$$

式中 a——基础垫层宽度；

c——工作面宽度；

H——地槽深度；

L——地槽长度。

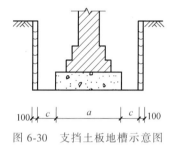

图 6-30 支挡土板地槽示意图

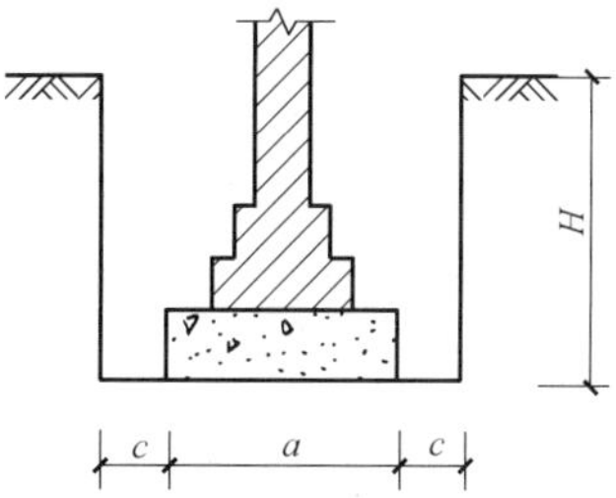

图 6-31 有工作面不放坡地槽示意图

4）无工作面不放坡地槽（图6-32）。

土方计算公式为

$$V = aHL$$

式中 a——基础垫层宽度；

H——地槽深度；

L——地槽长度。

5）自垫层上表面放坡地槽（图6-33）。

土方计算公式为

$$V = \left[a_1 H_2 + (a_2 + 2c + KH_1) H_1 \right] L$$

式中 a——基础垫层宽度；

c——工作面宽度；

K——放坡系数；

H——地槽深度；

L——地槽长度。

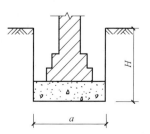

图 6-32 无工作面不放坡地槽示意图

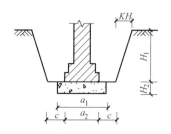

图 6-33 从垫层上表面放坡示意图

3. 地坑土方计算

1）矩形不放坡地坑。

土方计算公式为

$$V = abH$$

式中　a——基础垫层宽度；

　　　b——基础垫层长度；

　　　H——挖土深度。

2）矩形放坡地坑（图 6-34）。

土方计算公式为

$$V = (a+2c+KH)(b+2c+KH)H + \frac{1}{3}K^2H^3$$

式中　a——基础垫层宽度；

　　　b——基础垫层长度；

　　　c——工作面宽度；

　　　K——放坡系数；

　　　H——地坑深度。

3）圆形不放坡地坑。

土方计算公式为

$$V = \pi r^2 H$$

式中　r——坑底半径（含工作面）；

　　　H——坑底深度。

4）圆形放坡地坑（图 6-35）。

$$V = \frac{1}{3}\pi H [r^2 + (r+KH)^2 + r(r+KH)]$$

式中　r——坑底半径（含工作面）；

　　　H——坑底深度；

　　　K——放坡系数。

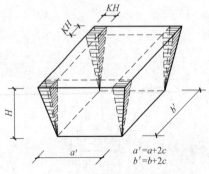

图 6-34　放坡地坑示意图

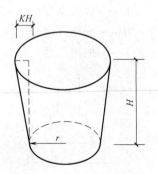

图 6-35　圆形放坡地坑示意图

第 7 章 地基处理与边坡支护

7.1 工程量计算依据

新的清单范围地基处理与边坡支护工程划分的子目包含地基处理和边坡支护两节,共23个项目。

地基处理计算依据一览表见表7-1。

表 7-1 地基处理计算依据一览表

计算规则	清单规则	定额规则
强夯地基	按设计图示处理范围以面积计算	按设计图示强夯处理范围以面积计算
搅拌桩复合地基	按设计桩截面面积乘以设计桩长加50cm以体积计算	按设计桩长加50cm乘以设计桩外径截面面积,以体积计算
垫层	按设计图示尺寸以体积计算	按设计加固尺寸以体积计算

边坡支护计算依据一览表见表7-2。

表 7-2 边坡支护计算依据一览表

计算规则	清单规则	定额规则
地下连续墙	按设计图示墙中心线长乘以厚度乘以槽深以体积计算	按设计的长度乘以墙厚及墙深加0.5m,以体积计算
锚杆(锚索)	按设计图示尺寸以钻孔深度计算	按设计文件或施工组织设计规定(设计图示尺寸)钻孔深度,以长度计算
土钉	按设计图示尺寸以钻孔深度计算	按设计文件或施工组织设计规定(设计图示尺寸)钻孔深度,以长度计算

7.2 工程案例实战分析

7.2.1 问题导入

相关问题:

1）该工程使用了何种方法对地基进行处理？

2）锚杆和土钉的区别是什么？

3）地基处理与边坡支护方法有哪些？

7.2.2 案例导入与算量解析

音频 7-1：地基处理　视频 7-1：强夯地基

1. 强夯地基

（1）名词概念

强夯地基是指用起重机械（起重机或起重机配三脚架、龙门架）将大吨位（一般 8～30t）夯锤起吊到 6～30m 高度后，自由落下，给地基土以强大的冲击能量的夯击，使土中出现冲击波和很大的冲击应力，迫使土层空隙压缩，土体局部液化，在夯击点周围产生裂隙，形成良好的排水通道，孔隙水和气体逸出，使土料重新排列，经时效压密达到固结，从而提高地基承载力，降低其压缩性的一种有效的地基加固方法，从而使表面形成一层较为均匀的硬层来承受上部载荷。工艺与重锤夯实地基类似，但锤重与落距要远大于重锤夯实地基。强夯地基起重机械及现场图如图 7-1 所示。

a）强夯地基机械　　　b）强夯地基现场施工图　　　c）强夯地基完成后现场图

图 7-1　强夯地基起重机械及现场图

（2）案例导入与算量解析

【例 7-1】 某工程地基因达不到承载力要求需进行强夯，夯击能量为 1800kN/m，需要 6 个夯击点，环境类型为一类土，强夯地基平面示意图如图 7-2 所示。试计算该工程强夯地基工程量。

【解】

（1）识图内容

根据强夯地基平面示意图可知，地基尺寸为 18000mm×9000mm。

（2）工程量计算

① 清单工程量

$S = 18 \times 9 = 162$（m^2）

② 定额工程量

定额工程量同清单工程量。

【小贴士】式中：18 为地基长度；9 为地基宽度。

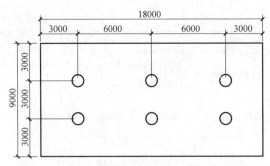

图 7-2　强夯地基平面示意图

2. 复合地基

（1）名词概念

复合地基是指天然地基在地基处理过程中部分土体得到增强，或被置换，或在天然地基中设置加筋材料，加固区是由基体（天然地基土体或被改良的天然地基土体）和增强体两部分组成的人工地基。在荷载作用下，基体和增强体共同承担荷载的作用。根据复合地基荷载传递机理不同，将复合地基分成竖向增强体复合地基和水平向增强体复合地基两类。其中，又把竖向增强体复合地基分成散体材料桩复合地基、柔性桩复合地基和刚性桩复合地基三种。搅拌桩复合地基实物图如图 7-3 所示。

图 7-3　搅拌桩复合地基实物图

（2）案例导入与算量解析

【例 7-2】　某工程天然地基因达不到承载力要求需进行地基处理，采用搅拌桩复合地基使地基达到要求，地基平面图如图 7-4 所示，三维软件绘制图如图 7-5 所示，设计桩长为 10.8m，搅拌桩截面尺寸为 400mm×400mm。试计算该工程搅拌桩复合地基工程量。

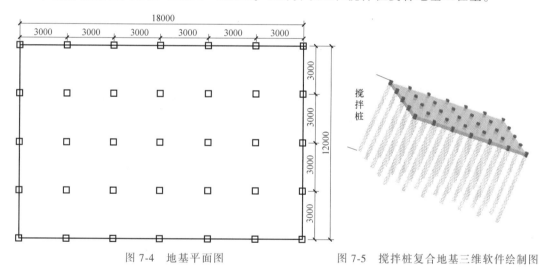

图 7-4　地基平面图　　　　　　图 7-5　搅拌桩复合地基三维软件绘制图

【解】

（1）识图内容

通过题干可知，搅拌桩截尺寸为 400mm×400mm，设计桩长为 10.8m。根据地基平面图可知，搅拌桩数量为 35 根。

（2）工程量计算

① 清单工程量

$V = 0.4 \times 0.4 \times (10.8 + 0.5) \times 35 = 63.28$（$m^3$）

② 定额工程量

定额工程量同清单工程量。

【小贴士】　式中：0.4×0.4 为搅拌桩截面面积；10.8 为设计桩长；0.5 为清单定额计算

规则要求加上的 50cm；35 为搅拌桩根数。

3. 垫层

（1）名词概念

垫层指的是设于基层以下的结构层。其主要作用是隔水、排水、防冻以改善基层和土基的工作条件，其水稳定性要求较高。垫层示意图如图 7-6 所示。

a) 垫层现场图

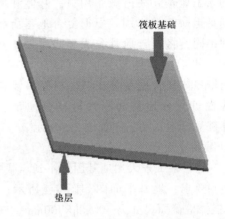

b) 垫层三维软件绘制图

图 7-6　垫层示意图

（2）案例导入与算量解析

【例 7-3】　某工程墙厚 200mm，基础为筏板基础，基础边距墙 900mm，基础下满槽铺设 150mm 厚砂石垫层，垫层边距基础 100mm，四周等边，基础平面图如图 7-7 所示，基础三维软件绘制图如图 7-8 所示。试计算该工程垫层的工程量。

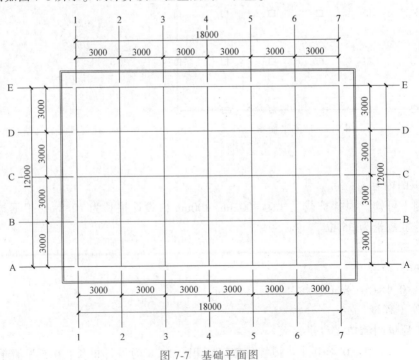

图 7-7　基础平面图

【解】

（1）识图内容

通过题干可知，垫层厚度为 100mm，垫层边距基础边 100mm，基础边距墙边 900mm，墙厚 200mm。根据地基平面图可知，轴网尺寸长为 18m，宽为 12m。

图 7-8　基础三维软件绘制图

（2）工程量计算

① 清单工程量

$V=(18+0.2\div2+0.9+0.1)\times(12+0.2\div2+0.9+0.1)\times0.15=37.53$（$m^3$）

② 定额工程量

定额工程量同清单工程量。

【小贴士】式中：18 为轴网长度；0.2÷2 为轴线到筏板基础之间的墙厚；0.9 为筏板基础距墙的距离；0.1 为垫层边距筏板基础边的距离；12 为轴网宽度；0.15 为垫层厚度。

4. 地下连续墙

（1）名词概念

地下连续墙是基础工程在地面上采用一种挖槽机械，沿着深开挖工程的周边轴线，在泥浆护壁条件下，开挖出一条狭长的深槽，清槽后，在槽内吊放钢筋笼，然后用导管法灌筑水下混凝土筑成一个单元槽段，如此逐段进行，在地下筑成一道连续的钢筋混凝土墙壁，作为截水、防渗、承重、挡水的结构，如图 7-9 所示。

视频 7-2：
地下连续
墙和导墙

图 7-9　地下连续墙

（2）案例导入与算量解析

【例 7-4】　某工程需设置地下连续墙，槽深 600mm，地下连续墙平面图如图 7-10 所示，试计算地下连续墙浇筑混凝土工程量。

【解】

（1）识图内容

通过题干可知，连续墙槽深 600mm。根据地下连续墙平面图可知，连续墙墙长为 10m，宽为 0.4m。

（2）工程量计算

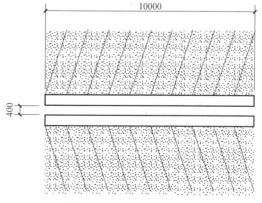

图 7-10　地下连续墙平面图

① 清单工程量

$V = 10 \times 0.4 \times 0.6 = 2.4$ （m³）

② 定额工程量

按设计的长度乘以墙厚及墙深加 0.5m，以体积计算。

$V = 10 \times 0.4 \times (0.6 + 0.5) = 4.4$ （m³）

【小贴士】 式中：10 为地下连续墙长度；0.4 为地下连续墙墙厚；0.6 为地下连续墙深度；0.5 为定额计算规则要求加上的数据。

5. 导墙

（1）名词概念

导墙是施工单位的一种施工措施，地下连续墙成槽前先要构筑导墙。导墙是保证地下连续墙位置准确和成槽质量的关键，在施工期间，导墙经常承受钢筋笼、浇注混凝土用的导管、钻机等静荷载和动荷载的作用，因而必须认真设计和施工，才能进行地下连续墙的正式施工。导墙如图 7-11 所示。

a) 导墙实物图   b) 导墙示意图

图 7-11　导墙

（2）案例导入与算量解析

【例 7-5】 某工程设置地下连续墙，需做导墙，导墙长 12m，立面图如图 7-12 所示。试计算地下连续墙浇筑导墙混凝土工程量。

【解】

（1）识图内容

通过题干可知，导墙长 12m。根据导墙立面图可知，横向导墙长 600mm，宽 150mm；竖向导墙长 1350mm，宽 150mm。

（2）工程量计算

① 清单工程量

$V = (0.6 \times 0.15 + 1.35 \times 0.15) \times 2 \times 12 = 7.02$ （m³）

② 定额工程量

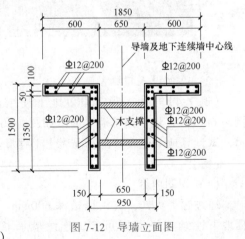

图 7-12　导墙立面图

定额工程量同清单工程量。

【小贴士】　式中：0.6 为横向导墙的长；0.15 为横向导墙的宽；1.35 为竖向导墙的长；0.15 为竖向导墙的宽；2 为导墙的数量；12 为导墙的长。

6. 锚杆

（1）名词概念

锚杆是煤矿中巷道支护的基本组成部分之一，它将巷道的围岩加固在一起，使围岩自身起到支护作用。现在锚杆不仅用于矿山工程，也用于工程技术中对边坡、隧道、坝体进行主体加固。锚杆作为深入地层的受拉构件，其一端与工程构筑物连接，另一端深入地层之中。整根锚杆分为自由段和锚固段，其中自由段是指将锚杆杆头处的拉力传至锚固体的区域，其功能是对锚杆施加预应力。锚杆如图 7-13 所示。

视频 7-3：锚杆

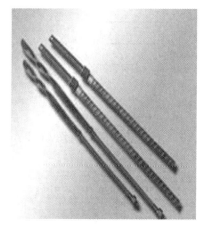
a) 锚杆实物图

b) 锚杆完成后现场图

图 7-13　锚杆

（2）案例导入与算量解析

【例 7-6】　某工程锚杆平面示意图如图 7-14 所示，锚杆深 12m，试计算该工程锚杆工程量。

【解】

（1）识图内容

通过题干可知，锚杆深 12m。根据锚杆平面示意图可知，锚杆数量为 72 根。

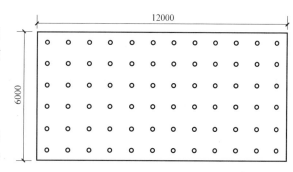
图 7-14　锚杆平面示意图

（2）工程量计算

① 清单工程量

$L = 12 \times 72 = 864$（m）

② 定额工程量

定额工程量同清单工程量。

【小贴士】　式中：12 为锚杆深度；72 为锚杆根数。

7. 土钉墙

（1）名词概念

土钉墙是一种原位土体加筋技术，其是将基坑边坡通过由钢筋制成的土钉进行加固，边坡表面铺设一道钢筋网再喷射一层混凝土面层和土方边坡相结合的边坡加固型支护施工方法。其构造为设置在坡体中的加筋杆件（即土钉或锚杆）与其周围土体牢固粘结形成的复合体，以及面层所构成的类似重力挡土墙的支护结构。土钉墙如图 7-15 所示。

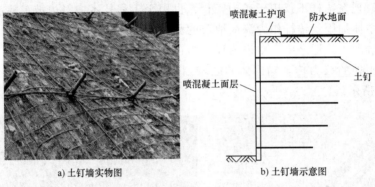

a) 土钉墙实物图   b) 土钉墙示意图

图 7-15　土钉墙

（2）案例导入与算量解析

【例 7-7】　某工程基坑边需进行加固，采用土钉墙，土钉墙平面示意图如图 7-16 所示，土钉深度为 9m，试计算该工程土钉墙工程量。

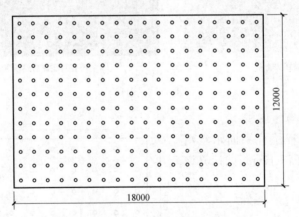

图 7-16　土钉墙平面示意图

【解】

（1）识图内容

通过题干可知，土钉深 9m。根据土钉墙平面示意图可知，土钉数量为 216 根。

（2）工程量计算

① 清单工程量

$L = 9 \times 216 = 1944$（m）

② 定额工程量

定额工程量同清单工程量。

【小贴士】　式中：9 为土钉深度；216 为土钉数量。

7.3 关系识图与疑难分析

7.3.1 关系识图

导墙与地下连续墙

（1）导墙的主要作用

1）挡土作用。在挖掘地下连续墙沟槽时，接近地表的土极不稳定，容易塌陷，而泥浆也不能起到护壁的作用，因此在单元槽段挖完之前，导墙就起到了挡土墙作用。

2）作为测量的基准。它规定了沟槽的位置，表明了单元槽段的划分，同时也作为测量挖槽标高、垂直度和精度的基准。

3）作为重物的支承。它既是挖槽机械轨道的支承，又是钢筋笼、接头管等搁置的支点，有时还承受其他施工设备的荷载。

4）存蓄泥浆。导墙可存蓄泥浆，稳定槽内泥浆液面。泥浆液面应始终保持在导墙面以下 20cm，并高于地下水位 1.0m，以稳定槽壁。

5）保证地下连续墙设计的几何尺寸和形状。

地下连续墙与导墙，如图 7-17 所示。

a) 现场图

b) 三维图

图 7-17　地下连续墙与导墙

（2）地下连续墙的施工流程

1）导墙测量放线、开挖，如图 7-18 所示。成型后进行清槽，然后进行钢筋绑扎。

2）钢筋绑扎，如图 7-19 所示。

3）钢筋绑扎完成后支模板，为浇筑混凝土做准备，如图 7-20 所示。

4）浇筑混凝土，如图 7-21 所示。

图 7-18　导墙开挖

图 7-19　钢筋绑扎

图 7-20　模板支设

图 7-21　混凝土浇筑

5）浇筑完成后中间设木支撑或砖支撑，如图 7-22 所示。

6）导墙达到要求后进行成槽开挖，如图 7-23 所示。

图 7-22　设立支撑

图 7-23　成槽开挖

7）吊放钢筋笼然后进行安装，如图 7-24 所示。

8）混凝土浇筑，如图 7-25 所示。

9）拔起锁口管，如图7-26所示。

10）进行墙体接头处理。

图7-24　吊放钢筋笼

图7-25　浇筑混凝土

图7-26　拔起锁口管

7.3.2　疑难分析

1. 强夯地基时的注意事项

1）强夯前场地土层需稳定、固结。强夯法回填土场地需先进行自然堆载预压。自然预压堆载时，要让土层稳定，若处于淤泥质土、淤泥和冲填土等饱和黏性土等中要设塑料排水带、砂井等排水竖井，在进行强夯前要使场地的土层达到自然固结或者预压固结。

2）试夯确定地基承载力、参数、场地高程。地基强夯处理施工前，应根据施工现场条件，在有代表性的场地选取一个或几个试验区，进行试夯或试验性施工。试夯后记录试验参数、夯点的累击次数、累计沉降量，最后两击平均沉降量应满足设计要求，强夯结束后一周至数周，要进行地基承载力检测，以判定强夯设计和施工方案是否满足设计承载力要求。

3）大面积施工前场地条件。施工前场地要进行平整，场地表面如果有巨大的孤石要先清除，试夯后确定是否需要补土或者削土，使整个场地强夯后的地面高程能达到设计要求，以免强夯后地面标高偏高或者偏低，偏高则需削土，偏低则需回填土或再进行地基处理，容易导致建设成本的增加和施工工期的延长。

4）场地地表下是否有地下水。如果强夯场地地表下有地下水，强夯过程需要有排放地下水的措施，如挖集水坑、排水沟等进行抽水和排水。

5）排查场地周边建筑物、地下管线情况，是否设置隔振沟。由于强夯对地面的挤压作用比较大，所以必须排查强夯区域场地周边建筑物、地下管线、市政设施情况，以免强夯破坏现有建筑物基础、地下管线和市政设施，如果有上述构筑物等，则应设置隔振沟。

6）开工前检查夯锤重量、形状、面积、锤底静接地面积。由于强夯机械的型号各种各样，而且不同的夯锤其重量、面积、形状、锤底静接地面积也不相同；夯锤的重量、面积不同，强夯过程将造成夯锤对地面的冲击力不同，所以施工人员和监理人员必须检查夯锤型号是否符合设计要求。

7）施工过程夯点的布置、间距问题。强夯的夯点布置放样需符合设计要求，夯点形状、间距（一遍或者两遍强夯）均需符合设计要求，夯点夯锤之间重合、叠加的部位需符合设计和施工规范要求，如果夯点间距过大或者夯点布置形状改变将改变地基处理的面积率，使部分土体的地基处理效果变差。

8）强夯后检测问题。强夯后需依据《建筑地基基础工程施工质量验收标准》（GB 50202—2018）进行地基承载力检测，每个构筑物基础地基检测不少于3点且应符合设计要求。

9）施工安全问题。由于强夯机械属于起重机械，在强夯起吊或者落锤过程中严禁人员站在起重臂旁边，也严禁落锤过程中人员靠近强夯机械，防止锤击过程中飞溅物造成伤害。

2. 地下连续墙定额计算规则

1）现浇导墙混凝土按设计图示以体积计算。现浇导墙混凝土模板按混凝土与模板接触面的面积，以面积计算。

2）成槽工程量按设计长度乘以墙厚及成槽深度（设计室外地坪至连续墙底），以体积计算。

音频 7-2：地下连续墙定额计算规则

3）锁口管以"段"为单位（段是指槽壁单元槽段），锁口管吊拔按连续墙段数计算，定额中已包括锁口管的摊销费用。

4）清底置换以"段"为单位。

5）浇筑连续墙混凝土工程量按设计长度乘以墙厚及墙身加0.5m，以体积计算。

6）凿地下连续墙超灌混凝土，设计无规定时，其工程量按墙体断面面积乘以0.5m，以体积计算。

3. 锚杆与土钉的区别

土钉没有专门的锚固机构，可能就是一根钢筋；锚杆有专门的锚固机构。

锚杆沿全长分为自由段和锚固段，在挡土结构中，锚杆作为桩、墙等挡土构件的支点，将作用于桩、墙上的侧向土压力通过自由段和锚固段传递给深部土体。除锚固段外，锚杆在自由段长度上受到同样大小的拉力。

音频 7-3：锚杆与土钉的区别

土钉所受的拉力沿其整个长度都是变化的，一般是中间大、两头小，土钉支护中的喷混凝土面层不属于主要挡土部件，在土体自重作用下，它的主要作用只是稳定开挖面上的局部土体，防止其崩落和受到侵蚀。土钉支护是以土钉和它周围加固了的土体一起作为挡土结构，与重力式挡土墙类似。

锚杆一般都在设置时预加拉应力，给土体以主动约束；而土钉一般不加预应力，土钉只有在土体发生变形以后才能使它被动受力，土钉对土体的约束需要以土体的变形作为补偿，所以不能认为土钉具有约束机制。

锚杆的设置数量通常有限，而土钉则排列较密，在施工精度和质量要求上都没有锚杆那样严格。当然锚杆中也有不加预应力并沿通长注浆和土体粘结的特例。

第8章 桩基工程

8.1 工程量计算依据

新的清单范围桩基工程划分的子目包含预制桩和灌注桩两节，共14个项目。

预制桩构件计算依据一览表见表8-1。

表 8-1 预制桩构件计算依据一览表

计算规则	清单规则	定额规则
预制钢筋混凝土实心桩、预制钢筋混凝土空心桩	按设计图示截面面积乘以桩长（包括桩尖）以实体积计算	打、压预制钢筋混凝土桩按设计桩长（包括桩尖）乘以桩截面面积，以体积计算
钢管桩、型钢桩	按设计图示尺寸以质量计算	(1)钢管桩按设计要求的桩体质量计算 (2)钢管桩内切割、精割盖帽按设计要求的数量计算 (3)钢管桩管内钻孔取土、填芯，按设计桩长（包括桩尖）乘以填芯截面面积，以体积计算
截（凿）桩头	按设计桩截面乘以桩头长度以体积计算	(1)预制混凝土桩、钢管桩电焊接桩，按设计要求接桩头的数量计算 (2)预制混凝土桩截桩按设计要求截桩的数量计算。截桩长度≤1m时，不扣减相应桩的打桩工程量；截桩长度>1m时，其超过部分按实扣减打桩工程量，但桩体的价格不扣除 (3)预制混凝土桩、凿桩头按设计图示截面面积乘以凿桩头长度，以体积计算。凿桩头长度设计无规定时，桩头长度按桩体高 $40d$（d 为桩体主筋直径，主筋直径不同时取大者）；灌注混凝土桩凿桩头按设计超灌高度（设计有规定的按设计要求，设计无规定的按 0.5m）乘以桩身设计截面面积，以体积计算

灌注桩构件计算依据一览表见表8-2。

表 8-2　灌注桩构件计算依据一览表

计算规则	清单规则	定额规则
泥浆护壁成孔灌注桩、沉管灌注桩、干作业机械成孔灌注桩	（1）按设计不同截面面积乘以其设计桩长以体积计算 （2）按设计要求不同截面在桩上范围内以体积计算 （3）按设计图示尺寸（含护壁）截面面积乘以挖孔深度以体积计算	（1）钻孔桩、旋挖桩成孔工程量按打桩前自然地坪标高至设计桩底标高的成孔长度乘以设计桩径截面面积，以体积计算 （2）冲孔桩基冲击（抓）锤冲孔工程量分别按进入土层、岩石层的成孔长度乘以设计桩径截面面积，以体积计算 （3）钻孔桩、旋挖桩、冲孔桩灌注混凝土工程量按设计桩径截面面积乘以设计桩长（包括桩尖）另加加灌长度，以体积计算。加灌长度设计有规定者，按设计要求计算；无规定者，按 0.25m 计算 （4）沉管成孔工程量按打桩前自然地坪标高至设计桩底标高（不包括预制桩尖）的成孔长度乘以钢管外径截面面积，以体积计算
爆扩成孔灌注桩		
挖孔桩土（石）方		
人工挖孔灌注桩	按设计要求护壁外围截面面积乘以挖孔深度以体积计算	（1）人工挖孔桩挖孔工程量分别按进入土层、岩石层的成孔长度乘以设计护壁外围截面面积，以体积计算 （2）人工挖孔桩模板工程量，按现浇混凝土护壁与模板的实际接触面积计算 （3）人工挖孔桩灌注混凝土护壁与桩芯工程量分别按设计图示截面面积乘以设计桩长另加加灌长度，以体积计算。加灌长度设计有规定者，按设计要求计算；无规定者，按 0.25m 计算
钻孔压灌桩	（1）按设计图示尺寸以桩长计算 （2）按设计图示尺寸以注浆孔数计算	钻孔压浆桩工程量按设计桩长，以长度计算
灌注桩后压浆		
声测管	按打桩前自然地坪标高至设计桩底标高另加 0.5m 计算	注浆管、声测管埋设工程量按打桩前的自然地坪标高至设计桩底标高另加 0.5m，以长度计算

8.2　工程案例实战分析

8.2.1　问题导入

相关问题：

1）什么是预制桩和灌注桩？其工程量如何计算？

2）什么是接桩、送桩、复打桩？其工程量如何计算？

3）桩基沉降的特征有哪些？

4）桩基工程中常见的质量问题有哪些？

5）在沉管灌注桩的施工过程中，钢筋笼上浮的原因和防治措施有哪些？

8.2.2　案例导入与算量解析

桩基础由基桩及连接于桩顶的承台共同组成。若桩身全部埋于土中，承台底面与土体接触，则称为低承台桩基础；若桩身上部露出地面而承台底位于地面以上，则称为高承台桩基础。建筑桩基通常为低承台桩基础。桩基础示意图如图 8-1 所示。桩基础广泛应用于高层建筑、桥梁、高铁等工程。

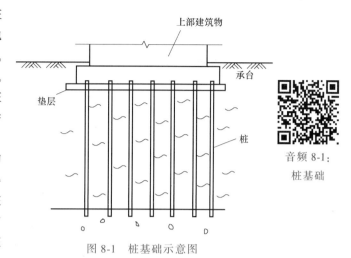

图 8-1　桩基础示意图

音频 8-1：
桩基础

桩是竖直或微倾斜的基础构件，它的横截面尺寸比长度小得多。设置在岩土中的桩是通过桩侧摩阻力和桩端阻力将上部结构的荷载传递到地基，或是通过桩身将横向荷载传给侧向土体。

桩基础一般分为预制桩基础和现浇灌注桩基础两大类。桩基础的施工工艺包括预制桩、钢管桩、截（凿）桩头、灌注桩和爆扩成孔灌注桩、人工挖孔灌注桩及钻孔灌注桩等。

1. 预制桩

（1）名词概念

预制桩包括混凝土预制桩和钢桩两种。混凝土预制桩常用的有钢筋混凝土实心方桩和板桩、预应力混凝土空心管桩和空心方桩；钢桩有钢管桩、H型钢桩、其他异形钢桩等。

视频 8-1：
预制桩

（2）案例导入与算量解析

【例 8-1】　已知某工程桩基如图 8-2 所示，三类土，送桩深度为 4.8m，试计算其桩工程量。

【解】

（1）识图内容

通过题干内容可知，桩基方桩截面尺寸为 420mm×420mm。根据计算规则：按设计图示截面面积乘以桩长（包括桩尖）以实体积计算，得出图中桩长为 9500mm，共 2 根。

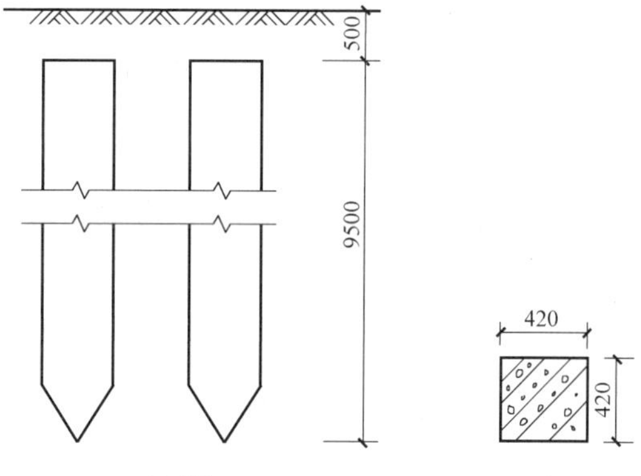

（2）工程量计算

① 清单工程量

桩基工程量 $V = (8.9 \times 0.42 \times 0.42 + 0.42 \times 0.42 \times 0.6/3) \times 2 = 3.21$（$m^3$）

② 定额工程量

桩基工程量 $V = 9.5 \times 0.42 \times 0.42 \times 2 = 3.35$（$m^3$）

a) 剖面图　　b) 截面图

图 8-2　桩基

【小贴士】　式中：0.42×0.42 为方桩截面面积；9.5 为单桩长度；8.9 为桩身长度；0.6 为桩尖长度；2 为桩的数量。

【例 8-2】　如图 8-3 所示为空心管桩，试计算 20 根空心管桩的打桩工程量。

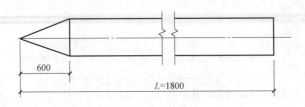

管桩

图 8-3　空心管桩示意图

【解】

（1）识图内容

通过题干内容可知，共有 20 根空心管桩。根据计算规则：预制钢筋混凝土空心桩按设计图示截面面积乘以桩长（包括桩尖），得出管桩体积应扣除空心部分体积，以实体积计算，其中管桩外半径 R_1 为 0.05m，管桩内半径 R_2 为 0.03m。

（2）工程量计算

① 清单工程量

$$\begin{aligned}
\text{管桩工程量 } V &= \left[3.14 \times 0.05 \times \sqrt{0.6^2 + 0.05^2} \times (0.05 - 0.03) \right. \\
&\quad \left. + 3.14 \times (0.05^2 - 0.03^2) \times (1.8 - 0.6) \right] \times 20 \\
&= 0.158 \ (\text{m}^3)
\end{aligned}$$

② 定额工程量

$$\begin{aligned}
\text{管桩工程量 } V &= 3.14 \times (0.05^2 - 0.03^2) \times 1.8 \times 20 \\
&= 0.181 \ (\text{m}^3)
\end{aligned}$$

【小贴士】 式中：管桩外半径 R_1 为 0.05m，管桩内半径 R_2 为 0.03m；1.8m 为单根空心管桩的长度；0.6 为单根空心管桩的桩尖长度；20 为空心管桩的根数。

2. 钢管桩

（1）名词概念

钢管桩一般是在工厂用钢板螺旋焊接而成的。常用的钢管桩外径为 500～1200mm，壁厚为 10～18mm。目前，钢管桩主要用于外海码头。由于外海水深，而且波浪、海流以及船舶撞击力均较大，所以桩的工作条件差；此外，在外海施工，受气候与海洋水文的影响大，要求施工进度快。使用钢管桩能较好地解决上述问题。

音频 8-2：
钢管桩

钢管桩的优点是强度高，抗弯能力大，能承受较大的水平力；弹性好，能吸收较大的变形能，可减少船舶对码头建筑物的撞击力；制造和施工方便，可加快码头建筑物的施工进度。

钢管桩的缺点是钢材用量大，为钢筋混凝土桩的 3～4 倍；造价高，为钢筋混凝土桩的 2～3 倍；容易锈蚀，耐久性差。钢管桩如图 8-4 所示。

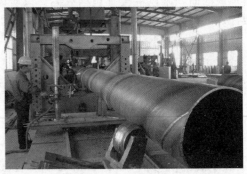

图 8-4　钢管桩

（2）案例导入与算量解析

【例 8-3】 某超高层住宅建筑工程采用钢管桩基础，共计 195 根，已知钢管桩外径为 406.4mm，壁厚 12mm，理论重量为 117kg/m，单根钢柱长 15m。试计算该钢管桩基础工程量。

【解】

① 清单工程量

钢管桩工程量 $V = 117 \times 15 \times 195$

$$= 342225$$

$$= 342.225 \ (t)$$

清单计算工程量 = 195（根）

② 定额工程量

定额工程量同清单工程量。

【小贴士】 式中：117 为单根外径为 404.6mm、壁厚为 12mm 的钢管桩的理论重量；15 为单根钢柱长；195 为钢管桩的根数。

3. 截（凿）桩头

（1）名词概念

截（凿）桩头（图 8-5）：桩基施工时为了保证桩头质量，桩顶标高一般都要高出设计标高，例如灌注桩。因为在灌注混凝土时，桩底的沉渣和灌注过程中泥浆中沉淀的杂质会在混凝土表面形成一定厚度，一般称为浮浆，当混凝土凝固以后，就要将超灌部分凿除，将桩顶标高以上的主筋（钢筋）露出来，进行桩基检测合格后，再进行承台的施工。

（2）案例导入与算量解析

【例 8-4】 某工程采用排桩进行基坑支护，排桩采用旋挖钻孔灌注桩进行施工。场地地面标高为 495.50～496.10m，旋挖

图 8-5 截桩头

桩桩径为 1000mm，桩长为 20m，采用 C30 水下商品混凝土，桩顶标高为 493.50m。桩数为 206 根，超灌高度不少于 1m。根据地质情况，采用 5mm 厚钢护筒，护筒长度不少于 3m。试计算截（凿）桩头工程量。

【解】

① 清单工程量

截（凿）桩头工程量 $V = \pi \times (1/2)^2 \times 1 \times 206$

$$= 161.79 \ (m^3)$$

清单计算工程量 = 206（根）

② 定额工程量

定额工程量同清单工程量。

【小贴士】 式中：截（凿）桩类型为旋挖桩，桩数为 206 根；桩头截面直径为 1000mm，超灌高度不少于 1m；混凝土强度等级为 C30；有钢筋。

4. 灌注桩

（1）名词概念

视频 8-2：
凿柱头

音频 8-3：
灌注桩

灌注桩（图 8-6）是指用钻孔机（或人工钻孔）成孔后，将钢筋笼放入沉管内，然后随浇混凝土随将钢沉管拔出，或不加钢筋笼，直接将混凝土倒入桩孔经振动而成的桩。灌注桩根据成孔方法的不同，分为挖孔、钻孔和冲孔灌注桩。灌注桩施工工艺包括泥浆护壁成孔灌注桩、沉管灌注桩和干作业成孔灌注桩等。

1）泥浆护壁成孔灌注桩。它是指在泥浆护壁条件下成孔，采用水下灌注混凝土的桩，包括正、反循环钻孔灌注桩，冲击成孔灌注桩和旋挖成孔灌注桩等。其成孔方法包括冲击钻成孔、冲抓锥成孔、回旋钻成孔、潜水钻成孔和泥浆护壁的旋挖成孔等。

2）沉管灌注桩。其包括锤击沉管灌注桩、振动冲击沉管灌注桩和内夯沉管灌注桩。沉管方法包括锤击沉管法、振动沉管法、振动冲击沉管法、内夯沉管法等。可区分沉管方式和复打要求等分别设列项目。

图 8-6 灌注桩示意图

3）干作业成孔灌注桩。它是指在不用泥浆护壁和套管护壁的情况下，用钻机成孔后，下钢筋笼，灌注混凝土的桩，适用于地下水位以上的土层。其包括钻孔（扩底）灌注桩和人工挖孔灌注桩，其成孔方法包括螺旋钻成孔、螺旋钻成孔扩底、人工挖孔等。

（2）案例导入与算量解析

【例 8-5】 现场灌注混凝土桩，如图 8-7 所示，共 120 根。试计算其工程量。

【解】

（1）识图内容

计算规则：泥浆护壁成孔灌注桩按设计不同截面面积乘以其设计桩长以体积计算，泥浆护壁成孔灌注桩共计 120 根，剖面是直径为 400mm 的圆，单根桩长（3.0 + 0.25）m。

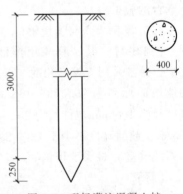

图 8-7 现场灌注混凝土桩

（2）工程量计算

① 清单工程量

泥浆护壁成孔灌注桩工程量 $V = \pi \times 0.2^2 \times (3.0 + 0.25) \times 120$

$$= 0.4082 \times 120$$

$$= 48.984 \ (m^3)$$

清单计算工程量 = 120（根）

② 定额工程量

定额工程量同清单工程量。

【小贴士】　式中：$\pi \times 0.2^2$ 为单根泥浆护壁成孔灌注桩的截面面积；（3.0+0.25）为单根泥浆护壁成孔灌注桩桩长，包括桩尖长；120 为泥浆护壁成孔灌注桩的根数。

视频 8-3：
灌注桩

5. 爆扩成孔灌注桩、人工挖孔灌注桩及钻孔灌注桩

（1）名词概念

① 爆扩成孔灌注桩。爆扩成孔灌注桩是用钻孔或爆扩法成孔，孔底放入炸药，再灌入适量的混凝土，然后引爆，使孔底形成扩大头，此时孔内混凝土落入孔底空腔内，再放置钢筋骨架，浇筑桩身混凝土而制成的灌注桩，如图 8-8 所示。

② 人工挖孔灌注桩。人工挖孔灌注桩，是指采用人工挖土成孔，然后安放钢筋笼，灌注混凝土成桩。人工挖孔灌注桩成孔方法简单，单桩承载力高，施工时无振动、无噪声，施工设备简单，可同时开挖多根以节省工期，如图 8-9 所示。

人工挖孔灌注桩可直接观察土层变化情况，便于清孔和检查孔底及孔壁，施工质量可靠。但其劳动条件差，劳动力消耗大。其应用较为广泛。

③ 钻孔灌注桩。钻孔灌注桩是指在工程现场通过机械钻孔、钢管挤土或人力挖掘等手段在地基中形成桩孔，并在其内放置钢筋笼、灌注混凝土而做成的桩。钻孔灌注桩如图 8-10 所示。

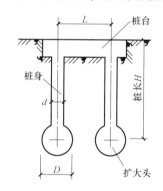

图 8-8　爆扩成孔灌注桩示意图

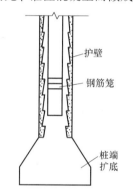

图 8-9　人工挖孔灌注桩示意图

图 8-10　钻孔灌注桩

（2）案例导入与算量解析

【例 8-6】　某工程为人工挖孔灌注混凝土桩，如图 8-11 所示，共 60 根。其中，混凝土强度等级为 C20，设计桩长 8m，桩径为 1.2m，已知土壤类别为四类土，求该工程混凝土灌注桩的工程数量。

【解】

（1）识图内容

计算规则：人工挖孔灌注桩按设计要求护壁外围截面面积乘以挖孔深

8000

a) 桩长

1200

b) 桩截面尺寸

图 8-11　人工挖孔灌注桩示意图

度以体积计算。通过图示内容可知，人工挖孔灌注桩共计 60 根，桩径为 1.2m，设计桩长 8m，混凝土强度等级为 C20，土壤类别为四类土。

（2）工程量计算

① 清单工程量

人工挖孔灌注桩工程量 $V_{桩} = \pi \times (1.2 \div 2)^2 \times 8 \times 60$

$= 9.0432 \times 60$

$$= 542.592 \ (\text{m}^3)$$

清单计算工程量 = 60（根）

② 定额工程量

定额工程量同清单工程量。

【小贴士】 式中：$\pi \times (1.2 \div 2)^2$ 为单根人工挖孔灌注桩的截面面积；8 为单根人工挖孔灌注桩桩长；60 为人工挖孔灌注桩的根数。

【例 8-7】 某工程采用长螺旋钻孔灌注钢筋混凝土桩，选用 $\phi 300\text{mm}$ 的螺旋钻孔机，土壤类别为二级土，单桩设计长度为 12m，桩直径 500mm，设计桩顶距自然地面高度 1.25m，混凝土强度等级 C30，泥浆外运在 5km 以内，按设计图图示共有 100 根桩。试计算其打桩的工程量。

【解】

① 清单工程量

钻孔灌注桩工程量 $V_{桩} = F \times L \times N$

$$= 3.14 \times (0.5/2)^2 \times 12 \times 100$$

$$= 235.5 \ (\text{m}^3)$$

式中　F——桩截面面积；

　　　L——设计单根桩长（包括桩尖长，不扣除桩尖虚体积）；

　　　N——桩总根数。

清单计算工程量 = 100（根）

② 定额工程量

钻孔灌注桩工程量 $V_{桩} = F \times (L + 0.25) \times N$

$$= 3.14 \times (0.5/2)^2 \times (12 + 0.25) \times 100$$

$$= 240.41 \ (\text{m}^3)$$

【小贴士】 式中：$3.14 \times (0.5/2)^2$ 为桩截面面积；12 为设计单根桩长（包括桩尖长，不扣除桩尖虚体积）；0.25 为加灌长度；100 为桩总根数。

8.3 关系识图与疑难分析

8.3.1 关系识图

（1）接桩

接桩，受打桩机桩架高度的限制，当桩长超过一定长度（如设计需打 30m 以上的桩）时，就要分节（段）预制，打桩时先把第一节桩打到地面附近，然后把第二节与第一节连接起来，再继续向下打，这种连接过程称为接桩。接桩方法一般有电焊接桩和硫黄胶泥接桩两种。其中，前者适用于各类土层，后者适用于软土层，如图 8-12 所示。

（2）送桩

送桩，在打桩工程中，有时要求将桩顶面打到低于桩架操

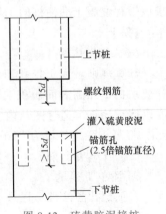

图 8-12　硫黄胶泥接桩

作平台以下，或打入自然地坪以下，由于打桩机安装和操作的要求，桩锤不能直接锤击到桩头，而必须另加一根送桩接到桩的上端，以便把桩送到设计标高，此过程即为送桩，如图8-13所示。

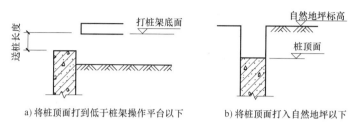

a) 将桩顶面打到低于桩架操作平台以下　　　b) 将桩顶面打入自然地坪以下

图8-13 送桩

（3）复打桩

复打桩，也称为扩大灌注桩，是在原来已经打完的桩位（同一桩孔内）继续打桩，即在第一次将混凝土灌注到设计标高拔出钢管后，在原桩位再合好活瓣桩尖或埋设预制桩尖，进行第二次沉管，使未凝固的混凝土向四周挤压扩大桩径，然后再第二次灌注混凝土，这一过程即称复打（扩大桩）。

（4）夯扩

夯扩，采用双管施工，通过内管夯击桩端混凝土形成扩大头，以提高单桩承载力。

【例8-8】 某工程有60根钢筋混凝土桩，如图8-14所示，自然地面标高-0.300m，设计桩顶标高-2.800m，设计桩长（包括桩尖）17.6m，采用硫黄胶泥接桩，使用柴油打桩机。试计算其桩基础的工程量。

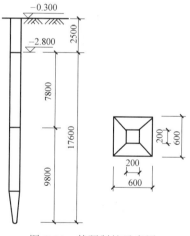

图8-14 某预制桩示意图

【解】

（1）识图内容

计算规则：接桩工程量，除静力压桩和离心管桩外，均按设计图示规定以接头数量（个）计算。通过题干内容可知，钢筋混凝土桩共计60根，单根设计桩长17.6m（包括桩尖），采用硫黄胶泥接桩，使用柴油打桩机。此外，打桩工程的送桩均按设计桩顶标高至打桩前的自然地坪标高另加0.5m计算相应的送桩工程量。

（2）工程量计算

① 清单工程量

打桩工程量 $V = 0.6 \times 0.6 \times 17.6 \times 60$

$\qquad = 380.16$（m^3）

接桩工程量 $N = 60$（个）

送桩工程量 $V = 0.6 \times 0.6 \times (2.5 + 0.5) \times 60$

$\qquad = 64.80$（m^3）

② 定额工程量

定额工程量同清单工程量。

【小贴士】 式中：0.6×0.6为桩截面面积；17.6为设计单根桩长（包括桩尖长）；60为桩

总根数；（2.5+0.5）为打桩工程的送桩均按设计桩顶标高至打桩前的自然地坪标高另加 0.5m。

8.3.2 疑难分析

1）岩溶地区的桩基不宜采用管柱的原因有以下几方面：

① 管桩一旦穿过风化岩层覆盖就立即接触岩层，很容易就破坏，破坏率达 30%~50%。

② 桩尖接触岩面后，很容易沿倾斜的岩面滑移，造成桩身倾斜，导致桩身断裂或倾斜率过大。

③ 桩身难以把握，配桩困难。

④ 桩尖落在岩基上，周围土体嵌固力小，桩身稳定性差。

2）灌注桩后注浆。

① 灌注桩成桩后一定时间：通过预设于桩身内的注浆导管及与之相连的桩端、桩侧注浆阀注入水泥浆，使桩端、桩侧土体（包括沉渣和泥皮）得到加固，从而提高单桩承载力，减小沉降。承载力一般可提高 40%~100%，沉降可减少 20%~30%，可使用与除沉管灌注桩外的各种钻、挖、冲孔桩。

② 增强机理：后注浆对桩侧及桩端土的加固作用，表现为以下几方面：固化效应，桩底沉渣及桩侧泥皮因浆液渗入而发生物理化学作用而固化；充填胶结效应，对桩底沉渣及桩侧泥皮因渗入注浆而显示的充填胶结；加筋效应，因劈裂注浆形成网状结石。

③ 增强特点：端阻的增幅高于侧阻，粗粒土的增幅高于细粒土。桩端、桩侧复式注浆高于桩端、桩侧单一注浆。这是由于端阻受沉渣影响敏感，经后注浆后沉渣得到加固且桩端有扩底效应，桩端沉渣和土的加固效应强于桩侧泥皮的加固效应；粗粒土是渗透注浆，细粒土是劈裂注浆，前者的加固效应强于后者。

④ 注浆后变形特点：非注浆的 Q-S 曲线为陡降型，而后注浆为缓变型，使得在相同安全系数下桩的可靠度提高，沉降减少。沉降减少的主要原因如下：固化了桩底沉渣及虚土，同时桩端有扩底效应；由于注浆压力较大（一般均大于1MPa），对桩端土进行了预压。

⑤ 设计应注意的事项：注浆管的连接应采用套管连接；当注浆管代替钢筋时，最好在桩顶处预埋附加钢筋，避免由于施工保护不当导致注浆管在桩顶处折断；注浆管的固定应采用绑扎固定。

3）单桩承载力的时间效应。

所谓单桩承载力的时间效应是指桩的承载力随时间变化，一般出现在挤土桩中，特别是预制桩。有资料显示：随着打桩后间歇时间的增加，承载力都有不同程度的增加，间歇一年后的单桩承载力可提高 30%~60%。

分析原因如下：桩打入时，土不易被立即挤实（特别是软土中），在强大的挤压力作用下，使贴近桩身的土体中产生了很大的空隙水压力，土的结构也造成了破坏，抗剪强度降低（触变）。经过一段时间的间歇后，孔隙水压力逐渐消散，土逐渐固结密实，同时土的结构强度也逐渐恢复，抗剪强度逐渐提高，因而摩擦力及桩端阻力也不断增加。

强度提高最快发生在 1~3 个月。这在某种程度上可由高孔隙水压和排挤开的体积影响，从而使紧靠桩的土产生迅速的排水固结来解释。实际上紧靠桩的土（50~200mm 的范围内）往往固结得很厉害，从而使桩的有效直径增加。

桩的承载力随时间增长的现象在软土中比较明显。但在硬塑土中的变化规律有待进一步研究。

需要注意的是，不是所有桩的承载力都随时间增加，一些桩的承载力随时间降低。

4）桩筏基础反力呈马鞍形分布的解释。

根据传统的荷载分布原则，荷载的分布是根据刚度进行分配的，基础中间部位桩的承载力低说明土对桩的支撑刚度降低，也就是说桩侧桩端土的刚度降低。

其原因是中间部位的桩间土要承受四周桩传来的荷载，即中间有限的桩间土不能同时给周围的桩提供所要求的承载力，而靠近外侧的桩除依靠基础内侧的土提供承载力外，还能利用靠近基础外侧的土提供承载力，而靠近基础外侧的土受内部桩的影响小，能比内部的土提供更多的承载力，因此外侧的桩能承受较内部桩更多的荷载，也就是桩反力呈马鞍形分布的原因。

此外，基坑开挖对桩间土的卸载造成桩间土的回弹，导致靠近基坑边缘处桩刚度大，中部桩刚度小，更加剧了基础反力呈马鞍形分布。

5）变刚调平设计原则总体思路。

根据上部结构布局、荷载和地质特征，考虑相互作用效应，采取增强与弱化、减沉增沉结合，整体平整，实现差异沉降最小化，基础内力最小化和资源消耗最小化。

① 根据建筑物体型、结构、荷载和地质条件，选择桩基、复合桩基、刚性桩复合地基，合理布局，调整桩土支承刚度，使之与荷载相匹配。

② 为减小各区位应力场的相互重叠堆核心区有效刚度的削弱，桩土支承体布局宜做到竖向错位或水平向拉开距离。

③ 考虑桩土的相互作用效应，支承刚度的调整宜采用强化指数进行控制。核心区强化指数宜为 1.05~1.30，外框区弱化指数宜为 0.95~0.85。

④ 对于主裙连体建筑，应按增强主体、弱化裙房的原则进行设计。

⑤ 桩基桩的选型和桩端持力层的确定，应有利于应用后注浆技术，确保单桩承载力有较大的调整空间。基桩宜集中布置于柱墙下，以降低承台内力，最大限度发挥承台底地基土分担荷载的作用，减小柱下桩基与核心筒桩基的相互作用。

⑥宜在概念设计的基础上进行上部结构—基础—桩土共同作用的分析，优化细部设计，差异沉降宜严于规范值，以提高耐久性可靠度。

6）桩基变刚度设计细则。

① 框筒结构。核心筒和外框柱的基桩宜按集团式布置于核心筒和柱下，以减小承台内力和各部分相邻影响。

以桩筏总承载力特征值与总荷载效应标准组合值平衡为前提，强化核心区、弱化外框区。核心区强化指数，对于核心区与外框区桩端平面竖向错位或外框区柱下桩数不超过5根时，宜取 1.05~1.15，外框为一排柱时取低值，两排柱时取高值；对于桩端平面处在同一标高且柱下桩数超过5根时，核心区强化指数宜取 1.2~1.3，一排柱时取低值，两排柱时取高值。外框区弱化指数根据核心区强化指数越高、外框区弱化指数越低的关系确定；或按总承载力特征值与总荷载标准值平衡，单独控制核心区强化指数，使外框区弱化指数相应降低。

框剪、框支剪力墙、筒中筒结构形式，参考框筒结构确定。

② 剪力墙结构。剪力墙结构整体性好，墙下荷载分布较均匀，对于电梯井和楼梯间等

荷载集度高处宜强化布桩。基桩宜布置于墙下，对于墙体交叉、转角处应予以布桩，当单桩承载力较小，按满堂布桩时，应强化内部、弱化外围。

③ 桩基承台设计。对变刚调平设计的承台，应按计算结果确定截面和配筋，其最小板厚和梁高，对于柱下梁板式承台，梁的高跨比和平板式承台板的厚跨比，宜取 1/8；梁板式筏式承台的板厚和最大双向板区格短边净跨之比不宜小于 1/16，且厚度不小于 400mm；对于墙下平板式承台厚跨比不宜小于 1/20，且厚度不小于 400mm；筏板最小配筋率应符合相关规范要求。

筏式承台的选型，对于框筒结构，核心筒和柱下集团式布桩时，核心筒宜采用平板，外框区宜采用梁板式，对于剪力墙结构，宜采用平板。承台配筋可按局部弯矩计算确定。

④ 共同作用分析与沉降计算。对于框筒结构宜进行共同作用计算分析，据此确定沉降分布、桩土反力分布和承台内力。当不进行共同作用分析时，应按相关规范计算沉降，据此检验差异沉降等指标。

7）桩基础受力的基本规律。

随着竖向荷载的加大，侧阻的发挥先于端阻。之后随着变形的增加，端阻力得以发挥。一般桩土相对位移达到 4~10mm（根据土种类而定），侧阻力即可以充分发挥，而端阻力的充分发挥需要桩土相对位移达到 $d/12 \sim d/4$（小直径桩），d 为桩径，黏性土为 $d/4$，砂性土为 $d/12 \sim d/10$。

8）桩土共同工作。

桩土共同工作是一个典型的非线性过程。桩土共同工作的试验表明：

① 桩土共同作用的加载过程中，桩土是先后发挥作用的，是一个非线性的过程。桩总是先起支撑作用，桩的承载力达到 100% 以后，即达到极限以后土体才能起支承作用。桩土分担比是随加载过程而变化的，没有固定的分担比。

② 桩顶荷载小于单桩极限荷载时，每级增加的荷载主要由桩承受，桩承担 90~95%。

③ 桩上荷载达到单桩屈服荷载后，承台底的地基土承受的荷载才明显增加，桩的分担比显著减小，沉降速度也有所增加。

④ 桩土共同作用的极限承载力>单桩承载力+地基土的极限承载力。

第**9**章 砌筑工程

9.1 工程量计算依据

清单范围砌筑工程划分的子目包含砖砌体、砌块砌体、石砌体和轻质墙板 4 节,共 26 个项目。

砌筑工程计算依据一览表见表 9-1。

表 9-1 砌筑工程计算依据一览表

计算规则	清单规则	定额规则
砖基础、石基础	按设计图示尺寸以体积计算 包括附墙垛基础宽出部分体积,扣除地梁(圈梁)、构造柱所占体积,不扣除基础大放脚 T 形接头处的重叠部分及嵌入基础内的钢筋、铁件、管道、基础砂浆防潮层和单个面积 ≤0.3m² 的孔洞所占体积,靠墙暖气沟的挑檐不增加 基础长度:外墙按外墙中心线,内墙按内墙净长线计算	砖基础工程量按设计图示尺寸以体积计算 (1)附墙垛基础宽出部分体积按折加长度合并计算,扣除地梁(圈梁)、构造柱所占体积,不扣除基础大放脚 T 形接头处的重叠部分及嵌入基础内的钢筋、铁件、管道、基础砂浆防潮层和单个面积 ≤0.3m² 的孔洞所占体积,靠墙暖气沟的挑檐不增加 (2)基础长度:外墙按外墙中心线长度计算,内墙按内墙净长线计算
实心砖墙、砌块墙	按设计图示尺寸以体积计算 扣除门窗、洞口、嵌入墙内的钢筋混凝土柱、梁、圈梁、挑梁、过梁及凹进墙内的壁龛、管槽、暖气槽、消火栓箱所占体积,不扣除梁头、板头、檩头、垫木、木楞头、沿缘木、木砖、门窗走头、砖墙内加固钢筋、木筋、铁件、钢管及单个面积 ≤0.3m² 的孔洞所占的体积。凸出墙面的腰线、挑檐、压顶、窗台线、虎头砖、门窗套的体积也不增加。凸出墙面的砖垛并入墙体体积内计算 1. 墙长度:外墙按中心线、内墙按净长线计算 2. 墙高度 (1)外墙:斜(坡)屋面无檐口天棚者算至屋面板底;有屋架且室内外均有天棚者算至屋架下弦底另加 200mm;无天棚者算至屋架下弦底另加 300mm,出檐宽度超过 600mm 时按实砌高度计算;与钢筋混凝土楼板隔层者算至板顶。平屋顶算至钢筋混凝土板顶	砖墙、砌块墙按设计图示尺寸以体积计算 (1)扣除门窗、洞口、嵌入墙内的钢筋混凝土柱、梁、圈梁、挑梁、过梁及凹进墙内的壁龛、管槽、暖气槽、消火栓箱所占体积,不扣除梁头、板头、檩头、垫木、木楞头、沿缘木、木砖、门窗走头、砖墙内加固钢筋、木筋、铁件、钢管及单个面积 ≤0.3m² 的孔洞所占的体积。凸出墙面的腰线、挑檐、压顶、窗台线、虎头砖、门窗套的体积也不增加。凸出墙面的砖垛并入墙体体积内计算 (2)墙长度:外墙按中心线、内墙按净长线计算 (3)墙高度 ①外墙:斜(坡)屋面无檐口天棚者算至屋面板底;有屋架且室内外均有天棚者算至屋架下弦底另加 200mm;无天棚者算至屋架下弦底另加 300mm,出檐宽度超过 600mm 时按实砌高度计算;有钢筋混凝土楼板隔层者算至板顶。平屋顶算至钢筋混凝土板底

(续)

计算规则	清单规则	定额规则
实心砖墙、砌块墙	(2)内墙:位于屋架下弦者,算至屋架下弦底;无屋架者算至天棚底另加100mm;有钢筋混凝土楼板隔层者算至楼板底;有框架梁时算至梁底 (3)女儿墙:从屋面板上表面算至女儿墙顶面(如有混凝土压顶时算至压顶下表面) (4)内、外山墙:按其平均高度计算 3. 框架间墙:不分内外墙按墙体净尺寸以体积计算 4. 围墙:高度算至压顶上表面(如有混凝土压顶时算至压顶下表面),围墙柱并入围墙体积内	②内墙:位于屋架下弦者,算至屋架下弦底;无屋架者算至天棚底另加100mm;有钢筋混凝土楼板隔层者算至楼板顶;有框架梁时算至梁底 ③女儿墙:从屋面板上表面算至女儿墙顶面(如有混凝土压顶时算至压顶下表面) ④内、外山墙:按其平均高度计算 (4)框架间墙:不分内外墙按墙体净尺寸以体积计算 (5)围墙:高度算至压顶上表面(如有混凝土压顶时算至压顶下表面),围墙柱并入围墙体积内
多孔砖墙、空心砖墙	按设计图示尺寸以体积计算 扣除门窗、洞口、嵌入墙内的钢筋混凝土柱、梁、圈梁、挑梁、过梁及凹进墙内的壁龛、管槽、暖气槽、消火栓箱所占体积,不扣除梁头、板头、檩头、垫木、木楞头、沿缘木、木砖、门窗走头、砖墙内加固钢筋、木筋、铁件、钢管及单个面积≤0.3m² 的孔洞所占的体积。凸出墙面的腰线、挑檐、压顶、窗台线、虎头砖、门窗套的体积也不增加。凸出墙面的砖垛并入墙体体积内计算 1. 墙长度:外墙按中心线、内墙按净长线计算 2. 墙高度 (1)外墙:斜(坡)屋面无檐口天棚者算至屋面板底;有屋架且室内、外均有天棚者算至屋架下弦底另加200mm;无天棚者算至屋架下弦底另加300mm,出檐宽度超过600mm时按实砌高度计算;与钢筋混凝土楼板隔层者算至板顶。平屋顶算至钢筋混凝土板顶 (2)内墙:位于屋架下弦者,算至屋架下弦底;无屋架者算至天棚底另加100mm;有钢筋混凝土楼板隔层者算至楼板底;有框架梁时算至梁底 (3)女儿墙:从屋面板上表面算至女儿墙顶面(如有混凝土压顶时算至压顶下表面)	砖墙、砌块墙按设计图示尺寸以体积计算 (1)扣除门窗、洞口、嵌入墙内的钢筋混凝土柱、梁、圈梁、挑梁、过梁及凹进墙内的壁龛、管槽、暖气槽、消火栓箱所占体积,不扣除梁头、板头、檩头、垫木、木楞头、沿缘木、木砖、门窗走头、砖墙内加固钢筋、木筋、铁件、钢管及单个面积≤0.3m² 的孔洞所占的体积。凸出墙面的腰线、挑檐、压顶、窗台线、虎头砖、门窗套的体积也不增加。凸出墙面的砖垛并入墙体体积内计算 (2)墙长度:外墙按中心线、内墙按净长线计算 (3)墙高度 ①外墙:斜(坡)屋面无檐口天棚者算至屋面板底;有屋架且室内、外均有天棚者算至屋架下弦底另加200m;无天棚者算至屋架下弦底另加300mm,出檐宽度超过600m时按实砌高度计算;有钢筋混凝土楼板隔层者算至板顶。平屋顶算至钢筋混凝土板顶 ②内墙:位于屋架下弦者,算至屋架下弦底;无屋架者算至天棚底另加100mm;有钢筋混凝土楼板隔层者算至楼板顶;有框架梁时算至梁底 ③女儿墙:从屋面板上表面算至女儿墙顶面(如有混凝土压顶时算至压顶下表面) ④内、外山墙:按其平均高度计算 (4)框架间墙:不分内外墙按墙体净尺寸以体积计算 (5)围墙:高度算至压顶上表面(如有混凝土压顶时算至压顶下表面),围墙柱并入围墙体积内

（续）

计算规则	清单规则	定额规则
空斗墙	按设计图示尺寸以空斗墙外形体积计算。墙角、内外墙交接处、门窗洞口立边、窗台砖、屋檐处的实砌部分体积并入空斗墙体积内	空斗墙按设计图示尺寸以空斗墙外形体积计算 （1）墙角、内外墙交接处、门窗洞口立边、窗台砖、屋檐处的实砌部分体积并入空斗墙体积内 （2）空斗墙的窗间墙、窗台下、楼板下、梁头下等的实砌部分体积应另行计算
空花墙	按设计图示尺寸以空花部分外形体积计算，不扣除空洞部分体积	按设计图示尺寸以空花部分外形体积计算，不扣除空洞部分体积
实心砖柱、多孔砖柱、砌块柱	按设计图示尺寸以体积计算。扣除混凝土及钢筋混凝土梁垫、梁头、板头所占体积	按设计图示尺寸以体积计算。扣除混凝土及钢筋混凝土梁垫、梁头、板头所占体积
砖散水、地坪	按设计图示尺寸以面积计算	按设计图示尺寸以面积计算
砖地沟、明沟	以米计量，按设计图示尺寸以中心线长度计算	按设计图示尺寸以体积计算
石挡土墙	按设计图示尺寸以体积计算	按设计图示尺寸以体积计算
石坡道	按设计图示尺寸以水平投影面积计算	按设计图示尺寸以水平投影面积计算
轻质墙板	按设计图示尺寸以面积计算	按设计图示尺寸以面积计算

9.2　工程案例实战分析

9.2.1　问题导入

相关问题：

1）砖基础工程量计算中应扣减哪些部分？长度如何确定？基础深度如何确定？基础大放脚折合面积如何确定？

2）如何区分砖基础与砖墙？

3）砖墙及砌块墙在平屋面、斜屋面结构中，内外墙的高度如何确定？标准砖砌筑砖墙计算厚度为多少？

4）空斗墙、空花墙等墙体工程量计算应注意哪些问题？

9.2.2　案例导入与算量解析

1. 砖基础

（1）名词概念

砖基础：以砖为砌筑材料形成的建筑物基础。

基础与墙的划分如下：

1）基础与墙（柱）身使用同一种材料时，以设计室内地面为界（有地下室者，以地下

视频 9-1：
砖基础

室室内设计地面为界），以下为基础，以上为墙（柱）。无地下室基础的，如图 9-1 所示；有地下室基础的，如图 9-2 所示。

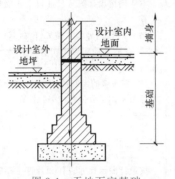

图 9-1　无地下室基础

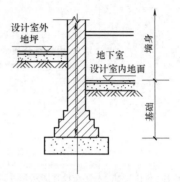

图 9-2　有地下室基础

2）基础与墙身使用不同材料时，位于设计室内地面±300mm 以内时，以不同材料为分界线，以下为基础，以上为墙（柱）身，超过±300mm 时，以设计室内地面为分界线，如图 9-3 所示。

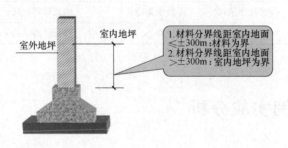

图 9-3　基础与墙身材料不同时的划分

3）砖、石围墙，以设计室外地坪为界线，以下为基础，以上为墙身，如图 9-4 所示。

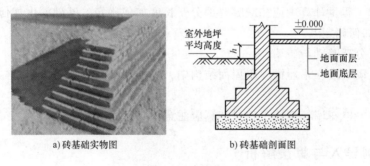

a) 砖基础实物图　　　　b) 砖基础剖面图

图 9-4　砖基础

（2）案例导入与算量解析

【例 9-1】　某建筑物砖基础工程平面图、剖面图、三维软件绘制图，如图 9-5～图 9-7 所示，基础底铺 300mm 厚 3∶7 灰土垫层，基础防潮层采用 20mm 厚防水砂浆，试计算该砖基础工程量。

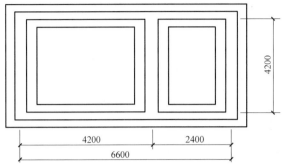

图 9-5　基础平面图

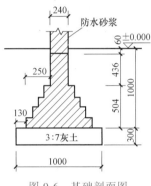

图 9-6　基础剖面图

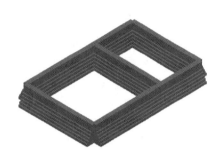

图 9-7　砖基础三维软件绘制图

【解】

（1）识图内容

通过识读平面图可知，图中标注尺寸为中心线，墙厚 240mm，可知外墙中心线为标注尺寸直接相加（6.6+4.2）m，内墙净长线为 4.2m 减去一个墙厚。通过剖面图可知，基础深度为（0.504+0.436+0.06）m，基础大放脚为四层，墙厚 240mm，即 1 砖。通过查表（等高式黏土标准砖墙基大放脚折为墙高和断面面积表）可知折算高度为 0.656m。

（2）工程量计算

① 清单工程量

外墙中心线 $L_{中}=(6.6+4.2)\times2=21.6$（m）

内墙净长线 $L_{内}=4.2-0.24=3.96$（m）

砖基础 1 砖厚四层等高大放脚折加高度为 0.656m

砖基础体积 $V=[0.24\times(1+0.656)]\times(21.6+3.96)=10.16$（m^2）

② 定额工程量

定额工程量同清单工程量。

【小贴士】　式中：0.656 为查表可知的折合高度；1 为基础高度；21.6、3.96 分别为外墙中心线长和内墙净长线长。

2. 砖墙

（1）名词概念

用砖块与混凝土砌筑的墙，具有较好的承重、保温、隔热、隔声、防火及耐久等性能，为低层和多层房屋所广泛采用。砖墙可作承重墙、外围护墙

视频 9-2：
砖墙

和内分隔墙。砖墙如图 9-8 所示，砖砌建筑如图 9-9 所示。

图 9-8　砖墙

图 9-9　砖砌建筑

（2）案例导入与算量解析

【例 9-2】　某单层房屋平面图为墙体大样图，外墙为一砖半墙，内墙为一砖墙，内外墙均采用 M5 混合砂浆砌筑，墙体内埋件及门窗洞口尺寸如图 9-10 所示，顶棚抹灰厚 10mm。该建筑平面图、剖面图和三维软件绘制图，如图 9-11～图 9-13 所示。试计算墙体的工程量。

门窗名称	窗口尺寸（宽×高）/mm	构件名称		构件体积/m³
M1	1200×2100	过梁	外墙	0.51
M2	900×2100		内墙	0.06
C1	1500×1500	圈梁	外墙	2.23
			内墙	0.31

图 9-10　门窗洞口尺寸及墙体埋件体积

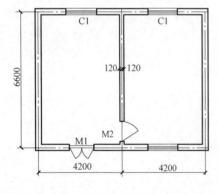

图 9-11　平面图

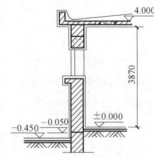

图 9-12　剖面图

图 9-13　三维软件绘制图

【解】

（1）识图内容

通过识读平面图可知，标注尺寸为外墙中心线长度，内墙净长线为（6.6-0.365）m，墙高度为标注尺寸加上顶棚抹灰厚度，即（3.87+0.01）m，通过图 9-10 可知，各构件占墙体的体积，计算时需要扣除。

（2）工程量计算

① 清单工程量

外墙中心线 $L_{中} = (8.4+6.6)×2 = 30$（m）

内墙净长线 $L_{内} = 6.6-0.365 = 6.235$（m）

外墙工程量 $V_{外} = (30×3.88-1.2×2.1-1.5×1.5×3)×0.365-0.51-2.23$

$= 36.36$（m³）

内墙工程量 $V_{内} = (6.235×3.88-0.9×2.1)×0.24-0.06-0.31$

$= 4.98$（m³）

② 定额工程量

定额工程量同清单工程量。

【小贴士】　式中：3.88 为墙高；1.2×2.1 为 M1 体积；0.9×2.1 为 M2 体积；1.5×1.5×3 为 C1 体积；0.365 为 1 砖半墙实际厚度。

音频 9-1：　视频 9-3：
砌块墙　　砌块墙

3. 砌块墙

（1）名词概念

砌块墙是指用砌块和砂浆砌筑而成的墙体，可作工业与民用建筑的承重墙和围护墙。根据砌块尺寸的大小，可分为小型砌块、中型砌块和大型砌块墙体。按材料不同，可分为加气混凝土墙、硅酸盐砌块墙、水泥煤渣空心墙等。砌块墙如图 9-14 所示。

（2）案例导入与算量解析

【例 9-3】　某建筑工程平面图和三维软件绘制图，如图 9-15 和图 9-16 所示，墙体采用砌块砌筑，墙高 3.2m，门尺寸为 1100mm×2100mm，试计算砌块墙工程量。

【解】

（1）识图内容

图 9-14　砌块墙

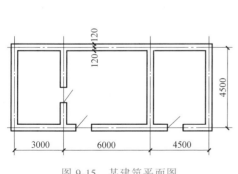

图 9-15　某建筑平面图

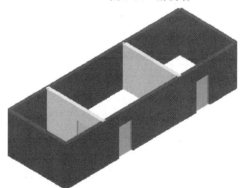

图 9-16　某建筑三维软件绘制图

通过识读平面图可知，标注尺寸为外墙中心线长度，内墙净长线为（4.5-0.24）m。由题干可知墙体高度为 3.2m，门所占面积为 2.1m×1.1m，计算墙体体积时要扣除门所占部分。

（2）工程量计算

① 清单工程量

外墙中心线 $L_{中}=(3+6+4.5+4.5)\times2=36$（m）

内墙净长线 $L_{内}=(4.5-0.24)\times2=8.52$（m）

墙体工程量 $V=[(36+8.52)\times3.2-2.1\times1.1\times3]\times0.24$

$\qquad\qquad=32.53$（m³）

② 定额工程量

定额工程量同清单工程量。

【小贴士】 式中：3.2 为墙高；2.1×1.1×3 为门体积。

音频 9-2：　视频 9-4：
砖柱　　　　砖柱

4. 砖柱

（1）名词概念

砖柱是用砖和砂浆砌筑成的柱。在砌体结构房屋中，砖柱主要用作受压构件。砖柱的截面形状通常为方形或矩形。砖柱实物图如图 9-17 所示。

图 9-17　砖柱实物图

（2）案例导入与算量解析

【例 9-4】 某砖柱剖面图，如图 9-18 所示，砖柱大放脚每层平面图均为正方形，试计算该砖柱工程量。

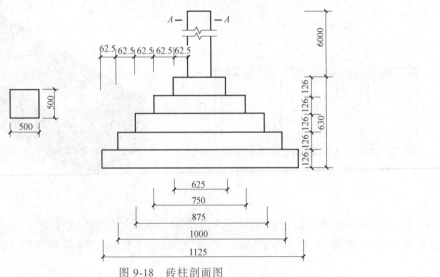

图 9-18　砖柱剖面图

【解】

（1）识图内容

通过识读剖面图可知，砖柱体积可分为大放脚四周体积和柱身体积两部分。柱身截面尺寸为 500mm×500mm，大放脚每层宽度为 62.5mm，高度为 126mm。

（2）工程量计算

① 清单工程量

大放脚四周体积

$$V_1 = \{[0.126\times(0.625\times0.625+0.75\times0.75+0.875\times0.875+1.0\times1.0+1.125\times1.125)]$$
$$= 0.502 \ (m^3)$$

柱身体积

$$V_2 = 0.5\times0.5\times6 = 1.5 \ (m^3)$$

砖柱体积 $V = 0.502+1.5 = 2.002 \ (m^3)$

② 定额工程量

定额工程量同清单工程量。

【小贴士】 式中：0.126 为大放脚每层高度；0.5×0.5 为柱截面尺寸；6 为柱身高度。

5. 空花墙

（1）名词概念

空花墙是一种镂空的墙体结构，是指用砖砌成各种镂空花式的墙。一般用于古典式围墙、封闭或半封闭走廊、公共厕所的外墙等处，也有大面积的镂空围墙。空花墙如图 9-19 所示。

（2）案例导入与算量解析

【例 9-5】 某空花墙平面图和剖面图如图 9-20 和图 9-21 所示，墙体长度为 120m，试计算空花墙工程量。

图 9-19 空花墙

视频 9-5：
空花墙

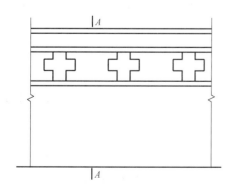

图 9-20 空花墙平面图

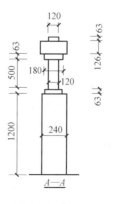

图 9-21 剖面图

【解】

（1）识图内容

通过题干可知，墙长为 120m。通过识图可知，空花墙高度为 0.5m，墙体厚度为 0.12m。

（2）工程量计算

① 清单工程量

$$V = 120 \times 0.5 \times 0.12 = 7.2 \ (\text{m}^3)$$

② 定额工程量

定额工程量同清单工程量。

【小贴士】　式中：120 为墙长度；0.5 为墙高；0.12 为墙厚。

6. 空斗墙

（1）名词概念

空斗墙是指用砖侧砌或平、侧交替砌筑而成的空心墙体。它具有用料省、自重轻和隔热、隔声性能好等优点，适用于 1~3 层民用建筑的承重墙或框架建筑的填充墙。空斗墙如图 9-22 所示。

视频 9-6：空斗墙

图 9-22　空斗墙

（2）案例导入与算量解析

【例 9-6】　某一砖无眠空斗墙如图 9-23 和图 9-24 所示，砖柱尺寸为 490mm×360mm，砖压顶尺寸为 740mm×120mm，试计算该空斗墙工程量。

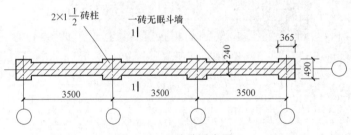
图 9-23　空斗墙示意图

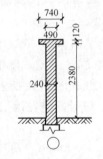
图 9-24　空斗墙剖面图

【解】

（1）识图内容

通过识图可知，墙长 3.5×3，墙带有 4 个砖柱，上部为砖压顶，空斗墙工程量等于墙身工程量加上砖压顶工程量。

（2）工程量计算

① 清单工程量

$$V = (3.5 - 0.365) \times 3 \times 2.38 \times 0.24 + (3.5 - 0.365) \times 3 \times 0.12 \times 0.49$$
$$= 5.93 \ (\text{m}^3)$$

② 定额工程量

定额工程量同清单工程量。

【小贴士】　式中：0.365 为砖柱长度；（3.5-0.365）×3 为扣除砖柱的空斗墙长度；2.38 为墙高；0.24 为墙厚。

7. 砖地沟

（1）名词概念

砖地沟是用砖在地下砌成来的一条地沟，通常都不大，距地表很近，一般都是用在不方便做排污系统的地方，将生活污水集中排放到主排污管道。明沟的作用是迅速且有组织地把地面水和雨水引向下水道，防止房屋基础和地基被水浸泡而渗透，以保证房屋的巩固和耐久。通常明沟底部的坡度为 0.3% ~ 0.5%，深度约为 20cm，宽度约为 18cm。砖地沟如图 9-25 所示。

（2）案例导入与算量分析

【例 9-7】　某砖地沟剖面图如图 9-26 所示，地沟长 120m，试计算地沟工程量。

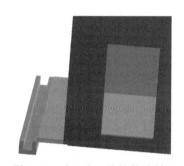

图 9-25　砖地沟三维软件绘制图

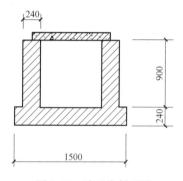

图 9-26　砖地沟剖面图

【解】

（1）识图内容

通过题干可知，地沟长为 120m。通过剖面图可知地沟截面尺寸，地沟工程量可通过截面面积乘以地沟长度计算。

（2）工程量计算

① 清单工程量

$L = 120m$

② 定额工程量

$$V = (1.5 \times 0.24 + 0.9 \times 0.24 \times 2) \times 120$$
$$= 95.04 \ (m^3)$$

【小贴士】　式中：1.5×0.24 为地沟截面下部面积；0.9×0.24 为地沟截面左右部分面积；120 为地沟长度。

8. 石挡土墙

（1）名词概念

石挡土墙是用平毛石或乱毛石与水泥砂浆砌成的。毛石挡土墙的砌筑，要求毛石的中部厚度不宜小于 20cm；每砌 3 ~ 4 皮毛石为一个分层高度，每个分层高度应找平一次。石挡土墙如图 9-27 所示。

视频 9-7：
石挡土墙

（2）案例导入与算量解析

【例 9-8】 某石挡土墙如图 9-28 所示，墙长 100m，试计算挡土墙工程量。

图 9-27 石挡土墙

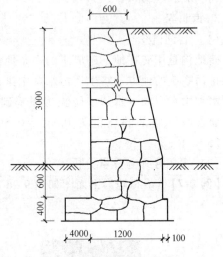

图 9-28 石挡土墙

【解】

（1）识图内容

通过题干可知，墙长为 100m。通过识图可知，挡土墙基础深度为 1m，放脚宽左为 400mm，右为 100mm，墙身截面为梯形，高度为 3000mm，上边长为 600mm，下边长为 1200mm。

（2）工程量计算

① 清单工程量

$$V = (1.7×0.4+1.2×0.6)×100+(1.2+0.6)/2×3×100 = 410 \ (m^3)$$

② 定额工程量

定额工程量同清单工程量。

【小贴士】 式中：100 为墙长度；1.7×0.4+1.2×0.6 为墙基底边边长；1.2 为墙身底边边长。

9.3 关系识图与疑难分析

9.3.1 关系识图

1. 砖基础大放脚折加高度与面积

如图 9-29 和图 9-30 所示。

2. 砖墙与现浇板

现浇板是指采用钢筋混凝土浇筑而成的楼板。当楼板与砖墙相交，平屋面计算外墙墙高时，计算到现浇板板底，如图 9-31 所示。当砖墙中间有混凝土楼板隔层的，计算内墙高度时算至混凝土板顶，如图 9-32 所示。

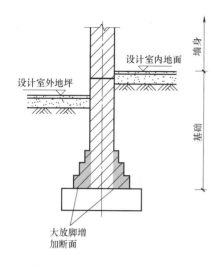

图 9-29　大放脚增加断面示意图

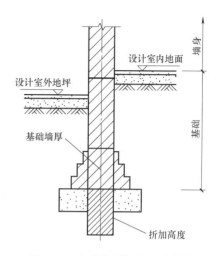

图 9-30　大放脚折加高度示意图

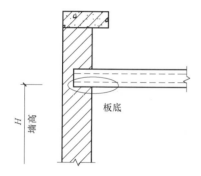

图 9-31　外墙与现浇板

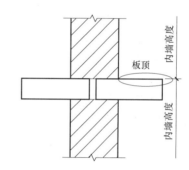

图 9-32　内墙与现浇隔板

3. 砖墙与现浇构造柱

为了增强建筑物的整体性和稳定性，多层砖混结构建筑的墙体中还应设置钢筋混凝土构造柱，并与各层圈梁相连接，形成能够抗弯、抗剪的空间框架，它是防止房屋倒塌的一种有效措施。计算砖墙体积时，需要扣减构造柱所占体积，如图 9-33 所示。

4. 屋架、顶棚与砖墙

屋架是房屋组成部件之一，用于屋顶结构的桁架，它承受屋面和构架的重量以及作用在上弦上的风载，多用木料、钢材或钢筋

音频 9-3：
构造柱

图 9-33　构造柱

混凝土等材料制成，有三角形、梯形、拱形等各种形状。顶棚是指室内空间上部的结构层或装修层，既把屋面的结构层隐蔽起来，满足室内美观的要求又能起到保温隔热的作用。

斜（坡）屋面有屋架且室内外均有天棚者，外墙高度算至屋架下弦底另加 200mm，如图 9-34 所示。斜屋面有屋架无天棚，计算外墙高度时，算至屋架下弦底再加 300mm，如

图 9-35 所示。

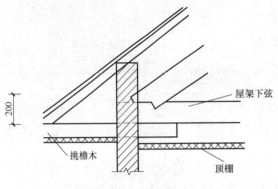

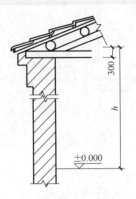

图 9-34 斜屋面带顶棚

图 9-35 斜屋面无天棚

5. 内墙与框架梁

框架梁（KL）是指两端与框架柱（KZ）相连的梁，或者两端与剪力墙相连但跨高比不小于 5 的梁。有框架梁计算内墙高度时，内墙高度计算至梁底，如图 9-36 所示。

6. 内墙与屋架、天棚

内墙是指在室内起分隔空间的作用，没有和室外空气直接接触的墙体，多为"暖墙"。斜屋面无屋架有天棚、计算内墙高度时算至天棚底另加 100mm，如图 9-37 所示。

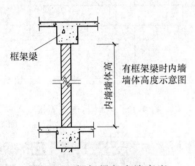

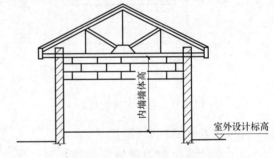

图 9-36 框架梁与内墙高度

图 9-37 屋架下弦内墙高度

9.3.2 疑难分析

1. 大放脚基础重叠时体积计算

条形基础体积计算时，不扣除基础大放脚 T 形接头处的重叠部分，如图 9-38 所示。

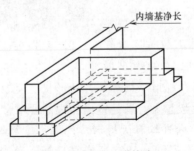

图 9-38 基础 T 形接头

2. 砖基础与地圈梁

基础体积计算时，扣除地梁（圈梁）所占体积，如图9-39所示。

3. 墙体与过梁

计算墙体工程量时扣除门窗过梁，如图9-40所示。

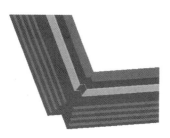

图9-39　砖基础与地圈梁

过梁

图9-40　过梁

第10章 混凝土及钢筋混凝土工程

10.1 工程量计算依据

新的清单范围混凝土及钢筋混凝土工程划分的子目包含现浇混凝土构件、一般预制混凝土构件、装配式预制混凝土构件、后浇混凝土、钢筋及螺栓、铁件5节，共97个项目。

现浇混凝土构件计算依据一览表见表10-1。

表 10-1 现浇混凝土构件计算依据一览表

计算规则	清单规则	定额规则
独立基础、条形基础、筏板基础	按设计图示尺寸以体积计算。不扣除伸入承台基础的桩头所占体积。与筏板基础一起浇筑的，凸出筏板基础下表面的其他混凝土构件的体积，并入相应筏板基础体积内	按设计图示尺寸以体积计算，不扣除伸入承台基础的桩头所占体积 带形基础：不分有肋式与无肋式均按带形基础项目计算，有肋式带形基础，肋高（是指基础扩大顶面至梁顶面的高）≤1.2m时，合并计算；>1.2m时，扩大顶面以下的基础部分，按无肋带形基础项目计算；扩大顶面以上部分，按墙项目计算 箱形基础：分别按基础、柱、墙、梁、板等有关规定计算 设备基础：设备基础除块体（块体设备基础是指没有空间的实心混凝土形状）以外，其他类型设备基础分别按基础、柱、墙、梁、板等有关规定计算 高杯基础：基础扩大顶面以上短柱部分高>1m时，短柱与基础分别计算，短柱执行柱项目，基础执行独立基础项目
矩形梁；异形梁；斜梁；弧形、拱形梁	按设计图示截面面积乘以梁长以体积计算 伸入墙内的梁头、梁垫并入梁体积内 梁长：(1)梁与柱连接时，梁长算至柱侧面 (2)主梁与次梁连接时，次梁长算至主梁侧面 梁高：梁上部有与梁一起浇筑的现浇板时，梁高算至现浇板底	按设计图示尺寸以体积计算，深入墙头的梁头、梁垫并入梁体积内 (1)梁柱连接时，梁长算至柱侧面 (2)主梁与次梁连接时，次梁长算至主梁侧面

（续）

计算规则	清单规则	定额规则
过梁	按设计图示截面面积乘以梁长以体积计算 梁长按设计规定计算：设计无规定时，按梁下洞口宽度，两端各加250mm计算	按设计图示尺寸以体积计算，深入墙头的梁头、梁垫并入梁体积内 （1）梁柱连接时，梁长算至柱侧面 （2）主梁与次梁连接时，次梁长算至主梁侧面 （3）混凝土圈梁与过梁连接时，分别套用圈梁、过梁定额，其过梁长度按门窗外围宽度两端共加50mm计算
圈梁	按设计图示截面面积乘以梁长以体积计算。圈梁与构造柱连接时，梁长算至构造柱（不含马牙槎）的侧面	
板	按设计图示尺寸以体积计算，不扣除单个面积≤0.3m² 的柱、垛以及孔洞所占体积，板伸入砌体墙内的板头以及板下柱帽并入板体积内	按设计图示尺寸以体积计算，不扣除单个面积0.3m² 以内的柱、垛以及孔洞所占体积 无梁板按板和柱帽体积之和计算 有梁板（包括主梁、次梁与板）按梁、板体积之和计算
矩形柱	按设计断面面积乘以柱高以体积计算，附着在柱上的牛腿并入柱体积内 柱高：柱基上表面至柱顶之间的高度。其楼层的分界线为各楼层上表面，其与柱帽的分界线为柱帽下表面	按设计图示尺寸以体积计算 有梁板的柱高，应自柱基上表面（或楼板上表面）至上一层楼板上表面之间的高度计算 无梁板的柱高，应自柱基上表面（或楼板上表面）至柱帽下表面之间的高度计算 框架柱的柱高，应自柱基上表面至柱顶面高度计算

10.2　工程案例实战分析

10.2.1　问题导入

相关问题：

1）现浇混凝土构件指的是什么？与预制类混凝土在工程量计算时有何区别？

2）有梁板、无梁板怎么区分？板工程量如何计算？

3）柱高在有梁板与无梁板不同情况下如何确定？柱工程量如何计算？

4）装配式混凝土工程的优劣，在工程造价中涉及的工程计量如何体现？

5）后浇混凝土有哪些？在预制装配式结构后浇混凝土施工中应注意哪些方面？

10.2.2　案例导入与算量解析

1. 现浇混凝土基础

（1）名词概念

混凝土基础包括带形基础、独立基础、满堂基础、设备基础和桩承台基础等。

（2）案例导入与算量解析

【例 10-1】 某现浇混凝土带形基础尺寸，如图 10-1 所示。计算该带形基础混凝土工程量。

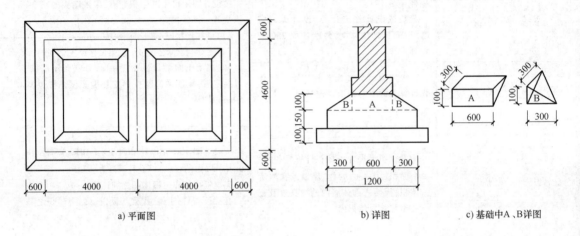

a) 平面图　　　　　　　　　　b) 详图　　　　c) 基础中A、B详图

图 10-1　现浇混凝土带形基础

【解】

（1）识图内容

通过题干内容可知，（8.0+4.6）×2+4.6-1.2 为设计外墙中心线长度；（1.2×0.15+0.9×0.1）为设计断面面积；0.6×0.3×0.1 为 A 折合面积；0.3×0.1÷2×0.3÷3×4 为 B 折合面积。

（2）工程量计算

① 清单工程量

$$V_{带形基础} = [(8.0+4.6)×2+4.6-1.2]×(1.2×0.15+0.9×0.1)+0.6×0.3×$$
$$0.1(A 折合体积)+0.3×0.1÷2×0.3÷3×4(B 折合体积)$$
$$= 7.75 （m^3）$$

② 定额工程量

定额工程量同清单工程量。

【小贴士】 式中：[（8.0+4.6）×2+4.6-1.2] 为设计外墙中心线长度；（1.2×0.15+0.9×0.1）为设计断面面积；0.6×0.3×0.1 为 A 折合体积；0.3×0.1÷2×0.3÷3×4 为 B 折合体积。

【例 10-2】 求图 10-2 所示的现浇钢筋混凝土满堂基础混凝土工程量。

【解】

（1）识图内容

通过题干内容可知，轴①与轴⑩之间的长度为 31.5m，墙体厚度为 0.24m，（31.5+1+1）m 为基础横向外墙外边线之间的长度，10m 为基础纵向外墙外边线之间的长度，0.3m 为基础底层的高度。

（2）工程量计算

① 清单工程量

混凝土工程量按"底板体积+墙下部凸出部分体积"计算

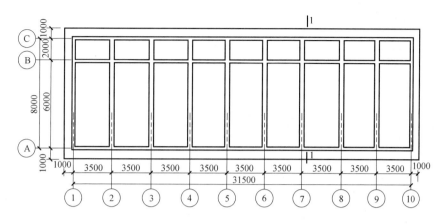

a) 基础平面图

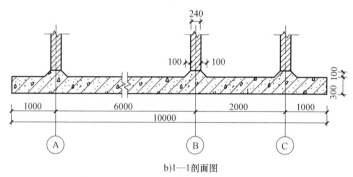

b) 1—1剖面图

图 10-2　现浇钢筋混凝土满堂基础

$$V_{现浇钢筋混凝土满堂基础混凝土} = (31.5+1+1) \times 10 \times 0.3 + [(31.5+8) \times 2 + (6.0-0.24) \times$$
$$8 + (31.5-0.24) + (2.0-0.24) \times 8] \times (0.24+0.24+$$
$$0.1+0.1) \times 1/2 \times 0.1$$
$$= 106.29 \ (m^3)$$

② 定额工程量

定额工程量同清单工程量。

【小贴士】　式中：（31.5+1+1）为基础横向外墙外边线之间的长度；10 为基础纵向外墙外边线之间的长度；0.3 为基础底层的高度；31.5 为轴①与轴⑩之间的长度；8 为纵向外墙外边线之间的长度；0.24 为墙体厚度；0.1 为基础顶层斜长的水平投影长度；6.0 为轴 A 与轴 B 之间的长度。

2. 异形梁

（1）名词概念

基础梁是指位于地基或垫层上连接独立基础、条形基础或桩承台的梁。

梁按截面分为矩形和异形。异形梁是指截面形状为非矩形的梁，如花篮形、T 形等。加腋梁等矩形变截面梁，不属于异形梁，仍为矩形梁。矩形梁和异形梁，如图 10-3 所示。

异形梁的缺点是抗震性能很不好，因为梁柱节点的核心区面积很小，对节点抗震不利。

（2）案例导入与算量解析

【例 10-3】　现浇混凝土花篮梁 10 根，混凝土强度等级 C20，梁端有现浇梁垫，混凝土

a) 矩形　　b) L形　　c) T形　　d) 十字形　　e) 工字形

图 10-3　矩形梁和异形梁

强度等级为 C25，尺寸如图 10-4 所示。采用商品混凝土，运距为 3km（混凝土搅拌站为 $25m^3/h$），试计算现浇混凝土花篮梁工程量。

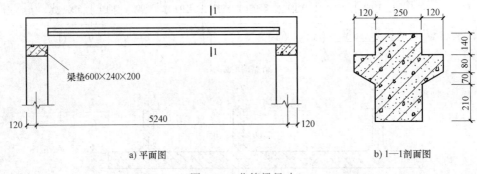

a) 平面图　　　　　　　　　　　　　b) 1—1剖面图

图 10-4　花篮梁尺寸

【解】

（1）识图内容

通过题干内容可知，异形梁工程量要分 3 部分分别进行计算。

（2）工程量计算

① 清单工程量

由现浇混凝土异形梁工程量＝图示断面面积×梁长＋梁垫体积得

$$V_{现浇混凝土花篮梁工程量} = [0.25 \times (0.21 + 0.07 + 0.08 + 0.14) \times (5.24 + 0.12 \times 2) + (0.08 +$$
$$0.07 + 0.08) \times 0.12 \times (5.24 - 0.12 \times 2) + 0.6 \times 0.24 \times 0.2 \times 2] \times 10$$
$$= 8.81 \ (m^3)$$

② 定额工程量

定额工程量同清单工程量。

【小贴士】　式中：$0.6 \times 0.24 \times 0.2$ 为单个梁垫的体积（一根花篮梁中有 2 个梁垫）；10 为花篮梁的根数。

【例 10-4】　如图 10-5 所示，某现浇钢筋混凝土 T 形梁，试求其模板工程量（木模板、

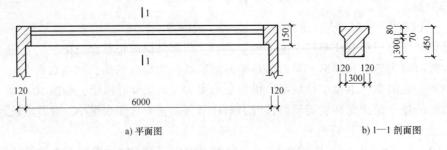

a) 平面图　　　　　　　　　　　　b) 1—1剖面图

图 10-5　现浇钢筋混凝土异形梁模板

木支撑）。

【解】

（1）识图内容

通过题干内容可知，异形梁截面尺寸如剖面图所示，根据梁平面图可知梁长为 6000mm。

（2）工程量计算

① 清单工程量

$V_{现浇钢筋混凝土异形梁模板} = (6-0.24×2)×(0.3×3+0.139×2+0.08×2) = 7.39（m^3）$

② 定额工程量

定额工程量同清单工程量。

【小贴士】　式中：6 为梁两端中心线之间的长度；0.24 为墙体厚度；0.3 为梁矩形部分的底面宽度和高度；0.139 即 $\sqrt{(0.12^2+0.07^2)}$ 为梁左右侧面斜线的长度；0.08 为梁上侧的高度。

3. 过梁

（1）名词概念

当墙体上开设门窗洞口且墙体洞口大于 300mm 时，为了支撑洞口上部砌体所传来的各种荷载，并将这些荷载传给门窗等洞口两边的墙，常在门窗洞口上设置横梁，该梁称为过梁，如图 10-6 所示。

音频 10-1：　视频 10-1：
过梁　　　　过梁

a) 过梁现场图

b) 过梁三维软件绘制图

图 10-6　过梁示意图

（2）案例导入与算量解析

【例 10-5】　已知过梁平面图如图 10-7 所示，三维软件绘制图如图 10-8 所示，实物图如图 10-9 所示，截面尺寸为 300mm×300mm，长 2000mm，试求该过梁体积。

图 10-7　过梁平面图

图 10-8　过梁三维软件绘制图

图 10-9　过梁实物图

【解】

（1）识图内容

通过题干内容可知，过梁截面尺寸为 300mm×300mm。根据梁平面图可知梁长为 2000mm。

（2）工程量计算

① 清单工程量

$$V_{梁} = 0.3×0.3×2 = 0.18 （m^3）$$

② 定额工程量

定额工程量同清单工程量。

【小贴士】 式中：0.3 为过梁宽度；0.3 为过梁高度；2 为过梁长度。

【例 10-6】 已知某建筑平面图如图 10-10 所示，三维软件绘制图如图 10-11 所示，层高为 3.2m，框柱尺寸为 400mm×400mm，KL1 尺寸为 300mm×600mm，板厚 100mm，试求 KL1 体积。

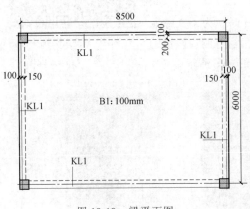

图 10-10 梁平面图

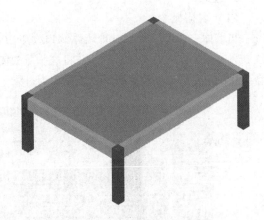

图 10-11 梁三维软件绘制图

【解】

（1）识图内容

由题干可知，KL1 截面尺寸为 300mm×600mm。根据计算规则：梁与柱相交，梁长算至柱侧面，得出图中共有 2 根（8.5-0.3×2）m 长、2 根（6-0.2-0.3）m 长的梁。图中显示板厚 100mm，根据计算规则：梁上部有与梁一起浇筑的现浇板时，梁高算至现浇板底，得出梁高为（0.6-0.1）m。

（2）工程量计算

① 清单工程量

$$V_{梁} = [(8.5-0.3×2)×(6-0.2-0.3)]×2×0.3×(0.6-0.1) = 13.035 （m^3）$$

② 定额工程量

定额工程量同清单工程量。

【小贴士】 式中：[(8.5-0.3×2)×(6-0.2-0.3)]×2 为框梁长度；0.3 为框梁宽度；（0.6-0.1）为框梁高度。

4. 圈梁

（1）名词概念

圈梁是指在房屋的檐口、窗顶、楼层、吊车梁顶或基础顶面处，沿砌体墙水平方向设置的封闭状的梁式构件。圈梁一般设置在基础墙、檐口和楼层处。圈梁施工现场图和三维软件绘制图如图 10-12 所示。

视频 10-2:　音频 10-2:
圈梁　　　圈梁的作用

为了增强房屋的整体性及空间刚度，防止由于地基不均匀沉降或较大振动等对房屋产生的不利影响，可在墙中设置现浇的钢筋混凝土圈梁，其中以设置在基础顶面部位和檐口部位的圈梁对抵抗不均匀沉降作用最为有效。

当房屋中部沉降比房屋两端大时，则位于檐口部位的圈梁作用较大。圈梁与构造柱相配合还有助于提高砌体的抗震性能，同时在验算壁柱间墙高厚比时圈梁可作为不动铰支座，以减小墙体的计算高度，从而提高墙体的稳定性。

a) 施工现场图

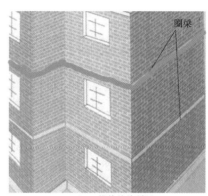

b) 三维软件绘制图

图 10-12　圈梁示意图

位于房屋檐口处的圈梁又称为檐口圈梁；位于 ±0.000m 以下基础顶面处设置的圈梁，又称为地圈梁。

（2）案例导入与算量解析

【例 10-7】　已知圈梁建筑平面图如图 10-13 所示，三维软件绘制图如图 10-14 所示，砖

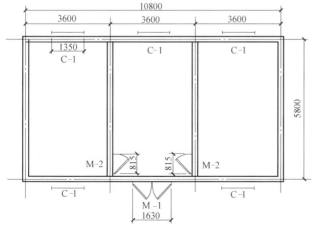

图 10-13　圈梁建筑平面图

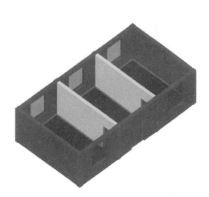

图 10-14　圈梁三维软件绘制图

墙厚240mm，轴线居中。圈梁用C20混凝土，一级钢筋，沿外墙设置，断面为240mm×180mm，试求该圈梁工程量。

【解】

（1）识图内容

由题干可知，圈梁截面尺寸为240mm×180mm，根据计算规则：按设计图示截面面积乘以梁长以体积计算。圈梁的长度，外墙按中心线、内墙按净长线计算。圈梁与构造柱连接时，梁长算至构造柱（不含马牙槎）的侧面，得出图中圈梁的长为 $(3.6+3.6+3.6+5.8)×2m$，进而求得圈梁的体积。

（2）工程量计算

① 清单工程量

$$V_{圈梁} = [(3.6+3.6+3.6+5.8)×2]×0.24×0.18$$
$$= 33.2×0.24×0.18$$
$$= 1.434 （m^3）$$

② 定额工程量

定额工程量同清单工程量。

【小贴士】 式中：33.2即 $(3.6+3.6+3.6+5.8)×2$ 为圈梁长度；0.24×0.18为圈梁的断面面积。

5. 构造柱

（1）名词概念

多层砖混结构建筑的墙体中设置钢筋混凝土构造柱，并与各层圈梁相连接，形成能够抗弯、抗剪的空间框架，它是防止房屋倒塌的一种有效措施。构造柱示意图如图10-15所示，构造柱尺寸图如图10-16所示。

视频10-3：构造柱

a) 构造柱现场图

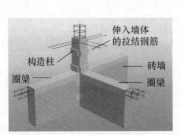

b) 构造柱三维软件绘制图

图10-15 构造柱示意图

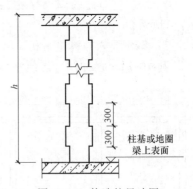

图10-16 构造柱尺寸图

（2）案例导入与算量解析

【例10-8】 已知构造柱计算高度为3.3m，截面尺寸为370mm×490mm，与砖墙咬槎为60mm。试计算如图10-17所示的钢筋混凝土构造柱工程量。

【解】

算量解析：

（1）识图内容

按设计图示尺寸以体积计算，与砌体嵌接部分（马牙槎）的体积并入柱身体积内。构造柱高度：自其基础、基础圈梁、地梁等的上表面算至其锚固构件（上部梁、上部板等）的下表面。

由题干可知，构造柱的截面尺寸为370mm×490mm，根据图示可得构造柱与砖墙咬槎的一边长度为60mm。构造柱的计算高度为3.3m。

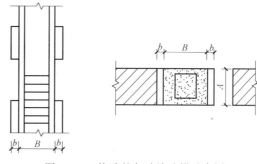

图 10-17　构造柱与砖墙咬槎示意图

（2）工程量计算

① 清单工程量

如图所示，构造柱 $A=370mm$，$B=490mm$，$b=60mm$

$$V_{构造柱}=(B+b)\times A\times 构造柱的计算高度$$
$$=(0.49+0.06)\times 0.37\times 3.3$$
$$=0.672\ （m^3）$$

② 定额工程量

定额工程量同清单工程量。

【小贴士】　式中：0.49 为构造柱的宽度；0.06 为构造柱与砖墙咬槎的长度；0.37 为构造柱的长度；3.3 为构造柱的计算高度。

【例 10-9】　如图 10-18 所示构造柱，总高为 24m，共 16 根，混凝土强度等级为 C25。试计算构造柱现浇混凝土工程量。

【解】

（1）识图内容

按设计图示尺寸以体积计算，与砌体嵌接部分（马牙槎）的体积并入柱身体积内。构造柱高度：自其基础、基础圈梁、地梁等的上表面算至其锚固构件（上部梁、上部板等）的下表面。

由题干可知构造柱的宽度为 240mm、厚度为 240mm。根据图示可知构造柱与砖墙咬槎的一边长度为 60mm。构造柱的计算高度为24m。构造柱的个数为 16 根。

（2）工程量计算

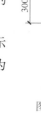

图 10-18　构造柱

① 清单工程量

计算公式：构造柱工程量=（图示柱宽度+咬口宽度）×厚度×图示高度

$$V_{构造柱}=(0.24+0.06)\times 0.24\times 24\times 16=27.65\ （m^3）$$

② 定额工程量

定额工程量同清单工程量。

【小贴士】　式中：0.24 为构造柱的宽度；0.06 为构造柱与砖墙咬槎的宽度；24 为构造柱的高度；16 为构造柱的根数。

6. 现浇混凝土板

（1）名词概念

现浇混凝土板包括有梁板、无梁板、平板、拱板、斜板（坡屋面板）、薄壳板、栏板、天沟板、挑檐板、悬挑板、空心板和其他板等。

其中，斜梁、斜板是指斜度大于10°的梁和板，其坡度范围可分为10°~30°、30°~45°、45°~60°及60°以上等。

现浇挑檐板、天沟板与板（包括屋面板、楼板）连接时，以外墙外边线为分界线；与圈梁（包括其他梁）连接时，以梁外边线为分界线。外边线以外为挑檐、天沟。

（2）案例导入与算量解析

【例10-10】 某建筑平面图及挑檐详图，如图10-19所示。求挑檐工程量。

【解】

（1）识图内容

天沟板、挑檐板按设计图示尺寸以体积计算。

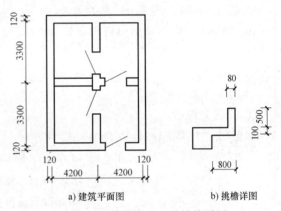

a) 建筑平面图   b) 挑檐详图

图10-19 建筑平面图及挑檐详图

由题干及图示可知，4.2为横向内外墙中心线之间的长度；3.3为纵向内外墙中心线之间的长度；0.24为墙体厚度。

由挑檐详图可知，挑檐的宽度为800mm、厚度为100mm；挑檐翻起的厚度为80mm，挑檐翻起的高度为500mm。

（2）工程量计算

① 清单工程量

$$V_{挑檐} = 挑檐底板体积 + 弯起部分体积$$
$$= (L_{外} + 4×挑檐宽)×底板断面 + 天沟和悬挑构件工程量为其实际体积。$$
$$L_{外} = (4.2×2 + 3.3×2)×2 + 4×0.24$$
$$= 30.96 （m）$$

挑檐水平部分工程量

$$V_1 = (L_{外} + 4×0.8)×0.8×0.1$$
$$= (30.96 + 4×0.8)×0.8×0.1$$
$$= 2.73 （m^3）$$

挑檐弯起部分工程量

$$V_2 = [L_{外} + 8×(挑檐宽 - 1/2×翻起厚)]×翻起断面$$
$$= [30.96 + 8×(0.8 - 1/2×0.08)]×0.5×0.08$$
$$= 1.48 （m^3）$$

故 挑檐工程量 = 2.73 + 1.48 = 4.21 （m³）

② 定额工程量

定额工程量同清单工程量。

【小贴士】　式中：$L_{外}$ 计算式中 4.2 为横向内外墙中心线之间的长度；3.3 为纵向内外墙中心线之间的长度；0.24 为墙体厚度。

V_1、V_2 计算式中 0.8 为挑檐的宽度；0.1 为挑檐的厚度；0.08 为挑檐翻起的厚度；0.5 为挑檐翻起的高度。

【例 10-11】　计算如图 10-20 所示的现浇钢筋混凝土阳台的工程量（现浇钢筋混凝土阳台厚度为 120mm）。

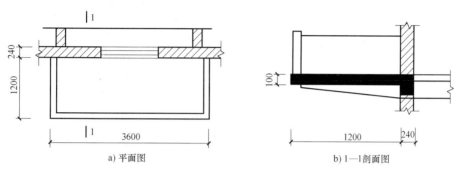

图 10-20　现浇钢筋混凝土阳台示意图

【解】

（1）识图内容

按设计图示尺寸以体积计算。

由题干可知，现浇钢筋混凝土阳台的宽度为 3600mm，长度为 1200mm，混凝土阳台的厚度为 120mm。

（2）工程量计算

① 清单工程量

$$V_{阳台} = 3.6 \times 1.2 \times 0.12$$
$$= 0.52 \ (m^3)$$

② 定额工程量

定额工程量同清单工程量。

【小贴士】　式中：3.6 为阳台宽度；1.2 为阳台外挑的长度；0.12 为阳台的厚度。

10.3　关系识图与疑难分析

10.3.1　关系识图

1. 梁与柱

框架梁（KL）是指两端与框架柱（KZ）相连的梁，或者两端与剪力墙相连但跨高比不小于 5 的梁。在结构设计中，对于框架梁还有另一种观点，即需要参与抗震的梁。纯框架结构随着高层建筑的发展而越来越少，而剪力墙结构中的框架梁主要是参与抗震的梁。

框架柱在框架结构中承受梁和板传来的荷载，并将荷载传给基础，是主要的竖向支撑结构。

梁与柱连接时，梁长算至柱侧面。梁柱节点图，如图 10-21 所示。

a) 现场图

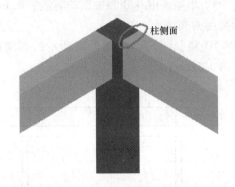

b) 三维软件绘制图

图 10-21　梁柱节点图

2. 梁平法施工图

如图 10-22 所示为梁的集中标注，读图内容如下：

WKL4（1）300×650 表示该梁名称为屋框梁 4，跨度为 1 跨，截面尺寸为 300mm×650mm；

Φ8@ 100/150（2）表示梁箍筋种类为Φ8，间距 100mm、150mm 表示加密区与非加密区的箍筋间距，双肢箍；

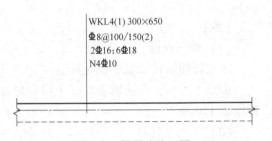

WKL4(1) 300×650
Φ8@100/150(2)
2Φ16；6Φ18
N4Φ10

图 10-22　梁平法施工图

2Φ16；6Φ18 表示梁纵筋为 2 根Φ16+6 根Φ18 钢筋；

N4Φ10 表示梁扭筋为 4 根Φ10 钢筋。

3. 有梁板与无梁板

有梁板（图 10-23 和图 10-24），是指由梁和板连成一体的钢筋混凝土板，它包括梁板式肋形板和井字肋形板，工程量按梁和板的体积总和计算。

无梁板（图 10-25 和图 10-26），是指板无梁直接用柱头支撑，包括板和柱帽。其工程量按板和柱帽的体积之和计算。

音频 10-3：
有梁板与
无梁板

此外，平板是指无梁（圈梁除外）、无柱直接由墙支撑的钢筋混凝土楼板。其工程量需按板的体积计算。

4. 标准构造柱基础知识

（1）圈梁与构造柱的连接

目前，所采用的检测方法有回弹法、扁式液压千斤顶加载法、切割法、原位轴压法等。

（2）构造柱的构造

1）构造柱的截面尺寸不宜小于 240mm×240mm，构造柱配筋中柱不宜少于 4Φ12，边柱、角柱不宜少于 4Φ14；箍筋宜为Φ6@ 200（楼层上下 500mm 范围内宜为Φ6@ 100）；竖向受力钢筋应在基础梁和楼层圈梁中锚固；混凝土强度等级不宜低于 C20。构造柱的设置，如图 10-27 所示。砖墙与构造柱的连接处，如图 10-28 所示。

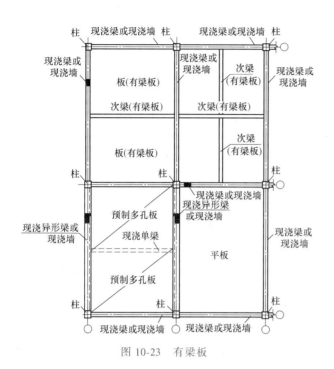

图 10-23　有梁板

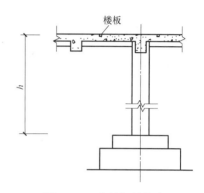

图 10-24　有梁板的柱高

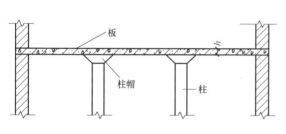

图 10-25　无梁板

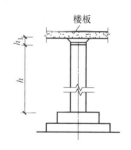

图 10-26　无梁板的柱高

图 10-27　构造柱

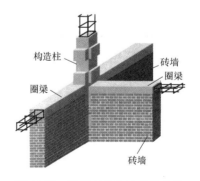

图 10-28　砖墙与构造柱的连接处

2）砖墙与构造柱的连接处应砌成马牙槎，每一个马牙槎的高度不宜超过 300mm，并沿墙高每隔 500mm 设置 2φ6 拉结钢筋，拉结钢筋每边伸入墙内不宜小于 600mm。砖墙与钢筋笼的连接处，如图 10-29 所示。

（3）构造柱施工

1）钢筋混凝土构造柱（图10-30）应遵循"先砌墙、后浇柱"的顺序进行。施工顺序为绑扎钢筋→砌砖墙→支模板→浇混凝土→拆模。

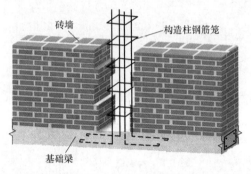

图10-29　砖墙与钢筋笼的连接处

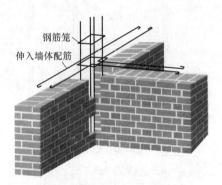

图10-30　钢筋混凝土构造柱

2）构造柱与墙体连接处的马牙槎，从每层柱脚开始，先退后进，马牙槎沿高度方向不宜超过300mm，齿深60~120mm，沿墙高每500mm设2Φ6拉结钢筋。砖墙与构造柱连接，如图10-31所示。

3）马牙槎砌好后，应立即支设模板，模板必须与墙的两侧严密贴紧、支撑牢固，防止模板漏浆。模板底部应留出清理孔，以便清除模板内的杂物，清除后封闭。

4）浇灌构造柱混凝土前，应将砌体及模板浇水湿润，利用柱底预留的清理孔清理落地灰、砖渣及其他杂物，清理完后立即封闭洞眼。

5）浇灌混凝土前先在结合面处注入适量与混凝土配比相同的去石水泥砂浆，构造柱混凝土分段浇灌，每段高度不大于2m，振捣时，严禁振捣器触碰砖墙。

6）圈梁的作用是配合楼板和构造柱，增加房屋的整体刚度和稳定性，减轻地基不均匀沉降对房屋的破坏，抵抗地震力的影响。圈梁与构造柱的连接，如图10-32所示。

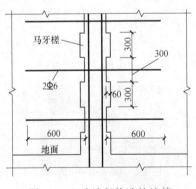

图10-31　砖墙与构造柱连接

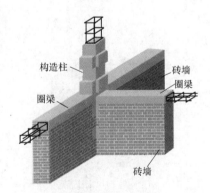

图10-32　圈梁与构造柱的连接

10.3.2　疑难分析

1）梁与柱连接时，梁长算至柱侧面，如图10-33所示。

2）主梁与次梁连接时，次梁长算至主梁侧面。伸入墙体内的梁头、梁垫体积并入梁体积内计算，如图 10-34 所示。

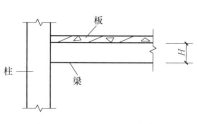

图 10-33　钢筋混凝土梁

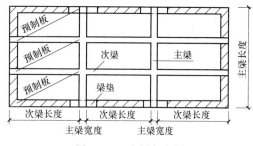

图 10-34　主梁与次梁

3）圈梁与过梁连接时，分别套用圈梁、过梁项目。过梁长度按设计规定计算，设计无规定时，按门窗洞口宽度，两端各加 250mm 计算，如图 10-35 所示。

4）圈梁与梁连接时，圈梁体积应扣除伸入圈梁内的梁体积，如图 10-36 所示。

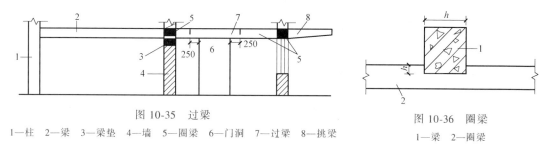

图 10-35　过梁

1—柱　2—梁　3—梁垫　4—墙　5—圈梁　6—门洞　7—过梁　8—挑梁

图 10-36　圈梁

1—梁　2—圈梁

5）在圈梁部位挑出外墙的混凝土梁，以外墙外边线为界限，挑出部分按图示尺寸以 m³ 计算。

6）梁（单梁、框架梁、圈梁、过梁）与板整体现浇时，梁高计算至板底。

7）现浇混凝土柱、墙连接时，柱单面凸出大于墙厚或双面凸出墙面时，柱、墙分别计算，墙算至柱侧面；柱单面凸出小于墙厚时，柱、墙合并计算，柱凸出部分并入墙体积内。

8）其他混凝土构件。

空心板内置筒芯、箱体是指为形成现浇空心楼盖，在混凝土浇筑前安装放置的玻纤增强复合筒芯、叠合箱、蜂巢芯等，以形成混凝土内部空腔的工作。

楼梯形式是指直形、弧形、螺旋形；板式、梁式；单跑、双跑、三跑等。整体楼梯水平投影面积包括休息平台、平台梁、斜梁和楼梯的连接梁，当整体楼梯与现浇楼板无梯梁连接时，以楼梯的最后一个踏步边缘加 300mm 为界。架空式混凝土台阶，按现浇楼梯项目编码列项。

挑阳台是指主体结构外的阳台，以外墙外边线为分界线。主体结构内的阳台按梁、板等相应构件清单列项。阳台形式是指直形、弧形、转角；板式、梁式等。

第11章 金属结构工程

11.1 工程量计算依据

新的清单范围金属结构工程划分的子目包含钢网架，钢屋架、钢托架、钢桁架、钢桥架，钢柱，钢梁，钢板楼板、钢板墙板，其他钢构件及金属制品7节，共33个项目。

钢网架计算依据一览表见表11-1。

表11-1 钢网架计算依据一览表

计算规则	清单规则	定额规则
钢网架	1. 按设计图示尺寸以质量计算。不扣除孔眼的质量，焊条、铆钉等不另增加质量 2. 螺栓质量要计算	钢网架计算工程量时，不扣除孔眼的质量，焊条、铆钉等不另增加质量。焊接空心球网架质量包括连接钢管杆件、连接球、支托和网架支座等零件的质量，螺栓球节点网架质量包括连接钢管杆件(含高强螺栓、销子、套筒、锥头或封板)、螺栓球、支托和网架支座等零件的质量

钢屋架、钢托架、钢桁架、钢桥架计算依据一览表见表11-2。

表11-2 钢屋架、钢托架、钢桁架、钢桥架计算依据一览表

计算规则	清单规则	定额规则
钢屋架	按设计图示尺寸以质量计算。不扣除孔眼的质量，焊条、铆钉、螺栓等不另增加质量	按设计图示尺寸乘以理论质量计算，不扣除单个面积≤0.3m² 的孔洞质量，焊缝、铆钉、螺栓等不另增加质量
钢托架	按设计图示尺寸以质量计算。不扣除孔眼的质量，焊条、铆钉、螺栓等不另增加质量	
钢桁架	按设计图示尺寸以质量计算。不扣除孔眼的质量，焊条、铆钉、螺栓等不另增加质量	
钢桥架	按设计图示尺寸以质量计算。不扣除孔眼的质量，焊条、铆钉、螺栓等不另增加质量	

钢柱计算依据一览表见表11-3。

表 11-3　钢柱计算依据一览表

计算规则	清单规则	定额规则
实腹钢柱	按设计图示尺寸以质量计算。不扣除孔眼的质量,焊条、铆钉、螺栓等不另增加质量,依附在钢柱上的牛腿及悬臂梁等并入钢柱工程量内	按设计图示尺寸乘以理论质量计算,不扣除单个面积≤0.3m² 的孔洞质量,焊缝、铆钉、螺栓等不另增加质量。依附在钢柱上的牛腿及悬臂梁的质量等并入钢柱的质量,钢柱上的柱脚板、加劲板、柱顶板、隔板和肋板并入钢柱的工程量内。钢管柱上的节点板、加强环、内衬板(管)、牛腿等并入钢管柱的质量内
空腹钢柱	按设计图示尺寸以质量计算。不扣除孔眼的质量,焊条、铆钉、螺栓等不另增加质量,依附在钢柱上的牛腿及悬臂梁等并入钢柱工程量内	
钢管柱	按设计图示尺寸以质量计算。不扣除孔眼的质量,焊条、铆钉、螺栓等不另增加质量,钢管柱上的节点板、加强环、内衬管、牛腿等并入钢管柱工程量内	

钢梁计算依据一览表见表 11-4。

表 11-4　钢梁计算依据一览表

计算规则	清单规则	定额规则
钢梁	按设计图示尺寸以质量计算。不扣除孔眼的质量,焊条、铆钉、螺栓等不另增加质量,制动梁、制动板、制动桁架、车档并入钢吊车梁工程量内	按设计图示尺寸乘以理论质量计算,不扣除单个面积≤0.3m² 的孔洞质量,焊缝、铆钉、螺栓等不另增加质量
钢吊车梁		

钢板楼板、钢板墙板计算依据一览表见表 11-5。

表 11-5　钢板楼板、钢板墙板计算依据一览表

计算规则	清单规则	定额规则
钢板楼板	按设计图示尺寸以铺设水平投影面积计算。不扣除单个面积≤0.3m² 柱、垛及孔洞所占面积	楼面板按设计图示尺寸以铺设面积计算,不扣除单个面积≤0.3m² 柱、垛及孔洞所占面积
钢板墙板	按设计图示尺寸以铺挂展开面积计算。不扣除单个面积≤0.3m² 的梁、孔洞所占面积,包角、包边、窗台泛水等不另增加面积	墙面板按设计图示尺寸以铺挂面积计算,不扣除单个面积≤0.3m² 柱、垛及孔洞所占面积

其他钢构件计算依据一览表见表 11-6。

表 11-6　其他钢构件计算依据一览表

计算规则	清单规则	定额规则
钢支撑、钢拉条	按设计图示尺寸以质量计算。不扣除孔眼的质量,焊条、铆钉、螺栓等不另增加质量	按设计图示尺寸乘以理论质量计算,不扣除单个面积≤0.3m² 的孔洞质量,焊缝、铆钉、螺栓等不另增加质量

（续）

计算规则	清单规则	定额规则
钢檩条		按设计图示尺寸乘以理论质量计算,不扣除单个面积≤0.3m² 的孔洞质量,焊缝、铆钉、螺栓等不另增加质量
钢平台	按设计图示尺寸以质量计算。不扣除孔眼的质量,焊条、铆钉、螺栓等不另增加质量	按设计图示尺寸乘以理论质量计算,不扣除单个面积≤0.3m² 的孔洞质量,焊缝、铆钉、螺栓等不另增加质量。钢平台的工程量包括钢平台的柱、梁、板、斜撑等的质量,依附于钢平台上的钢扶手梯及平台栏杆,应按相应构件零星列项计算
钢走道		按设计图示尺寸乘以理论质量计算,不扣除单个面积≤0.3m² 的孔洞质量,焊缝、铆钉、螺栓等不另增加质量
钢梯		按设计图示尺寸乘以理论质量计算,不扣除单个面积≤0.3m² 的孔洞质量,焊缝、铆钉、螺栓等不另增加质量。钢楼梯的工程量包括楼梯平台、楼梯梁、楼梯踏步等的质量,钢楼梯上的扶手、栏杆按相应零星列项计算
钢板天沟	按设计图示尺寸以质量计算,不扣除孔眼的质量,焊条、铆钉、螺栓等不另增加质量,依附漏斗或天沟的型钢并入漏斗或天沟工程量内	钢板天沟按设计图示尺寸以质量计算,依附天沟的型钢并入天沟的质量内计算。不锈钢天沟、彩钢板天沟按设计图示尺寸以长度计算
钢支架	按设计图示尺寸以质量计算,不扣除孔眼的质量,焊条、铆钉、螺栓等不另增加质量	按设计图示尺寸乘以理论质量计算,不扣除单个面积≤0.3m² 的孔洞质量,焊缝、铆钉、螺栓等不另增加质量
高强螺栓	按设计图示尺寸以数量计算	按设计图数量以"套"为单位计算
钢构件制作	按设计图示尺寸以质量计算。不扣除孔眼的质量,焊条、铆钉、螺栓等不另增加质量	按设计图示尺寸乘以理论质量计算,不扣除单个面积≤0.3m² 的孔洞质量,焊缝、铆钉、螺栓等不另增加质量

11.2 工程案例实战分析

11.2.1 问题导入

相关问题：

1）金属结构工程包括哪些？

2）金属结构工程的工艺流程是怎样的？

3）钢结构的特点和应用范围是什么？

4）识读钢结构施工详图的步骤是什么？

11.2.2　案例导入与算量分析

1. 钢网架

钢网架是由多根杆件按照一定的
网格形式通过节点连接而成的空间结
构。钢网架如图 11-1 所示。

2. 螺栓球

（1）名词概念

螺栓球多数用于网架结构，主要
结构特点是一个球上开多个有内丝的
孔，用来连接多个杆件于一点。螺栓
球主要应用于无油管井下采油装置、
套管爆炸扩径器、油管通径规等领域，

视频 11-1：
钢网架

图 11-1　钢网架

还应用于网架钢结构中，用于杆件与杆件的连接。螺栓球如图 11-2 所示。

a) 实物图

b) 应用图

图 11-2　螺栓球

（2）案例导入与算量解析

【例 11-1】　某大型公共建筑采用钢网架结构，如图 11-3 和图 11-4 所示，斜腹杆长度为
3m，试计算其工程量。

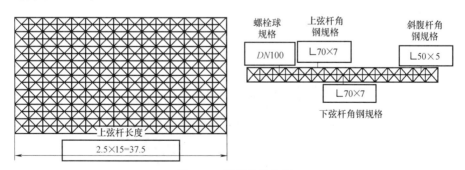

图 11-3　钢网架结构图

【解】

（1）识图内容

① 从题干可知，斜腹杆长度为 3m。

② 从钢网架平面图可知，上弦杆长度为37.5m。

③ 从钢网架构造详图可知，上弦杆角钢规格为∟70×7，下弦杆角钢规格为∟70×7，斜腹杆角钢规格为∟50×5，螺栓球规格为DN100。

图11-4　钢网架实物图

（2）工程量计算

① 清单工程量

上弦杆工程量　7.398×2.5×15×9=2496.825（kg）=2.5（t）

下弦杆工程量　7.398×2.5×14×8=2071.44（kg）=2.07（t）

斜腹杆工程量　3.77×3×4×15×8=5428.8（kg）=5.43（t）

螺栓球工程量　4.11×（16×9+15×8）=1085.04（kg）=1.09（t）

工程量合计　2.5+2.07+5.43+1.09=11.09（t）

② 定额工程量

定额工程量同清单工程量。

【小贴士】　式中：7.398为上、下弦杆角钢单位质量；3.77为斜腹杆角钢单位质量；4.11为螺栓球单位质量；15×9为上弦杆的数量；14×8为下弦杆的数量；4×15×8为腹杆数量；16×9+15×8为螺栓球的数量；7.398×2.5×15×9为上弦杆质量；7.398×2.5×14×8为下弦杆质量；3.77×3×4×15×8为斜腹杆质量；4.11×（16×9+15×8）为螺栓球质量；2.5+2.07+5.43+1.09为钢网架质量。

3. 钢屋架

（1）名词概念

钢屋架是房屋组成部件之一，用于屋顶结构的桁架，它承受屋面和构架的重量以及作用在上弦上的风载，有三角形、梯形、拱形等各种形状。钢屋架形式一般多用三角形，由上弦杆、下弦杆及垂直腹杆和斜腹杆组成。钢屋架如图11-5所示。

视频11-2：钢屋架

音频11-1：钢屋架特点

图11-5　钢屋架

（2）案例导入与算量解析

【例11-2】　某房屋钢屋架尺寸如图11-6所示，钢屋架示意图如图11-7所示，试计算其工程量。

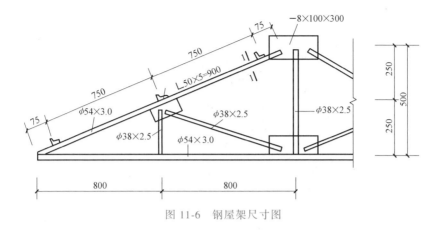

图 11-6　钢屋架尺寸图

图 11-7　钢屋架示意图

【解】

（1）识图内容

读图可知，上弦杆长为 1.65m，下弦杆长度为 3.2m。

（2）工程量计算

① 清单工程量

上弦杆（$\phi54\times3.0$ 钢管）工程量　$m_1=1.65\times2\times3.77=12.441$（kg）

下弦杆（$\phi54\times3.0$ 钢管）工程量　$m_2=3.2\times3.77=12.06$（kg）

斜腹杆（$\phi38\times2.5$ 钢管）工程量　$m_3=\sqrt{0.25^2+0.8^2}\times2\times2.19=3.67$（kg）

垂直腹杆（$\phi38\times2.5$ 钢管）工程量　$m_4=(0.25\times2+0.5)\times2.19=2.19$（kg）

工程量合计　$12.441+12.06+3.67+2.19=30.361$（kg）$=0.030$（t）

② 定额工程量

定额工程量同清单工程量。

【小贴士】　式中：1.65×2 为两侧上弦杆的长度；3.2 为下弦杆的总长度；3.77 为 $\phi54\times$ 3.0 钢管每米的质量；$\sqrt{0.25^2+0.8^2}\times2$ 为两个斜腹板的长度；2.19 为 $\phi38\times2.5$ 钢管每米的质量；$0.25\times2+0.5$ 为垂直腹杆的长度。

4. 钢柱

（1）名词概念

钢柱是钢结构建筑物中垂直的主结构件，承托在它上方物件的重量，钢柱如图 11-8 所示。

（2）案例导入与算量解析

【例 11-3】　某金属结构建筑 H 形实腹柱如

视频 11-3：　音频 11-2：　音频 11-3：钢结
钢柱　　　　钢结构　　构特点

图 11-9 所示，其长度为 3.1m，翼缘板和腹板厚度为 8mm，共 10 根，试计算其工程量。

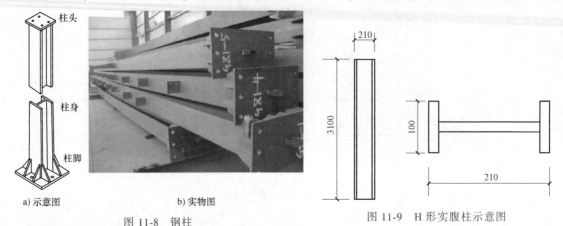

a) 示意图　　　　　b) 实物图

图 11-8　钢柱

图 11-9　H 形实腹柱示意图

【解】

（1）识图内容

① 从题干可知，钢柱长度为 3m。翼缘板和腹板厚度为 8mm，共 10 根。

② 读图可知，翼缘板宽为 100mm。

（2）工程量计算

① 清单工程量

翼缘板工程量 $= 0.1 \times 3.1 \times 2 \times 62.8 \times 10 = 389.36$（kg）$= 0.40$（t）

腹板工程量 $= 3.1 \times (0.21 - 0.008 \times 2) \times 62.8 \times 10 = 377.679$（kg）$= 0.38$（t）

实腹钢柱工程量 $= 0.40 + 0.38 = 0.78$（t）

② 定额工程量

定额工程量同清单工程量。

【小贴士】　式中：$0.1 \times 3.1 \times 2$ 为单个钢柱翼缘板的面积；62.8 为 8mm 厚钢板的理论质量；10 为钢柱数量；$3.1 \times (0.21 - 0.008 \times 2)$ 为腹板的面积。

5. 钢梁

（1）名词概念

钢梁是用钢材制造的梁。厂房中的吊车梁和工作平台梁、多层建筑中的楼面梁、屋顶结构中的檩条等，都可以采用钢梁。钢梁实物图如图 11-10 所示。

（2）案例导入与算量解析

【例 11-4】　某金属结构建筑槽形钢梁尺寸，如图 11-11 所示，共 2 根，试计算其工程量。

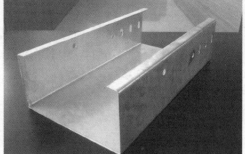

视频 11-4：钢梁

图 11-10　钢梁实物图

【解】

（1）识图内容

① 从题干可知，槽形钢梁共有 2 根。

② 读图可知，槽形钢梁长为 4.2m。

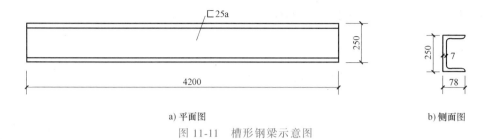

a) 平面图　　　　　　　　　　　　　　　　　b) 侧面图

图 11-11　槽形钢梁示意图

（2）工程量计算

① 清单工程量

槽形钢梁工程量 = 27.4×4.2×2 = 230.16（kg）= 0.23（t）

② 定额工程量

定额工程量同清单工程量。

【小贴士】　式中：27.4 为⊏25a 的理论质量，4.2 为槽形钢梁的长度。

6. 钢板楼板

（1）名词概念

钢板楼板是金属结构工程中楼板层的承重部分，将房屋的垂直方向分为若干层，从而将竖向荷载及钢板楼板的自重通过墙体、梁、柱传给基础。钢板楼板实物图如图 11-12 所示。

（2）案例导入与算量解析

【例 11-5】　某金属结构建筑钢板楼板如图 11-13 所示和图 11-14 所示，金属结构建筑钢板墙板厚 200mm，试计算其工程量。

图 11-12　钢板楼板实物图

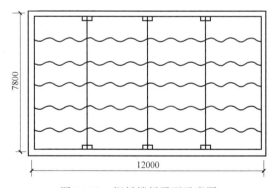

图 11-13　钢板楼板平面示意图

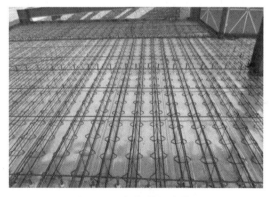

图 11-14　钢板楼板实物图

【解】

（1）识图内容

① 从题干可知，钢板墙板厚 200mm。

② 读图可知，钢板楼板长为 12m，宽为 7.8m。

（2）工程量计算

① 清单工程量

钢板楼板工程量 = $(12 - 0.2) \times (7.8 - 0.2) = 89.68$ （m²）

② 定额工程量

定额工程量同清单工程量。

【小贴士】 式中：12 为钢板楼板长，7.8 为钢板楼板宽，0.2 为钢板墙板厚。

7. 钢檩条

（1）名词概念

钢檩条经热卷板冷弯加工而成，壁薄、自重轻，截面性能优良，强度高，材质为 Q195-345。常见的钢檩条有 Z 形钢檩条和 C 形钢檩条。钢檩条是屋盖结构体系中次要的承重构件，它将屋面荷载传递到钢架。钢檩条如图 11-15 所示。

视频 11-5：
钢檩条

a) Z形钢   b) C形钢

图 11-15　钢檩条示意图

（2）案例导入与算量解析

【例 11-6】　某金属结构建筑钢檩条如图 11-16 所示，三维软件绘制图如图 11-17 所示，钢檩条钢板厚度 8mm，试计算其工程量。

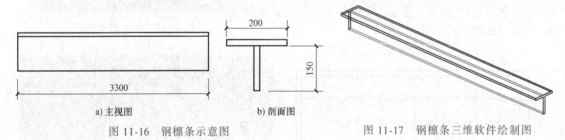

a) 主视图   b) 剖面图

图 11-16　钢檩条示意图

图 11-17　钢檩条三维软件绘制图

【解】

（1）识图内容

① 从题干可知，钢檩条厚度为 8mm。

② 读图可知，钢檩条长 3.3m，上部钢檩条宽 200mm，下部钢檩条宽 150mm。

（2）工程量计算

① 清单工程量

上部钢檩条工程量 = $3.3 \times 0.2 \times 62.8 = 41.448$ （kg）= 0.041 （t）

下部钢檩条工程量 = $3.3 \times 0.15 \times 62.8 = 31.086$ （kg）= 0.031 （t）

工程量合计 = $0.041 + 0.031$ （kg）= 0.072 （t）

② 定额工程量

定额工程量同清单工程量。

【小贴士】 式中：3.3 为钢檩条的长度；0.2 为上部钢檩条的宽度；0.15 为下部钢檩条

的宽度；62.8 为 8mm 厚钢板理论质量。

11.3 关系识图与疑难分析

11.3.1 关系识图

（1）钢柱与钢梁

钢柱是钢结构建筑物中垂直的主结构件，承托在它上方物件的重量。钢梁是用钢材制造的梁。厂房中的吊车梁和工作平台梁、多层建筑中的楼面梁、屋顶结构中的檩条等，都可以采用钢梁。钢柱与钢梁的实际应用，如图 11-18 所示。

（2）钢屋架

钢屋架是钢结构房屋组成部件之一，用于屋顶结构的桁架，它承受屋面和构架的重量以及作用在上弦的风载，有三角形、梯形、拱形等各种形状。钢屋架形式一般多用三角形，由上弦杆、下弦杆及垂直腹杆和斜腹杆组成。拱形钢屋架如图 11-19 所示。

图 11-18 钢柱与钢梁

图 11-19 拱形钢屋架

11.3.2 疑难分析

1）识读钢结构施工详图步骤。由上到下、由左到右、由外往里、由大到小、由粗到细；图样与说明对照看，布置详图结合看。

2）钢网架工程量计算规则。设计图示尺寸以质量计算。不扣除孔眼的质量，焊条、铆钉等不另增加质量。螺栓质量要计算。

3）钢柱工程量计算规则。按设计图示尺寸以质量计算。不扣除孔眼的质量，焊条、铆钉、螺栓等不另增加质量，依附在钢柱上的牛腿及悬臂梁等并入钢柱工程量内。

4）钢梁工程量计算规则。按设计图示尺寸以质量计算。不扣除孔眼的质量，焊条、铆钉、螺栓等不另增加质量，制动梁、制动板、制动桁架、车档并入钢吊车梁工程量内。

5）金属构件运输。金属构件运输是按加工厂到现场考虑的，运输距离以 30km 为限，运输距离在 30km 以上的按照构件运输方案和市场运价进行调整。金属构件分类见表 11-7。

表 11-7 金属构件分类

类别	构件名称
一	钢柱、屋架、托架、桁架、吊车梁、网架、钢架桥
二	钢梁、檩条、支撑、拉条、栏杆、钢平台、钢走道、钢楼梯、零星构件
三	墙架、挡风架、天窗架、轻钢屋架、其他构件

12.1 工程量计算依据

新的清单范围木结构工程划分的子目包含屋架、木构件、屋面木基层 3 节，共 7 个项目。

木结构工程计算依据一览表见表 12-1。

表 12-1 木结构工程计算依据一览表

计算规则	清单规则	定额规则
屋架	以榀计算，按设计图示数量计算	1. 木屋架、檩条工程量按设计图示的规格尺寸以体积计算。附属于其上的木夹板、垫木、风撑、挑檐木、檩条三角条均按木料体积并入屋架、檩条工程量内。单独挑檐木并入檩条工程量内。檩托木、檩垫木已包括在定额项目内，不另计算 2. 圆木屋架上的挑檐木、风撑等设计规定为方木时，应将方木木料体积乘以系数 1.7 折合成圆木并入圆木屋架工程量内 3. 钢木屋架工程量按设计图示的规格尺寸以体积计算。定额内已包括钢构件的用量，不再另外计算 4. 带气楼的屋架，其气楼屋架并入所依附屋架工程量内计算 5. 屋架的马尾、折角和正交部分半屋架，并入相连屋架工程量内计算 6. 简支檩木长度按设计计算，设计无规定时，按相邻屋架或山墙中距增加 0.20m 接头计算，两端出山檩条算至博风板；连续檩的长度按设计长度增加 5%的接头长度计算
木柱、木梁	按设计图示尺寸以体积计算	木柱、木梁按设计图示尺寸以体积计算
木楼梯	按设计图示尺寸以水平投影面积计算。不扣除宽度≤300mm 的楼梯井，伸入墙内部分不计算	木楼梯按设计图示尺寸以水平投影面积计算。不扣除宽度≤300mm 的楼梯井，伸入墙内部分不计算
屋面木基层	按设计图示尺寸以斜面积计算。不扣除房上烟囱、风帽底座、风道、小气窗、斜沟等所占面积。小气窗的出檐部分不增加面积	1. 屋面椽子、屋面板、挂瓦条、竹帘子工程量按设计图示尺寸以屋面斜面积计算，不扣除屋面烟囱、风帽底座、风道、小气窗及斜沟等所占面积。小气窗的出檐部分也不增加面积 2. 封檐板工程量按设计图示檐口外围长度计算。博风板按斜长度计算，每个大刀头增加长度 0.50m

新的清单范围门窗工程划分的子目包含木门、金属门、金属卷帘（闸）门、厂库房大门及特种门、其他门、木窗、金属窗、门窗套、窗台板、窗帘、窗帘盒和轨 10 节，共 48 个项目。

门窗工程计算依据一览表见表 12-2。

表 12-2　门窗工程计算依据一览表

计算规则	清单规则	定额规则
木门框	按设计图示框的中心线以延长米计算	成品木门框安装按设计图示框的中心线长度计算
木质防火门	按设计图示洞口尺寸以面积计算	木质防火门安装按设计图示洞口面积计算

12.2　工程案例实战分析

12.2.1　问题导入

相关问题：

1）木屋架是如何划分的？工程量是如何计算的？

2）木柱、梁是如何计算的？

3）木门、木窗工程量是如何计算的？

4）木楼梯是如何计算的？

12.2.2　案例导入与算量解析

1. 屋架

（1）名词概念

由木材制成的桁架式屋盖构件，称为木屋架。常用的木屋架是方木或圆木连接的豪式木屋架，一般分为三角形和梯形两种。木屋架的支撑系统分为水平支撑和垂直支撑。其中，水平支撑是

视频 12-1：　音频 12-1：
木屋架　　木屋架支撑
　　　　　系统的分类

指下弦与下弦用杆件连在一起，可在一定范围内在屋架的上弦和下弦、纵向或横向连续布置。垂直支撑是指上弦与下弦用杆件连在一起，可于屋架中部连续设置，或每隔一个屋架节间设置一道剪刀撑。木屋架如图 12-1 所示。

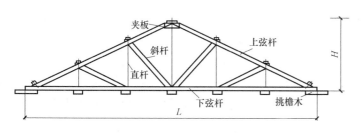

a）木屋架

b）木屋架现场图

图 12-1　木屋架示意图

（2）案例导入与算量解析

【例12-1】 已知一方木屋架如图12-2所示，试计算跨度 $L=8m$ 的方木屋架工程量。

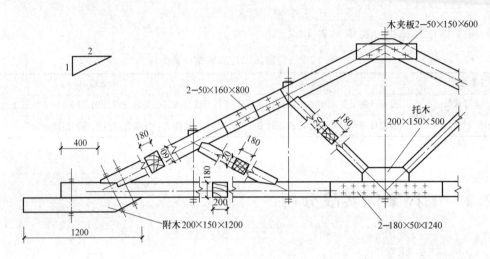

图 12-2 方木屋架示意图

【解】

（1）识图内容

通过题干内容可知，屋架跨度为8m。

（2）工程量计算

① 清单工程量

方木屋架工程量＝图示工程量＝1榀

② 定额工程量

上弦 $V=8×0.559×0.18×0.16×2=0.258$（m³）

下弦 $V=(8+0.4×2)×0.18×0.20=0.317$（m³）

斜杆1 $V=8×0.236×0.12×0.18×2=0.082$（m³）

斜杆2 $V=8×0.186×0.12×0.18×2=0.064$（m³）

托木 $V=0.2×0.15×0.5=0.015$（m³）

挑檐木 $V=1.2×0.20×0.15×2=0.072$（m³）

共计 $V=0.258+0.317+0.082+0.064+0.015+0.072=0.807$（m³）

【小贴士】 式中：0.559、0.236、0.186为系数；8为屋架跨度。

【例12-2】 某临时仓库檐口3.6m，设计方木钢屋架，共3榀，现场制作，如图12-3所示。轮胎式起重机安装，跨长7m。试求该方木钢屋架工程量。

【解】

（1）识图内容

通过题干内容可知，屋架跨度为7m。

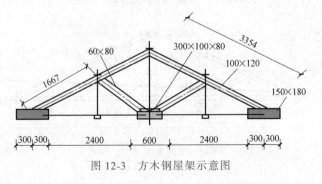

图 12-3 方木钢屋架示意图

（2）工程量计算

① 清单工程量

方木钢屋架工程量＝图示工程量＝3 榀

② 定额工程量

上弦 $V=3.354\times0.10\times0.12\times2\times3=0.241$（$m^3$）

下弦 $V=0.15\times0.18\times0.6\times3\times3=0.146$（$m^3$）

斜撑 $V=0.06\times0.08\times1.667\times2\times3=0.048$（$m^3$）

元宝垫木 $V=0.3\times0.1\times0.08\times3=0.007$（$m^3$）

共计 $V=0.241+0.146+0.048+0.007=0.44$（$m^3$）

【小贴士】 式中：3.354 为上弦长度；1.667 为斜撑长度。

视频 12-2：
木梁木柱

2. 木柱

（1）名词概念

柱子是建筑物中用以支承栋梁桁架的长条形构件，在工程结构中主要承受压力，有时也同时承受弯矩，用以支承梁、桁架、楼板等。木柱是采用木材制成的柱子，是我国古代最常用的竖向支撑构件之一。木柱如图 12-4 所示。

a) 现场图

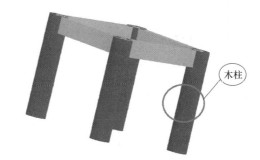

木柱

b) 三维软件绘制图

图 12-4 木柱示意图

（2）案例导入与算量解析

【例 12-3】 已知某木结构房屋建造时，用到木柱共 5 根，如图 12-5 和图 12-6 所示。根据图中尺寸试计算木柱工程量。

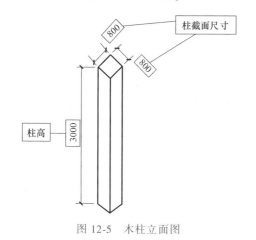

800

柱截面尺寸

800

柱高

3000

图 12-5 木柱立面图

图 12-6 木柱三维软件绘制图

【解】

（1）识图内容

通过题干内容可知，木柱有6根，柱高3m，柱截面尺寸为800mm×800mm。

（2）工程量计算

① 清单工程量

$$V = 0.8 \times 0.8 \times 3 \times 6 = 11.52 \ (m^3)$$

② 定额工程量

定额工程量同清单工程量。

【小贴士】 式中：0.8×0.8为柱截面面积；3为柱的高度；6为柱的根数。

【例12-4】 已知某工程用到6根矩形木柱，立面图如图12-7所示，三维软件绘制图如图12-8所示。已知柱子的截面尺寸为600mm×600mm，柱高1500mm，试计算木柱工程量。

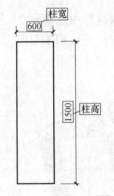
图12-7 木柱立面图

图12-8 木柱三维软件绘制图

【解】

（1）识图内容

通过题干内容可知，柱高1.5m，柱截面尺寸为600mm×600mm。

（2）工程量计算

① 清单工程量

$$V = 0.6 \times 0.6 \times 1.5 \times 6 = 3.24 \ (m^3)$$

② 定额工程量

定额工程量同清单工程量。

【小贴士】 式中：0.6×0.6为柱截面的面积；1.5为柱高度；6为木柱根数。

【例12-5】 某仿古建筑采用木柱进行搭建，该仿古建筑层高4.2m，柱截面半径为300mm，该建筑平面图如图12-9所示，三维软件绘制图如图12-10所示，试计算木柱的工程量。

【解】

（1）识图内容

通过题干内容可知，柱高4.2m，圆形木柱半径为300mm。

（2）工程量计算

① 清单工程量

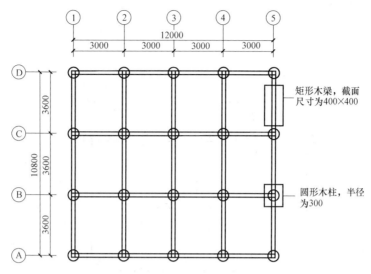

图 12-9　木柱平面图

$V = 0.3^2 \times 3.14 \times 4.2 \times 20 = 23.74$（$m^3$）

② 定额工程量

定额工程量同清单工程量。

【小贴士】　式中：$0.3^2 \times 3.14$ 为木柱的截面面积；4.2 为木柱的高度；20 为木柱的根数。

3. 木梁

（1）名词概念

梁是由支座支承，承受的外力以横向力和剪力为主，以弯曲为主要变形的构件。梁

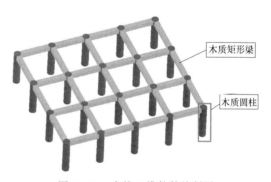

图 12-10　木柱三维软件绘制图

承托着建筑物上部构架中的构件及屋面的全部重量，是建筑上部构架中最为重要的部分之一。依据梁的具体位置、详细形状、具体作用等的不同有不同的名称。木梁是梁按照材料不同分类的一种。木梁在古代建筑中运用广泛，现代建筑中人们也常采用木地板、木梁等天然材料。木梁如图 12-11 所示。

a）现场图

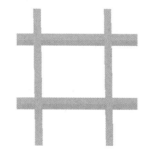

b）三维软件绘制图

图 12-11　木梁示意图

（2）案例导入与算量解析

【例 12-6】 某仿古建筑采用木梁进行搭建，该仿古建筑层高 4.2m，梁的截面尺寸为 400mm×400mm，该建筑平面梁尺寸如图 12-12 所示，三维软件绘制图如图 12-13 所示，试计算木梁的工程量。

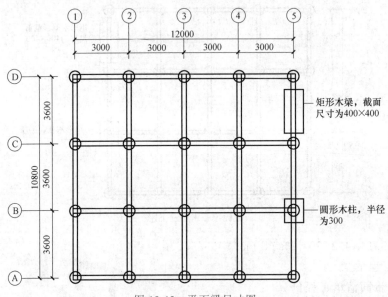

图 12-12　平面梁尺寸图

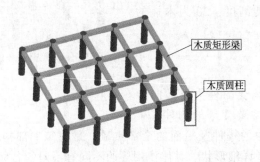

图 12-13　平面梁三维软件绘制图

【解】

（1）识图内容

通过题干内容可知，梁的截面尺寸为 400mm×400mm。

（2）工程量计算

① 清单工程量

$$V_{木梁} = \left[(12+10.8)\times2+(10.8-0.4)\times3+(12-0.4)\times2 \right]\times0.4\times0.4-0.4\times0.4\times0.3\times20$$
$$= (45.6+31.2+23.2)\times0.4^2-0.96=15.01\ (m^3)$$

② 定额工程量

定额工程量同清单工程量。

【小贴士】 式中：$\left[(12+10.8)\times2+(10.8-0.4)\times3+(12-0.4)\times2 \right]$ 为木梁的长度；0.4× 0.4 为木梁的截面面积；0.4×0.4×0.3×20 为需要扣减的部分。

【例 12-7】 已知某建筑物木梁平面图如图 12-14 所示，三维软件绘制图如图 12-15 所示，实物图如图 12-16 所示，截面尺寸为 400mm×400mm，长 3000mm，试求该木梁体积。

图 12-14　木梁平面图

图 12-15　木梁三维软件绘制图

图 12-16　木梁实物图

【解】

（1）识图内容

通过题干内容可知，木梁截面尺寸为 400mm×400mm。根据平面图可知梁长为 3000mm。

（2）工程量计算

① 清单工程量

$$V = 0.4×0.4×3 = 0.48 \ （m^3）$$

② 定额工程量

定额工程量同清单工程量。

【小贴士】　式中：0.4 为木梁宽度；0.4 为木梁高度；3 为木梁长度。

4. 木楼梯

（1）名词概念

木楼梯是用木材质制作的楼梯，具有天然独特的纹理及柔和的色泽，脚感舒适，冬暖夏凉，是纯天然绿色装饰材料之一。木楼梯如图 12-17 所示。

视频 12-3：
木楼梯

a) 现场图

b) 三维软件绘制图

图 12-17　木楼梯示意图

（2）案例导入与算量解析

【例 12-8】　某建筑木楼梯平面图如图 12-18 所示，三维软件绘制图如图 12-19 所示。试计算木楼梯工程量。

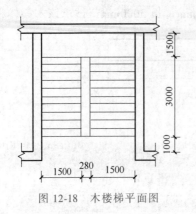

图 12-18 木楼梯平面图

图 12-19 木楼梯三维软件绘制图

【解】

（1）识图内容

通过图中内容可知，楼梯长度是 $1+3+1.5=5.5$（m），楼梯的宽度是 $1.5+0.28+1.5=3.28$（m）。

（2）工程量计算

① 清单工程量

$$S=(1+3+1.5)\times(1.5+0.28+1.5)=18.04（m^2）$$

② 定额工程量

定额工程量同清单工程量。

【小贴士】 式中：（1+3+1.5）为木楼梯长度；（1.5+0.28+1.5）为木楼梯宽度。

【例 12-9】 某建筑木楼梯尺寸图如图 12-20 所示，立面图如图 12-21 所示，三维软件绘制图如图 12-22 所示。试计算木楼梯工程量。

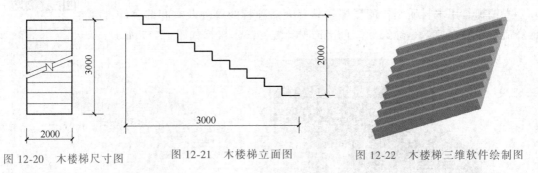

图 12-20 木楼梯尺寸图　　　图 12-21 木楼梯立面图　　　图 12-22 木楼梯三维软件绘制图

【解】

（1）识图内容

通过图中内容可知，楼梯长度是 3m，楼梯的宽度是 2m。

（2）工程量计算

① 清单工程量

$$S=3\times2=6（m^2）$$

② 定额工程量

定额工程量同清单工程量。

【小贴士】 式中：3 为木楼梯长度；2 为木楼梯宽度。

5.屋面木基层

（1）名词概念

屋面木基层包括木檩条、椽子、屋面板、油毡、挂瓦条、顺水条等，屋面系统的木结构是由屋面木基层和木屋架（或钢木屋架）两部分组成的，如图 12-23 所示。屋面木基层构件除了把屋面荷载传递至屋盖承重结构外，还对提高屋盖的空间刚度和保证屋盖的空间稳定性发挥着重要的作用。由于使用要求的不同，木基层的构造也有所不同。

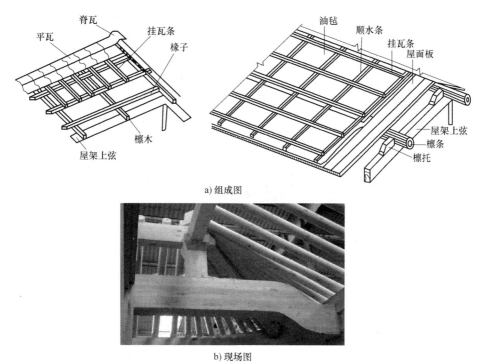

a) 组成图

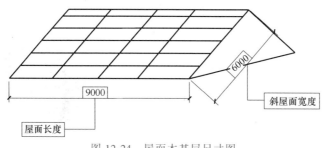

b) 现场图

图 12-23 屋面木基层示意图

（2）案例导入与算量解析

【例 12-10】 已知某屋面木基层尺寸，如图 12-24 所示，屋面长度 9000mm，斜屋面宽度 6000mm。试求该屋面木基层工程量。

图 12-24 屋面木基层尺寸图

【解】

（1）识图内容

通过题干内容可知，屋面长度9000mm，斜屋面宽度6000mm。

（2）工程量计算

① 清单工程量

$$S = 9 \times 6 = 54 \ （m^2）$$

② 定额工程量

定额工程量同清单工程量。

【小贴士】 式中：9为屋面长度；6为屋面斜边宽度。

6.门

（1）名词概念

门是指建筑物的出入口或安装在出入口能开关的装置，是建筑物的重要组成部分，也是主要围护构件之一。门的主要作用是交通和疏散、围护和分隔空间、建筑立面装饰和造型并兼有采光和通风的作用。门的组成示意图，如图12-25所示。

（2）案例导入与算量解析

【例12-11】 某建筑采用成品套装木门，该建筑平面图如图12-26所示，立面图如图12-27所示，三维软件绘制图如图12-28所示。试计算木质门工程量。

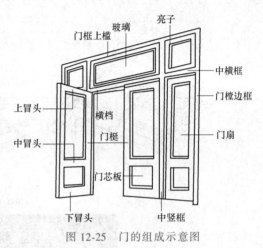

图12-25 门的组成示意图

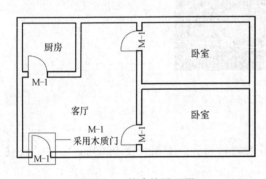

图12-26 某建筑平面图

图12-27 某建筑木质门立面图

【解】

（1）识图内容

通过图中内容可知，木门宽1500mm，木门高2000mm。

（2）工程量计算

① 清单工程量

$$S = 1.5 \times 2 \times 4 = 12 \ （m^2）$$

② 定额工程量

定额工程量同清单工程量。

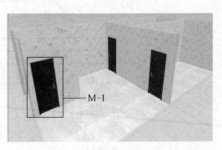

图12-28 某建筑三维软件绘制图

【小贴士】　式中：1.5 为木门宽度；2 为木门高度；4 为门的数量。

【例 12-12】　某建筑平面图如图 12-29 所示，门立面图如图 12-30 所示，三维软件绘制图如图 12-31 所示，该建筑中内门采用成品套装木门，外门采用双扇金属门。试计算内门的工程量。

【解】

（1）识图内容

通过图中内容可知，木门宽 1000mm，木门高 2100mm。

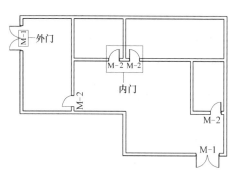

图 12-29　某建筑平面图

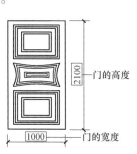

图 12-30　门立面图

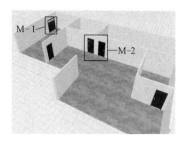

图 12-31　某建筑三维软件绘制图

（2）工程量计算

① 清单工程量

$$S = 1 \times 2.1 \times 4 = 8.4 \ (\mathrm{m}^2)$$

② 定额工程量

定额工程量同清单工程量。

【小贴士】　式中：1 为木门宽度；2.1 为木门高度；4 为门的数量。

7. 窗

（1）名词概念

窗是房屋建筑的非承重围护构件之一，其主要功能是采光、通风和立面装饰，并起到空间视觉联系的作用。根据建筑功能的要求和所处的环境，还具有保温、防腐、隔声、防风沙雨雪、节能和便于工业生产等功能。窗如图 12-32 所示。

a) 实物图

b) 三维软件绘制图

图 12-32　窗示意图

（2）案例导入与算量解析

【例 12-13】 某住宅房间平面图如图 12-33 所示，窗户立面图如图 12-34 所示，三维软件绘制图如图 12-35 所示。该房间的窗户采用木质平开窗，试计算窗的工程量。

【解】

（1）识图内容

通过图中内容可知，窗户宽度 1800mm，窗户高度 1500mm。

（2）工程量计算

① 清单工程量

$$S = 1.5 \times 1.8 \times 8 = 21.6 （m^2）$$

② 定额工程量

定额工程量同清单工程量。

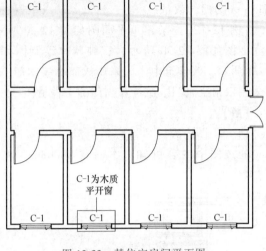

图 12-33　某住宅房间平面图

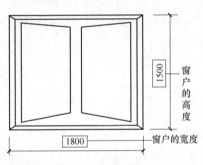

图 12-34　窗立面图

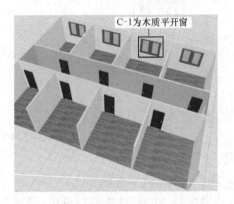

图 12-35　某住宅房间三维软件绘制图

【小贴士】 式中：1.5×1.8 为单扇窗的面积；8 为窗的数量。

【例 12-14】 某住宅建筑平面图如图 12-36 所示，窗立面图如图 12-37 所示，三维软件绘制图如图 12-38 所示。该住宅的窗采用木质推拉窗，试计算推拉窗工程量。

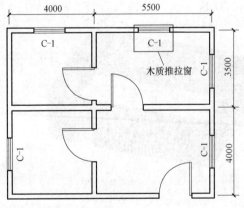

图 12-36　某住宅建筑平面图

图 12-37　窗立面图

【解】

（1）识图内容

通过图中内容可知，窗户宽度 1500mm，窗户高度 2000mm。

（2）工程量计算

① 清单工程量

$$S = 1.5 \times 2 \times 5 = 15 \ (\text{m}^2)$$

② 定额工程量

定额工程量同清单工程量。

【小贴士】　式中：1.5×2 为单扇窗的面积；5 为窗的数量。

图 12-38　某住宅三维软件绘制图

12.3　关系识图与疑难分析

12.3.1　关系识图

1. 梁与柱

1）当木梁的两端由墙或梁支承时，应按两端简支的受弯构件计算，柱应按两端铰接计算。

2）矩形木柱截面尺寸不宜小于 100mm×100mm，且不应小于柱支承的构件截面宽度。

3）柱底与基础或与固定在基础上的地梁应有可靠锚固。木柱与混凝土基础接触面应采取防腐、防潮措施。位于底层的木柱底面应高于室外地平面 300mm。

4）梁在支座上的最小支承长度不应小于 90mm，梁与支座应紧密接触。

5）木梁在支座处应设置防止其侧倾的侧向支承和防止其侧向位移的可靠锚固。当梁采用方木制作时，其截面高宽比不宜大于 4。对于高宽比大于 4 的木梁应根据稳定承载力的验算结果，采取必要的保证侧向稳定的措施。

6）木梁与木柱的连接，可采用抗拔连接件、托梁板连接件、系板连接件等。柱与梁连接示意图，如图 12-39 所示。

2. 门和窗

门和窗都是建筑的围护构件，具有一定的保温、隔声、防雨、防尘、防风沙等能力。门

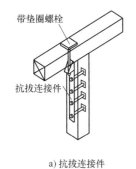

a) 抗拔连接件

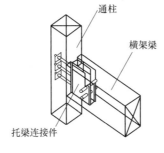

b) 托梁连接件

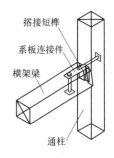

c) 系板连接件

图 12-39　柱与梁连接示意图

的主要功能是交通出入、分隔和联系室内外或室内空间，并兼有采光和通风的作用。窗的主要功能是采光和通风，并起到空间视觉联系的作用。此外，门和窗有一定的装饰作用，其形状、尺寸排列组合以及材料对建筑物的立面效果影响很大。

12.3.2 疑难分析

1）屋架的跨度应以上、下弦中心线两交点之间的距离计算。

2）带气楼的屋架和马尾、折角以及正交部分的半屋架，按相关屋架项目编码列项。

3）木基层的工程量中应增加设计规定的天窗挑檐重叠部分的面积。

4）不扣除屋面烟囱及斜沟部分所占木基层的面积。

5）屋面木基层在设计时，应根据所用屋面防水材料、各地区气象条件以及房屋使用要求等不同情况确定木基层的组成形式，同时在设计中还应注意以下几方面要求：

音频 12-2：屋面木基层的要求

① 挂瓦条、屋面板和瓦桷的用料长度至少应跨越三根椽条或檩条。

② 对于设有锻锤或其他较大振动设备的房屋，为防止屋瓦受振落下伤人或损坏设备，宜设置屋面板。

③ 屋面板、瓦椽、椽条等构件接长时，接头应设置在下层支承构件上，且接头应错开。

④ 双坡屋面的椽条应在屋脊处相互牢固连接。

⑤ 设计檩条时宜优先采用简支檩条。只有在屋面坡度较为平缓而供应的木材又多为板材时，才可采用正放等跨连续檩条。

⑥ 方木檩条宜正放，当构造上需要时也可斜放。方木檩条正放时，椽条、檩条、屋架上弦等相互之间要垫平卡紧。

6）木质门应区分镶板木门、企口木板门、实木装饰门、胶合板门、夹板装饰门、木纱门、全玻门（带木质扇框）、木质半玻门（带木质扇框）等项目，分别编码列项。

7）木门五金应包括折页、插销、门碰珠、弓背拉手、搭机、木螺钉、弹簧折页（自动门）、管子拉手（自由门、地弹门）、地弹簧（地弹门）、角铁、门轧头（地弹门、自由门）等。

8）木质门带套计量按洞口尺寸以面积计算，不包括门套的面积，但门套应计算在综合单价中。

9）以"樘"计量，项目特征必须描述洞口尺寸；以"m^2"计量，项目特征可不描述洞口尺寸。

10）单独制作安装木门框按木门框项目编码列项。

11）木质窗应区分木百叶窗、木组合窗、木天窗、木固定窗、木装饰空花窗等项目，分别编码列项。

12）以"樘"计量，项目特征必须描述洞口尺寸，没有洞口尺寸必须描述窗框外围尺寸；以"m^2"计量，项目特征可不描述洞口尺寸及框的外围尺寸。

13）以"m^2"计量，无设计图示洞口尺寸，按窗框外围以面积计算。

14）木橱窗、木飘（凸）窗以"樘"计量，项目特征必须描述框截面及外围展开面积。

第13章 屋面及防水工程

13.1 屋面及防水工程工程量计算依据

新的清单范围屋面及防水工程包括屋面、屋面防水及其他、墙面防水及防潮、楼（地）面防水及防潮、基础防水 5 节，共 27 个项目。

屋面及防水工程计算依据一览表见表 13-1。

表 13-1 屋面及防水工程计算依据一览表

计算规则	清单规则	定额规则
瓦屋面	按设计图示尺寸以斜面积计算 不扣除房上烟囱、风帽底座、风道、小气窗、斜沟等所占面积。小气窗的出檐部分不增加面积	各种屋面和型材屋面（包括挑檐部分）均按设计图示尺寸以面积计算（斜屋面按斜面面积计算），不扣除房上烟囱、风帽底座、风道、小气窗、斜沟等所占面积。小气窗的出檐部分不增加面积
膜结构屋面	按设计图示尺寸以需要覆盖的水平投影面积计算	按设计图示尺寸以需要覆盖的水平投影面积计算
屋面卷材防水、屋面涂膜防水	按设计图示尺寸以面积计算 1. 斜屋顶（不包括平屋顶找坡）按斜面积计算，平屋顶按水平投影面积计算 2. 不扣除房上烟囱、风帽底座、风道、屋面小气窗和斜沟所占面积 3. 屋面的女儿墙、伸缩缝和天窗等处的弯起部分，并入屋面工程量内	按设计图示尺寸以面积计算（斜屋面按斜面面积计算），不扣除房上烟囱、风帽底座、风道、屋面小气窗和斜沟所占面积，上翻部分也不另计算；屋面的女儿墙、伸缩缝和天窗等处的弯起部分，按设计图示尺寸计算；设计无规定时，伸缩缝、女儿墙、天窗的弯起部分按 500mm 计算，计入屋面工程量内
屋面排水管	按设计图示尺寸以长度计算。如设计未标注尺寸，以檐口至设计室外散水上表面垂直距离计算	按设计图示尺寸以长度计算
屋面变形缝	按设计图示尺寸以长度计算	按设计图示尺寸以长度计算
墙面卷材防水、涂膜防水、砂浆防水	按设计图示尺寸以面积计算	墙的立面防水、防潮层，不论内墙、外墙，均按设计图示尺寸以面积计算
楼（地）面卷材防水、涂膜防水、砂浆防水（防潮）	按设计图示尺寸以面积计算 1. 楼（地）面防水：按主墙间净空面积计算，扣除凸出地面的构筑物、设备基础等所占面积，不扣除间壁墙及单个面积≤0.3m² 柱、垛、烟囱和孔洞所占面积 2. 楼（地）面防水反边高度≤300mm 算作地面防水，反边高度>300mm 按墙面防水计算	楼地面防水、防潮层按设计图示尺寸以主墙间净面积计算，扣除凸出地面的构筑物、设备基础等所占面积，不扣除间壁墙及单个面积≤0.3m² 柱、垛、烟囱和孔洞所占面积。平面与立面交接处，上翻高度≤300mm 时，按展开面积并入平面工程量内计算，上翻高度>300m 时，按立面防水层计算
楼（地）面变形缝	按设计图示以长度计算	按设计图示尺寸以长度计算

13.2 工程案例实战分析

13.2.1 问题导入

相关问题：

1）瓦屋面工程量如何计算？

2）何为膜结构屋面？其工程量如何计算？

3）屋面防水工程量计算，哪些扣除？哪些不扣除？

4）屋面排水管的长度如何确定？

5）楼地面防水面积如何计算？哪些构件所占面积应予以扣除？

13.2.2 案例导入与算量解析

1. 瓦屋面

（1）名词概念

视频 13-1：瓦屋面 音频 13-1：瓦屋面

瓦屋面是采用小青瓦、平瓦等材料搭接形成的屋面，采用我国传统的屋面防水技术，以排为主，可在 10%～50% 的屋面坡度下将雨水迅速排走，并采用具有一定防水能力的瓦片搭接进行防水。瓦屋面如图 13-1 所示。

（2）案例导入与算量解析

【例 13-1】 已知瓦屋面如图 13-2 和图 13-3 所示，屋面类型为等四坡屋面，设计屋面坡度为 0.5，试计算该屋面工程量。

【解】

（1）识图内容

通过题干可知，屋面坡度为 0.5，查屋面坡度系数表可知延尺系数为 1.118，由公式屋面斜面积＝屋面水平投影面积×延尺系数，可计算出斜屋面面积。

（2）工程量计算

① 清单工程量

$$S = (50+0.6×2)×(18+0.6×2)×1.118 = 1099.04 \ (m^2)$$

图 13-1 瓦屋面

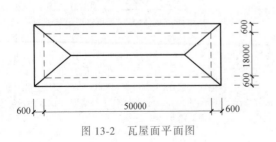

图 13-2 瓦屋面平面图

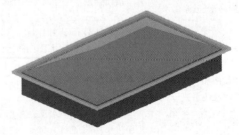

图 13-3 瓦屋面三维软件绘制图

② 定额工程量

定额工程量同清单工程量。

【小贴士】 式中：0.6 为屋檐宽度；1.118 为延尺系数。

2. 膜结构屋面

（1）名词概念

膜结构是一种建筑与结构结合的结构体系，是采用高强度柔性薄膜材料与辅助结构通过一定方式使其内部产生一定的预张应力，并形成应力控制下的某种空间形状，作为覆盖结构或建筑物主体，具有足够刚度以抵抗外部荷载作用的一种空间结构类型。膜结构屋面如图 13-4 所示。

（2）案例导入与算量解析

【例 13-2】 已知某膜结构屋面如图 13-5 所示，需覆盖面积为正五边形，边长为 6m，试计算该屋面工程量。

图 13-4 膜结构屋面

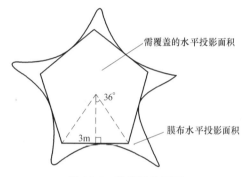

图 13-5 某膜结构屋面

【解】

（1）识图内容

通过题干内容可知，需要覆盖的水平投影图形为正五边形，识图得出正五边形底边及其外接圆半径所形成的等腰三角形顶角的一半为 36°，已知边长，可求出该等腰三角形的高，进而求出该等腰三角形面积。五边形由五个三角形组成，由三角形面积可求出五边形面积。

（2）工程量计算

① 清单工程量

$$S = 3 \div 0.727 \times 6 \div 2 \times 5 = 61.90 \ (\text{m}^2)$$

② 定额工程量

定额工程量同清单工程量。

【小贴士】 式中：0.727 为 tan36° 数值；6 为三角形底边长度；5 为三角形个数。

3. 屋面卷材防水和屋面涂膜防水

（1）名词概念

屋面卷材防水是指以不同的施工工艺将不同种类的胶结材料粘接卷材固定在屋面上，从而起到防水作用。它能适应一定程度的结构振动和胀缩变形。其所用卷材有传统的沥青防水卷材、高聚物改性沥青防水卷材和合成高分子防水卷材三大系列。屋面卷材防水施工如图 13-6 所示。

屋面涂膜防水是在屋面基层上涂刷防水涂料，经固化后形成一层有一定厚度和弹性的整体涂膜，从而达到防水目的的一种防水屋面形式。屋面涂膜防水施工如图 13-7 所示。

图 13-6　屋面卷材防水施工

图 13-7　屋面涂膜防水施工

（2）案例导入与算量解析

【例 13-3】　某屋面平面图如图 13-8 所示，檐沟宽 600mm，详图如图 13-9 所示，檐沟三维软件绘制图如图 13-10 所示。其自下而上的做法是：钢筋混凝土板上干铺炉渣混凝土找坡，坡度系数 2%，最低处 70mm；100mm 厚加气混凝土保温层，20mm 厚 1:2 水泥砂浆（特细砂）找平层，屋面及檐沟为二毡三油一砂防水层（上卷 250mm），求屋面及檐沟防水卷材工程量。

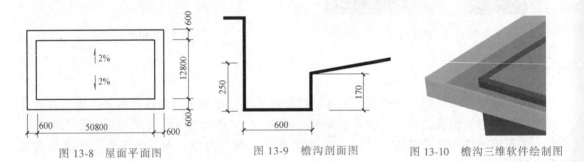

图 13-8　屋面平面图　　　　图 13-9　檐沟剖面图　　　　图 13-10　檐沟三维软件绘制图

【解】

（1）识图内容

由题干可知，檐沟卷材上翻高度为 250mm。由识图可知屋面尺寸，得出屋面面积为 $(50.8+0.6×2)×(12.8+0.6×2)$，檐沟部分需要展开计算，由图可知檐沟增加宽度为 $(0.17+0.6+0.25)$。

（2）工程量计算

① 清单工程量

屋面部分　$S_1 = 50.8×12.8 = 650.24 \text{m}^2$

檐沟部分　$S_2 = 50.8×0.6×2+(12.8+0.6×2)×0.6×2+[(12.8+1.2)×2+(50.8+1.2)×2]×$

$$0.25+(50.8+12.8)×2×0.17$$

$$= 132.38 \ (\text{m}^2)$$

$$S = 650.24+132.38 = 782.62 \ (\text{m}^2)$$

② 定额工程量

定额工程量同清单工程量。

【小贴士】　式中：［50.8×0.6×2+（12.8+0.6×2）×0.6×2］为檐沟底面面积；［（12.8+1.2）×2+（50.8+1.2）×2］为檐沟上翻高度；（50.8+12.8）×2×0.17为檐沟侧边面积。

【例13-4】　某房屋如图13-11和图13-12所示，屋面防水做法为涂膜防水，女儿墙高为0.6m，防水上翻高度为250mm，墙厚240mm。试求屋面防水工程量。

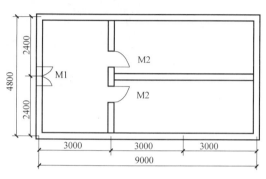

图13-11　房屋平面图

图13-12　房屋三维软件绘制图

【解】

（1）识图内容

由题干可知，女儿墙防水上翻高度为250mm，墙体厚度240mm。由识图可知屋面尺寸，由屋面尺寸计算屋面防水平面部分工程量加上上翻部分工程量，得出屋面防水工程量。

（2）工程量计算

① 清单工程量

屋面部分　$S_1=(9-0.24)\times(4.8-0.24)=39.95$（m²）

上翻部分　$S_2=(9-0.24+4.8-0.24)\times2\times0.25=6.66$（m²）

$$S=39.95+6.66=46.61\text{（m}^2\text{）}$$

② 定额工程量

定额工程量同清单工程量。

【小贴士】　式中：（9-0.24）×（4.8-0.24）为平屋顶平面防水面积；0.25为女儿墙上翻高度。

4. 屋面排水管

（1）名词概念

屋面排水管又称水落管。水落管按材料的不同，分为铸铁、镀锌钢板、塑料、石棉水泥和陶土等水落管。目前多采用铸铁和塑料水落管，其直径有50mm、75mm、100mm、125mm、150mm、200mm几种规格，一般民用建筑最常用的水落管直径为100mm，面积较小的露台或阳台可采用50mm或75mm的水落管。水落管的位置应在实墙面处，其间距一般在18m以内。最大间距宜不超过24m，因为间距越大，则沟底纵坡面越长，会使沟内的垫坡材料增厚，减少了天沟的容水量，造成雨水溢向屋面引起渗漏或从檐沟外侧涌出。排水管节点详图如图13-13所示。屋面

音频13-2：屋面排水

207

排水管如图 13-14 所示。

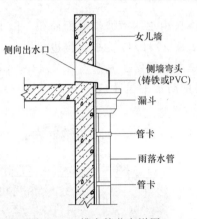

图 13-13 排水管节点详图

图 13-14 屋面排水管

（2）案例导入与算量解析

【例 13-5】 某屋面排水设计如图 13-15 和图 13-16 所示，雨水口共有 9 个，并配有雨水斗及落水管，落水管距地（室外地坪）150mm。檐口标高为 10.08m，设计室外地坪标高为 -0.3m，试计算屋面排水管工程量。

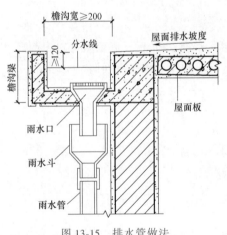

图 13-15 排水管做法

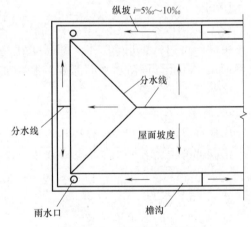

图 13-16 屋面排水平面图

【解】

（1）识图内容

有题干可知檐口到室外地坪高度以及落水管距地高度，可计算出落水管高度，再结合图可知落水管数量等于雨水斗数量，从而可以得出落水管总数量。

（2）工程量计算

① 清单工程量

$$L = (10.08+0.3-0.15) \times 9 = 92.07 \ (m)$$

② 定额工程量

定额工程量同清单工程量。

【小贴士】 式中：（10.08+0.3-0.15）为落水管高度；9 为落水管数量。

5. 屋面变形缝

（1）名词概念

变形缝根据功能不同，可分为伸缩缝、沉降缝和防震缝。伸缩缝多指为了避免温度和湿度等天气环境因素导致楼面发生膨胀变形的缝隙，这种缝隙多为垂直等高变形缝，与屋面等高或齐平、双天沟缝隙。防震缝顾名思义，就是为了避免地震灾害设置的结构变形缝，使楼体结构不容易被破坏。沉降缝用于同一建筑物高低存在悬殊、上部负荷重力不均的情形，设置成几个不同段落的建筑构造缝，这种缝隙也常见于新旧建筑的连接处。屋面变形缝做法详图如图 13-17 所示。屋面变形缝如图 13-18 所示。

音频 13-3：变形缝的设置

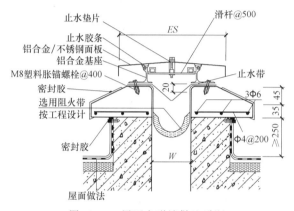

图 13-17　屋面变形缝做法详图

图 13-18　屋面变形缝

（2）案例导入与算量解析

【例 13-6】　某平屋面平面图如图 13-19 所示，三维软件绘制图如图 13-20 所示，试计算屋面变形缝工程量。

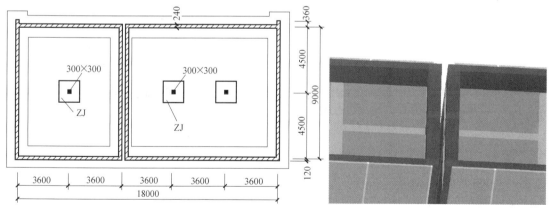

图 13-19　某平屋面平面图

图 13-20　三维软件绘制图

【解】

（1）识图内容

通过识图可知，屋面变形缝长度为标注尺寸加上墙厚。

（2）工程量计算

① 清单工程量

$$L = 9 + 0.24 = 9.24 \ (\text{m})$$

② 定额工程量

定额工程量同清单工程量。

【小贴士】 式中：9 为屋面宽度；0.24 为一个墙厚。

6. 墙面卷材防水

（1）名词概念

防水卷材是指主要是用于建筑墙体、屋面，以及隧道、公路、垃圾填埋场等，起到抵御外界雨水、地下水渗漏作用的一种可卷曲成卷状的柔性建筑材料。墙面卷材防水是指在墙面铺防水卷材以达到防水效果。墙面卷材防水如图 13-21 所示。

（2）案例导入与算量解析

【例 13-7】 某房屋如图 13-22 和图 13-23 所示，墙厚 240mm，卫生间采用卷材防水，四周防火卷材高度为 2m，M1 尺寸为 900mm×2100mm，求卫生间卷材防水面积。

图 13-21 墙面卷材防水

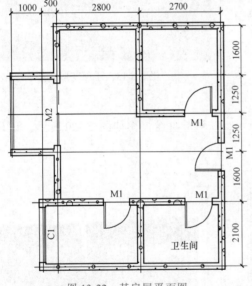

图 13-22 某房屋平面图

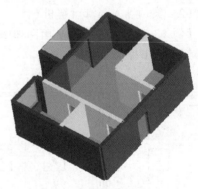

图 13-23 房屋三维软件绘制图

【解】

（1）识图内容

通过识图可知，卫生间内墙净尺寸：宽为（2100-240）mm，长为（2700-240）mm。再由题干可知卷材高度，可计算出卷材防水毛面积，扣减 2m 以下门所占面积，就能得出防水总面积。

（2）工程量计算

① 清单工程量

$$S = (2.1 - 0.24 + 2.7 - 0.24) \times 2 \times 2 - 0.9 \times 2 = 15.48 \ (\text{m}^2)$$

② 定额工程量

定额工程量同清单工程量。

【小贴士】　式中：（2.1-0.24+2.7-0.24)×2 为卫生间内墙净长度；2 为防水卷材高度；0.9×2 为 2m 以下门所占面积。

7. 楼地面涂膜防水

（1）名词概念

楼地面涂膜防水是在楼（地）面基层上涂刷防水涂料，经固化后形成一层有一定厚度和弹性的整体涂膜，从而达到防水目的的一种防水形式。楼地面涂膜防水做法如图 13-24 所示。楼地面涂膜防水现场施工如图 13-25 所示。

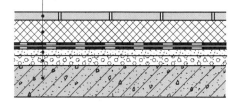

- 8～10厚彩色釉面防滑地砖(干水泥擦缝)
- 40厚C20细石混凝土
- 10厚颜料凸片凸点朝下
- 50厚挤塑聚苯板保温层，企口拼接
- 防水层(1.5厚弹性橡胶涂料+1.5厚单面自粘卷材)
- 20厚1:5水泥增稠粉砂浆找平层
- 找坡层(最薄20厚加气碎块混凝土找坡2%)
- 钢筋混凝土屋面板

图 13-24　楼地面涂膜防水做法

图 13-25　楼地面涂膜防水现场施工

（2）案例导入与算量解析

【例 13-8】　某房屋如图 13-26 和图 13-27 所示，墙厚 240mm，厨房地面需做涂膜防水，四周上翻高度 300mm，M3 尺寸为 1000mm×2100mm，C1 距地高度为 900mm，试计算厨房地面涂膜防水工程量。

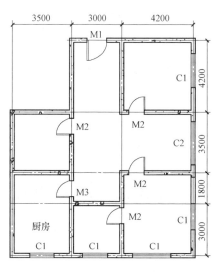

图 13-26　某房屋平面图

图 13-27　某房屋三维软件绘制图

【解】

（1）识图内容

通过识图可知厨房标注尺寸，结合题干可知墙厚240mm，可计算出厨房内墙面长为（3.5-0.24）m，宽为（4.8-0.24）m，且题干给出了防水上翻高度300mm和M3的尺寸。计算出楼地面平面防水部分，加上上翻部分就可得出厨房楼地面防水总面积。

（2）工程量计算

① 清单工程量

$$S_1 = (3.5-0.24) \times (4.8-0.24) = 12.59 \text{（m}^2\text{)}$$

$$S_2 = (3.5-0.24+4.8-0.24) \times 2 \times 0.3 - 1 \times 0.3 = 4.39 \text{（m}^2\text{)}$$

$$S = 12.59+4.39 = 16.98 \text{（m}^2\text{)}$$

② 定额工程量

定额工程量同清单工程量。

【小贴士】 式中：$(3.5-0.24+4.8-0.24) \times 2$ 为厨房内墙净长；0.3为上翻高度。

视频13-2：膜结构屋面

8. 楼（地）面变形缝

（1）名词概念

楼（地）面变形缝是指昼夜温差、不均匀沉降以及地震引起的楼面或地面变形，分为伸缩缝、沉降缝和防震缝。

昼夜温差、不均匀沉降以及地震可能引起的变形，如果足以引起建筑结构的破坏，就应该在变形的敏感部位或其他必要的部分预先将整个建筑物沿全高断开，令断开后建筑物的各个部分成为独立的单元，或者划分为简单、规则、独立的段，并令各段之间的缝达到一定的宽度，以能够适应变形的需要，称为变形缝。楼（地）面变形缝如图13-28所示。楼（地）面变形缝节点详图如图13-29所示。

图13-28 楼（地）面变形缝

（2）案例导入与算量解析

【例13-9】 某框架结构住宅共22层，楼地面变形缝每层均通长设置，竖向从地基层开始，如图13-30所示，建筑宽为12m，求该建筑变形缝长度。

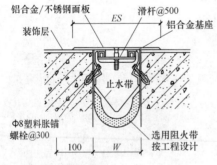

图13-29 楼（地）面变形缝节点详图

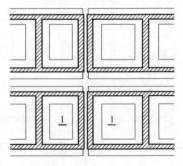

图13-30 变形缝

【解】

（1）识图内容

通过题干可知建筑宽为12m，变形缝通长设置，建筑共22层，用单层长度乘以层数即可得出总长度。

（2）工程量计算

① 清单工程量

$$L = 12 \times 22 = 264 \quad (m)$$

② 定额工程量

定额工程量同清单工程量。

【小贴士】 式中：12 为变形缝单层长度；22 为建筑层数。

13.3 关系识图与疑难分析

13.3.1 关系识图

1）屋面防水工程量要将屋面的女儿墙、伸缩缝和天窗等处的弯起部分，并入屋面工程量内。女儿墙弯起部分，如图 13-31 所示。

2）屋面排水管高度计算时，如设计未标注尺寸，以檐口至设计室外散水上表面垂直距离计算。屋面排水管详图，如图 13-32 所示。

视频 13-3：屋面排水管

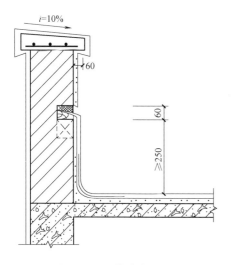

图 13-31 女儿墙弯起部分

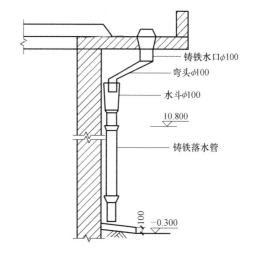

图 13-32 屋面排水管详图

3）屋面卷材防水、屋面涂膜防水。计算工程量时，不扣除房上烟囱、风帽底座、风道、屋面小气窗和斜沟所占面积，上翻部分也不另计算。风帽如图 13-33 所示。小气窗如图 13-34 所示。

13.3.2 疑难分析

1）膜结构工程量是按设计图示尺寸以需要覆盖的水平投影面积计算的，需要注意区分膜结构面积、膜布水平投影面积与需覆盖的水平投影面积。膜结构与需覆盖水平投影面积，如图 13-35 所示。膜布水平投影面积与需覆盖的水平投影面积，如图 13-36 所示。

图 13-33　风帽

图 13-34　小气窗

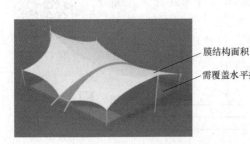

图 13-35　膜结构与需覆盖水平投影面积

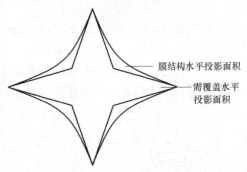

图 13-36　膜布水平投影面积与
需覆盖的水平投影面积

2）平面与立面交接处，上翻高度≤300mm 时，如图 13-37 所示，按展开面积并入平面工程量内计算；上翻高度>300mm 时，如图 13-38 所示，按立面防水层计算。

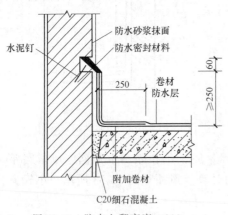

图 13-37　防水上翻高度≤300mm

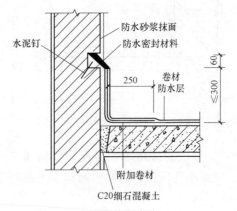

图 13-38　防水上翻高度>300mm

14.1 工程量计算依据

新的清单范围保温、隔热、防腐工程划分的子目包含保温、隔热，防腐面层及其他防腐3节，共16个项目。

保温、隔热工程计算依据一览表见表14-1。

表14-1 保温、隔热工程计算依据一览表

计算规则	清单规则	定额规则
保温隔热屋面	按设计图示尺寸以面积计算。扣除面积>0.3m² 孔洞及占位面积	按设计图示尺寸以面积计算。扣除面积>0.3m² 孔洞所占面积，其他项目按设计图示尺寸以定额项目规定的计量单位计算
保温隔热天棚	按设计图示尺寸以面积计算。扣除面积>0.3m² 柱、垛、孔洞所占面积，与天棚相连的梁按展开面积，计算并入天棚工程量内	1. 按设计图示尺寸以面积计算。扣除面积>0.3m² 柱、垛、孔洞所占面积，与天棚相连的梁按展开面积，其工程量并入天棚内 2. 柱帽保温隔热层，并入天棚保温隔热层工程量内
保温隔热墙面	按设计图示尺寸以面积计算。扣除门窗洞口以及面积>0.3m² 梁、孔洞所占面积；门窗洞口侧壁以及与墙相连的柱，并入保温墙体工程量内	按设计图示尺寸以面积计算。扣除门窗洞口以及面积>0.3m² 梁、孔洞所占面积；门窗洞口侧壁以及与墙相连的柱，并入保温墙体工程量内。墙体及混凝土板下铺贴隔热层不扣除木框架及木龙骨的体积。其中，外墙按隔热层中心线长度计算，内墙按隔热层净长度计算
保温柱、梁	按设计图示尺寸以面积计算 1. 柱按设计图示柱断面保温层中心线展开长度乘保温层高度以面积计算，扣除面积>0.3m² 梁所占面积 2. 梁按设计图示梁断面保温层中心线展开长度乘保温层长度以面积计算	按设计图示尺寸以面积计算。柱按设计图示柱断面保温层中心线展开长度乘以高度以面积计算，扣除面积>0.3m² 梁所占面积；梁按设计图示梁断面保温层中心线展开长度乘以保温层长度以面积计算
保温隔热楼地面	按设计图示尺寸以面积计算。扣除面积>0.3m² 柱、垛、孔洞所占面积。门洞、空圈、暖气包槽、壁龛的开口部分不增加面积	按设计图示尺寸以面积计算。扣除柱、垛及面积>0.3m² 单个孔洞所占面积
其他保温隔热	按设计图示尺寸以展开面积计算。扣除面积>0.3m² 孔洞及占位面积	按设计图示尺寸以展开面积计算。扣除面积>0.3m² 孔洞及占位面积

防腐面层工程计算依据一览表见表14-2。

表 14-2 防腐面层工程计算依据一览表

计算规则	清单规则	定额规则
防腐混凝土层、防腐砂浆面层、防腐胶泥面层、玻璃钢防腐面层、聚氯乙烯板面层、块料防腐面层	按设计图示尺寸以面积计算 1. 平面防腐:扣除凸出地面的构筑物、设备基础等以及面积>0.3m² 孔洞、柱、垛所占面积,门洞、空圈、暖气包槽、壁龛的开口部分不增加面积 2. 立面防腐:扣除门、窗、洞口以及面积>0.3m² 孔洞、梁所占面积,门、窗、洞口侧壁、垛凸出部分按展开面积并入墙面积内	防腐工程面层、隔离层及防腐油漆工程量均按设计图示尺寸以面积计算 1. 平面防腐工程量应扣除凸出地面的构筑物、设备基础以及面积>0.3m² 孔洞、柱、垛所占面积,门洞、空圈、暖气包槽、壁龛的开口部分不增加面积 2. 立面防腐工程量应扣除门、窗、洞口以及面积>0.3m² 孔洞、梁所占面积,门、窗、洞口侧壁、垛凸出部分按展开面积并入墙面积内
池、槽块料防腐面层	按设计图示尺寸以展开面积计算	池、槽块料防腐面层工程量按设计图示尺寸以展开面积计算

其他防腐工程计算依据一览表见表 14-3。

表 14-3 其他防腐工程计算依据一览表

计算规则	清单规则	定额规则
隔离层	按设计图示尺寸以面积计算 1. 平面防腐:扣除凸出地面的构筑物、设备基础等以及面积>0.3m² 孔洞、柱、垛等所占面积,门洞、空圈、暖气包槽、壁龛的开口部分不增加面积 2. 立面防腐:扣除门、窗、洞口以及面积>0.3m² 孔洞、梁所占面积,门、窗、洞口侧壁、垛凸出部分按展开面积并入墙面积内	防腐工程面层、隔离层及防腐油漆工程量均按设计图示尺寸以面积计算
砌筑沥青浸渍砖	按设计图示尺寸以体积计算	按设计图示尺寸以面积计算
防腐涂料	按设计图示尺寸以面积计算 1. 平面防腐:扣除凸出地面的构筑物、设备基础等以及面积>0.3m² 孔洞、柱、垛所占面积,门洞、空圈、暖气包槽、壁龛的开口部分不增加面积 2. 立面防腐:扣除门、窗、洞口以及面积>0.3m² 孔洞、梁所占面积,门、窗、洞口侧壁、垛凸出部分按展开面积并入墙面积内	防腐工程面层、隔离层及防腐油漆工程量均按设计图示尺寸以面积计算

14.2 工程案例实战分析

14.2.1 问题导入

相关问题:

1) 保温、隔热工程是什么? 包括哪些类别? 其工程量如何计算?

2) 屋面、天棚怎么区分? 柱帽又是什么?

3）保温隔热墙面是什么？外墙外保温和外墙内保温有什么区别？

4）防腐面层的重要性有哪些？防腐面层包括哪些类别？其工程量如何计算？

5）其他防腐包括哪些内容？砌筑沥青浸渍砖的清单与定额计算有何不同？

14.2.2　案例导入与算量解析

1. 保温隔热屋面

（1）名词概念

保温隔热工程是为防止建筑物内部热量的散失或阻隔外界热量的传入，使建筑物内部维持一定温度而采取的措施。

保温隔热屋面，是一种集防水和保温隔热于一体的防水屋面，防水是基本功能，同时又要兼顾保温隔热功能。屋面保温示意图，如图 14-1 所示；屋面保温隔热构造图，如图 14-2 所示。

音频 14-1：保温隔热屋面、天棚

图 14-1　屋面保温示意图

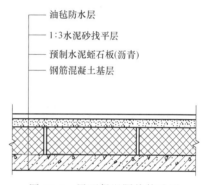

油毡防水层
1:3水泥砂找平层
预制水泥蛭石板(沥青)
钢筋混凝土基层

图 14-2　屋面保温隔热构造图

（2）案例导入与算量解析

【例 14-1】　计算如图 14-3 所示的屋面保温层工程量。

【解】

（1）识图内容

通过题干内容可知墙体厚度为 120mm，屋面的长度为 4500mm，宽度为 3600mm。

（2）工程量计算

① 清单工程量

屋面保温层的面积 $S = (4.5-0.12×2)×(3.6-0.12×2)$
$$= 14.31 （m^2）$$

② 定额工程量

定额工程量同清单工程量。

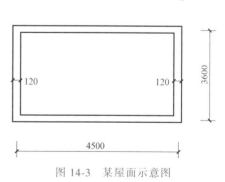

图 14-3　某屋面示意图

【小贴士】　式中：4.5 为横向墙体外边线的长度；0.12 为墙体厚度；3.6 为纵向墙体外边线之间的长度。

2. 保温隔热墙面

（1）名词概念

采取保温隔热措施的墙称为保温隔热墙，如图 14-4～图 14-6 所示。保温隔热方式有内保温、外保温及夹心保温三种。

图 14-4 保温隔热墙

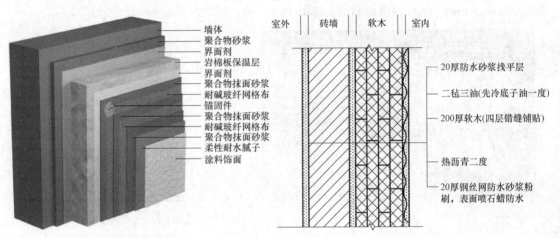

图 14-5 墙体隔热保温岩棉板

- 墙体
- 聚合物砂浆
- 界面剂
- 岩棉板保温层
- 界面剂
- 聚合物抹面砂浆
- 耐碱玻纤网格布
- 锚固件
- 聚合物抹面砂浆
- 耐碱玻纤网格布
- 聚合物抹面砂浆
- 柔性耐水腻子
- 涂料饰面

室外 | 砖墙 | 软木 | 室内

- 20厚防水砂浆找平层
- 二毡三油(先冷底子油一度)
- 200厚软木(四层错缝铺贴)
- 热沥青二度
- 20厚钢丝网防水砂浆粉刷,表面喷石蜡防水

图 14-6 软木保温隔热墙体构造图

（2）案例导入与算量解析

【例 14-2】 某工程建筑示意图如图 14-7 所示（墙体厚度为 240mm，轴线居中），其中 M-1 尺寸为 1200mm×2400mm，M-2 尺寸为 900mm×2400mm，C-1 尺寸为 1800mm×1800mm，C-2 尺寸为 1200mm×1800mm。该工程的外墙保温做法为：①清理基层。②刷界面砂浆 5mm。③刷 25mm 厚胶粉聚苯颗粒。④门窗边做保温，宽度为 120mm。计算保温隔

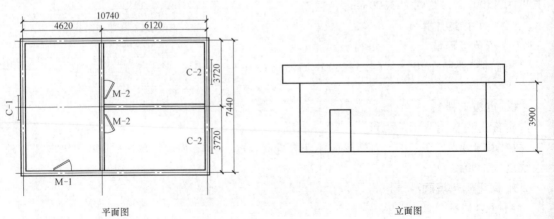

平面图　　　　　　　　　　立面图

图 14-7 某工程建筑示意图

热墙面工程量。

【解】

（1）识图内容

通过题干可知，建筑高度为 3.90m；工程建筑墙面长度为 ［（10.74+0.24+0.03）+（7.4+0.24+0.03）］×2m；需要减掉的门窗洞口面积为 （1.2×2.4+1.8×1.8+1.2×1.8×2） m^2。

（2）工程量计算

① 清单工程量

墙面保温面积 = ［（10.74+0.24+0.03）+（7.4+0.24+0.03）］×2×3.90－（1.2×2.4+1.8×1.8+1.2×1.8×2）

= 135.264 （m^2）

门窗侧边保温面积 = ［（1.8+1.8）×2+（1.2+1.8）×2×2+（1.2+2.4）×2］×0.12

= 3.168 （m^2）

外墙保温总面积 = 135.264+3.168 = 138.432 （m^2）

② 定额工程量

定额工程量同清单工程量。

【小贴士】 式中：［（10.74+0.24+0.03）+（7.4+0.24+0.03）］×2 为图示中墙面保温的墙面长度；3.90 为墙体的高度；0.24 为墙体的厚度；0.03 为墙体的做法厚度，即 （0.25+0.05）；（1.2×2.4+1.8×1.8+1.2×1.8×2） 为门窗洞口的面积及个数。

3. 保温柱和梁

（1）名词概念

采取了保温隔热措施的柱称为保温柱；采取了保温隔热措施的梁称为保温梁。保温柱和梁适用于不与墙、天棚相连的独立柱、梁。如图 14-8 所示。

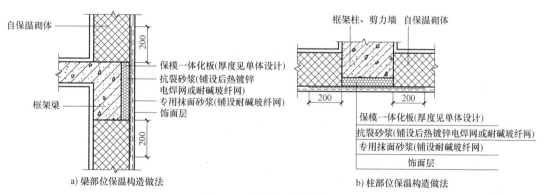

a）梁部位保温构造做法　　　　b）柱部位保温构造做法

图 14-8　保温柱和梁示意图

保温隔热方式有内保温、外保温和夹芯保温三种。

（2）案例导入与算量解析

【例 14-3】 如图 14-9 所示，冷库内加设两根直径为 0.5m 的圆柱，上带柱帽，采用硬泡聚氨酯现场喷发 50mm，试计算其保温柱工程量。

【解】

（1）识图内容

通过题干可知，圆柱的高度为 （4.5-0.8）m，保温层高度为 600mm；读图可知柱帽的

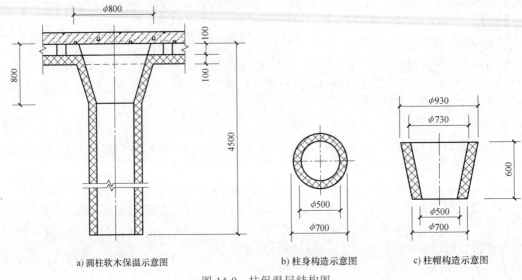

a) 圆柱软木保温示意图　　b) 柱身构造示意图　　c) 柱帽构造示意图

图 14-9　柱保温层结构图

中心线长度分别为（500+700）÷2＝600mm、（730+930）÷2＝830mm。

（2）工程量计算

① 清单工程量

$S_{柱身保温层}=0.6\pi\times(4.5-0.8)\times2=13.94$（$m^2$）

$S_{柱帽保温}=\pi\times[(0.5+0.7)÷2+(0.73+0.93)÷2]\times0.6÷2\times2=2.69$（$m^2$）

$S_{总保温柱}=13.94+2.69=16.63$（$m^2$）

② 定额工程量

定额工程量同清单工程量。

【小贴士】　式中：（4.5-0.8）为圆柱的高度；0.6 为保温层高度；（0.5+0.7）÷2+（0.73+0.93）÷2 为柱帽的中心线长度；2 为圆柱根数。

4. 保温隔热楼地面

（1）名词概念

一般工业或民用建筑中的楼地面中都设有保温隔热层，以隔绝热传播。保温隔热楼地面构造，如图 14-10 所示。

1—混凝土地面面层或地砖、天然石地面
2—挤塑板
3—隔汽层
4—挤塑板
5—砂石垫层

a) 建筑地面保温构造

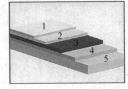
1—钢筋混凝土或预制混凝土块压重保护层
2—挤塑板
3—防水层
4—水泥砂浆找平层
5—屋顶板

b) 屋顶保温构造

图 14-10　保温隔热楼地面构造

（2）案例导入与算量解析

【例 14-4】　如图 14-11 所示为某冷库简图，设计采用软木保温层，厚度为 100mm，天棚做带木龙骨保温层，试计算该冷库保温隔热层楼地面工程量。

【解】

（1）识图内容

通过题干内容可知，墙体厚度为 240mm，楼地面的长度为 7200mm，宽度为 4800mm，门洞口尺寸为 800mm×2000mm。

（2）工程量计算

① 清单工程量

$$S = (7.2 - 0.24) \times (4.8 - 0.24) = 31.74 \ (m^2)$$

② 定额工程量

定额工程量同清单工程量。

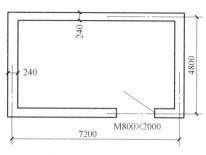

图 14-11 某冷库简图

【小贴士】 式中：7.2 为横向墙体外边线的长度；0.24 为墙体厚度；4.8 为纵向墙体外边线之间的长度。

5. 防腐面层

（1）名词概念

防腐工程，大多是为了满足工程中的特殊需要而采取的保护建筑物正常使用、延长建筑物使用寿命的防范和抵御措施。屋面防腐工程，如图 14-12 所示。

音频 14-2：腐蚀与防腐

建筑物的防腐工程，多见于工业建筑、科研单位、医药卫生、化工企业等具有较强酸、碱或化学腐蚀及射线辐射的工程中。

防腐面层包括防腐混凝土面层、防腐砂浆面层、防腐胶泥面层、玻璃钢防腐面层、聚苯乙烯板面层、块料防腐面层以及池、槽块料防腐面层（图 14-13）。

图 14-12 屋面防腐工程

图 14-13 防腐池槽工程

（2）案例导入与算量解析

【例 14-5】 某库房做 1.3∶2.6∶7.4 耐酸沥青砂浆防腐面层，踢脚线抹 1∶0.3∶1.5 钢屑砂浆，厚度均为 30mm，踢脚线高度为 200mm，尺寸如图 14-14 所示（墙体厚度为 240mm，轴线居中），门洞地面做防腐面层，侧边不做踢脚线。试计算其工程量。

【解】

（1）识图内容

由清单规范可知防腐砂浆面层的计算规则为按设计图示尺寸以面积计算。其中，平面防

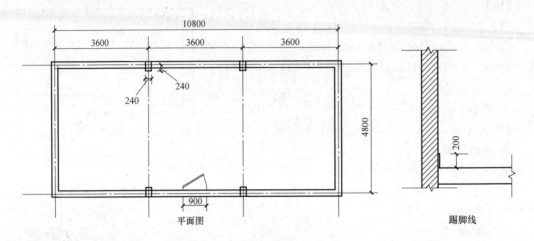

图 14-14　某库房平面示意图

腐扣除凸出地面的构筑物、设备基础等以及面积>0.3m² 孔洞、柱、垛所占面积，门洞、空圈、暖气包槽、壁龛的开口部分不增加面积。

水泥砂浆踢脚线的计算规则为按设计图示尺寸以延长米计算。不扣除门洞口的长度，洞口侧壁也不增加。

通过题干可知，建筑物墙体厚度为 240mm，轴线居中，门洞地面做防腐面层，侧边不做踢脚线；防腐砂浆面层面积为 $(10.8-0.24)\times(4.8-0.24)$ m²；砂浆踢脚线高度为 200mm，即 0.20m，门洞的尺寸为 900mm，即 0.90m，所以砂浆踢脚线的长度为 $[(10.8-0.24+4.8-0.24+0.24\times4)\times2-0.90]$ m。

（2）工程量计算

① 清单工程量

防腐砂浆面积 $=(10.8-0.24)\times(4.8-0.24)$

$\qquad=48.15$ （m²）

砂浆踢脚线长度 $=[(10.8-0.24+4.8-0.24+0.24\times4)\times2-0.90]\times0.20$

$\qquad=6.25$ （m）

② 定额工程量

防腐砂浆面积 $=(10.8-0.24)\times(4.8-0.24)$

$\qquad=48.15$ （m²）

砂浆踢脚线面积 $=[(10.8-0.24+4.8-0.24+0.24\times4)\times2-0.90]\times0.20$

$\qquad=6.25$ （m²）

【小贴士】 式中：$(10.8-0.24)\times(4.8-0.24)$ 为防腐砂浆面积；0.24 为墙体的厚度；$[(10.8-0.24+4.8-0.24+0.24\times4)\times2-0.90]$ 为水泥砂浆踢脚线的长度；0.90 为门洞的尺寸；0.20 为踢脚线的高度。

【例 14-6】 如图 14-15 所示，池槽表面镶贴花岗石板 120mm 厚，计算其工程量。

【解】

（1）识图内容

通过题干内容可知，池槽底长度为 10.8m；池槽底宽度为 6m；池槽深度为 3m。

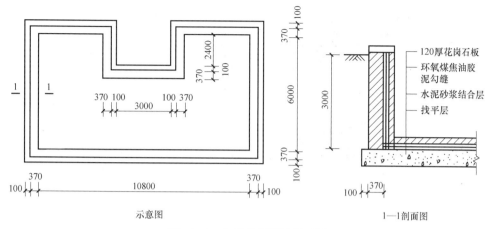

图 14-15　池槽示意图及剖面图

（2）工程量计算

① 清单工程量

花岗石板池槽底面积 $S = 10.8×6-(3+0.1×2+0.37×2)×(2.4+0.1+0.37)$
$$= 53.49 （m^2）$$

花岗石板池槽壁面积 $S = [(10.8+6)×2+(2.4+0.1+0.37)×2]×3$
$$= (33.6+5.74)×3$$
$$= 118.02 （m^2）$$

则池槽表面镶贴花岗石板的工程量为

$$S = 53.49+118.02 = 171.51 （m^2）$$

② 定额工程量

定额工程量同清单工程量。

【小贴士】　式中：10.8 为池槽底长度；6 为池槽底宽度；花岗石板池槽壁的面积计算式中 3 为池槽深度。

6. 其他防腐工程

（1）名词概念

其他防腐工程，包括隔离层、砌筑沥青浸渍砖以及防腐涂料。

隔离层是指使腐蚀性材料和非腐蚀性材料隔离的构造层，如图 14-16 所示。

砌筑沥青浸渍砖是指放到沥青液中浸渍过的砖。浸渍砖砌法有平砌、立砌两种。

具有防腐蚀性作用的涂料称为防腐涂料。防腐涂料项目适用于建筑物、构筑物以及钢结构的防腐。耐酸瓷砖，如图 14-17 所示。

（2）案例导入与算量解析

【例 14-7】　计算如图 14-18 所示某屋面隔离层工程量。

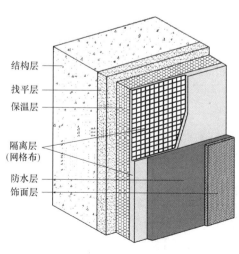

图 14-16　隔离层示意图

图 14-17 耐酸瓷砖

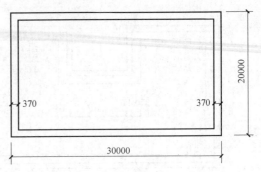

图 14-18 某屋面隔离层示意图

【解】

（1）识图内容

通过题干内容可知，墙体厚度为 370mm，30000mm 为横向墙面中心线的长度，20000mm 为纵向墙面中心线之间的长度。

（2）工程量计算

① 清单工程量

屋面隔离层工程量 $S = (30-0.37×2)×(20-0.37×2)$
$$= 563.55 （m^2）$$

② 定额工程量

定额工程量同清单工程量。

【小贴士】 式中：30 为横向墙面中心线的长度；0.37 为墙体厚度；20 为纵向墙面中心线之间的长度。

【例 14-8】 某池槽表面砌筑沥青浸渍砖，如图 14-19 所示，试计算其工程量。

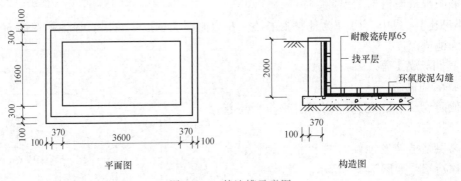

平面图　　　　　　　　　　　构造图

图 14-19 某池槽示意图

【解】

（1）识图内容

通过题干内容可知，池槽底长度为 3600mm；池槽底宽度为 1600mm；池槽深度为 2000mm；65mm 为耐酸瓷砖的厚度。

（2）工程量计算

① 清单工程量

砌筑沥青浸渍砖工程量按设计图示尺寸以体积计算。

砌筑沥青浸渍砖工程量 $V = 3.6 \times 1.6 \times 0.065 + (3.6 + 1.6) \times 2 \times (2 - 0.065) \times 0.065$

$$= 1.68 \ (m^3)$$

② 定额工程量

砌筑沥青浸渍砖工程量按设计图示尺寸以面积计算。

砌筑沥青浸渍砖工程量 $S = 3.6 \times 1.6 + (3.6 + 1.6) \times 2 \times (2 - 0.065)$

$$= 25.884 \ (m^2)$$

【小贴士】　式中：3.6 为池槽底长度；1.6 为池槽底宽度；2 为砌筑沥青浸渍砖池槽的深度；0.065 为耐酸瓷砖的厚度。

【例 14-9】　如图 14-20 所示，某房间以硫黄混凝土及环氧砂浆作为防腐涂料进行面层处理（环氧砂浆立面高度为 150mm）。试计算硫黄混凝土及环氧砂浆面层工程量。

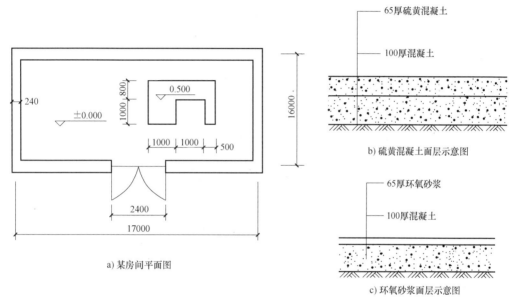

图 14-20　防腐涂料示意图

【解】

（1）识图内容

通过题干内容可知，某房间的长度为 17000mm，宽度为 16000mm，墙体厚度为 240mm；门洞口的宽度为 2400mm；环氧砂浆的立面高度为 150mm。

（2）工程量计算

① 清单工程量

$S_{硫黄混凝土防腐涂料面层} = (17 - 0.24) \times (16 - 0.24) - (2.5 \times 1.8 - 1.0 \times 1.0) = 260.06 (m^2)$

$S_{环氧砂浆防腐涂料面层} = (17 - 0.24) \times (16 - 0.24) - (0.8 \times 2.5 + 1.0 \times 1.0 + 1.0 \times 0.5) +$

$\qquad 0.15 \times [(17 - 0.24 + 16 - 0.24) \times 2 + 0.12 \times 2 - 2.4]$

$\qquad = 270.07 \ (m^2)$

② 定额工程量

定额工程量同清单工程量。

【小贴士】　式中：17 为某房间的长度；16 为某房间的宽度；0.24 为墙体厚度；（2.5×

1.8-1.0×1.0）为某房间平面图中需要扣除的面积；0.15 为环氧砂浆的立面高度；0.12×2 为门洞口两边做环氧砂浆面层处理的墙体面积；2.4 为门洞口的宽度。

14.3 关系识图与疑难分析

14.3.1 关系识图

（1）保温隔热屋面、天棚

屋面是室外热量侵入的主要介质部位，为减少室外热量传入室内升高室内温度，现有多种屋面隔热降温的措施，如采取架空隔热、涂料反射隔热、蓄水屋面隔热、种植屋面隔热和倒置屋面隔热等形式。屋面保温层的构造，如图 14-21 所示。

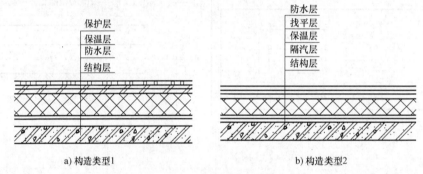

a) 构造类型1　　　　　　　　　　　　　b) 构造类型2

图 14-21　屋面保温层的构造

天棚是指在建筑物的楼板层或屋顶下附加的结构层或覆盖层，即顶棚，有时也称天花板。凡是为了阻止建筑物内部热量的散失和阻隔外界热量的传入，使建筑物内部维持一定的温度而采取的措施，即为建筑物的保温隔热工程，而用于屋顶天棚即为保温隔热天棚。如图 14-22 所示。

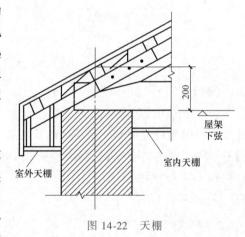

图 14-22　天棚

（2）墙体保温隔热

外墙的保温构造，按其保温层所在的位置不同分为单一保温外墙、外保温墙、内保温墙和夹芯保温墙 4 种类型。如图 14-23 所示。

1）外墙外保温。外墙外保温是指在建筑物外墙的外表上设置保温层。外墙外保温构造，如图 14-24 所示。外墙外保温即将保温材料置于主体围护结构的外侧，是一种科学且高效的保温节能技术。

2）外墙内保温。外墙内保温系统主要由保温层和防护层组成，用于外墙内表面起保温作用的系统，简称内保温系统。外墙内保温体系是一种传统的保温方式，目前在欧洲国家、日本应用较多。外墙内保温构造，如图 14-25 所示。

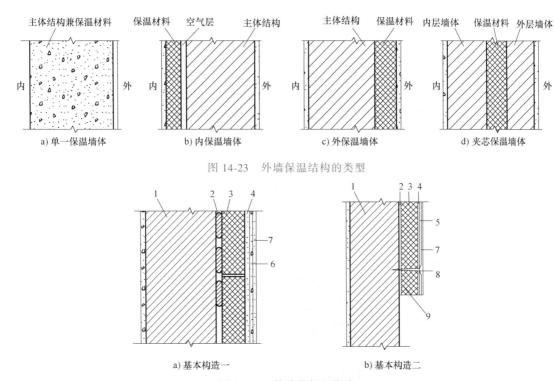

a) 单一保温墙体　　b) 内保温墙体　　c) 外保温墙体　　d) 夹芯保温墙体

图 14-23　外墙保温结构的类型

a) 基本构造一　　　　　　　　　　b) 基本构造二

图 14-24　外墙外保温构造

1—主体结构　2—胶黏剂　3—保温层　4—抹灰层　5—有钢丝网加强的抹灰层

6—加强网布　7—饰面层　8—固定件　9—底边覆盖层

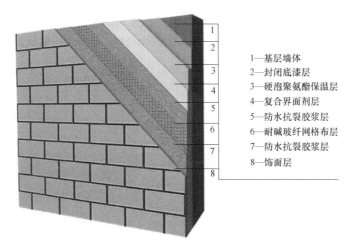

1—基层墙体
2—封闭底漆层
3—硬泡聚氨酯保温层
4—复合界面剂层
5—防水抗裂胶浆层
6—耐碱玻纤网格布层
7—防水抗裂胶浆层
8—饰面层

图 14-25　外墙内保温构造

3）外墙夹芯保温。外墙夹芯保温是将保温材料置于外墙的内、外侧墙片之间，内、外侧墙片可采用混凝土空心砌块。外墙夹芯保温构造，如图 14-26 所示。

外墙夹芯保温的优点有以下几方面：

① 对内侧墙片和保温材料形成有效的保护，对保温材料的选材要求不高，聚苯乙烯、玻璃棉以及脲醛现场浇筑等均可使用。

② 对施工季节和施工现场的要求不高，不影响冬期施工。在黑龙江、内蒙古、甘肃北部等严寒地区曾经得到一定的应用。

外墙夹芯保温的缺点有以下几方面：

① 在非严寒地区，此类墙体与传统墙体相比偏厚。

② 内、外侧墙片之间需有连接件连接，构造较传统墙体复杂。

③ 外围护结构的"热桥"较多。在地震区，建筑中圈梁和构造柱的设置，"热桥"更多，保温材料的效率仍然得不到充分的发挥。

④ 外侧墙片受室外气候影响较大，若昼夜温差和冬夏温差大，容易造成墙体开裂和雨水渗漏。

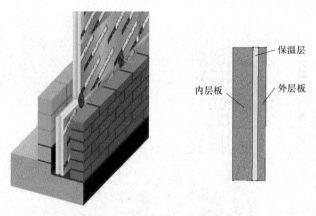

图 14-26　外墙夹芯保温构造

（3）柱帽

柱帽也称柱托板，在板柱—剪力墙结构采用无梁板构造时，可根据承载力和变形要求采用无柱帽板或有柱帽（柱托）板形式。柱帽构造如图 14-27 所示；柱帽实物图如图 14-28 所示。

图 14-27　柱帽构造

图 14-28　柱帽实物图

柱帽是当楼面荷载较大时，为提高板的承载能力、刚度和抗冲切能力，在柱顶设置的用来增加柱对板支托面积的结构。

简单理解，柱子相对来讲比较细，直接支撑板，对板的冲切力较大，柱帽就是在柱子上面做一个混凝土墩，对这里进行加强，提高承载力，以稳固结构。

柱帽基本出现在无梁楼盖板建筑中，也就是不设梁（不是常见的柱子支撑梁、梁支撑板的结构），而是柱子直接支撑板的板柱结构体系，板通常也会较厚。常用于多层的工业与民用建筑中，如地下车库、商场、冷藏库、仓库等。柱帽布置图，如图 14-29 所示。

柱帽（柱托板）的长度和厚度应按计算确定，且各方向长度不宜小于板跨度的 1/6，其厚度不宜小于板厚度的 1/4。抗震设防烈度 7 度时宜采用有柱帽（柱托板），8 度时应采用有柱帽（柱托板），具体要求参考《高层建筑混凝土结构技术规程》（JGJ 3-2010）有关内容及数据。柱、柱帽与板构造，如图 14-30 所示；柱帽做法，如图 14-31 所示。

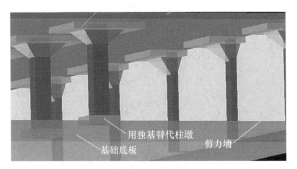

图 14-29 柱帽布置图

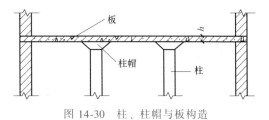

图 14-30 柱、柱帽与板构造

柱帽保温隔热（图 14-32）应并入天棚保温隔热工程量内计算。

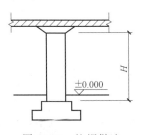

图 14-31 柱帽做法

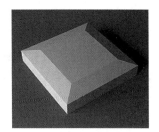

图 14-32 柱帽保温隔热

14.3.2 疑难分析

（1）零星工程保温隔热层工程量计算

大于 0.3m² 孔洞侧壁周围及梁头、连系梁等其他零星工程保温隔热层工程量，并入墙面的保温隔热工程量内。

（2）保温层排气管工程量计算

保温层排气管按设计图示尺寸以长度计算，不扣除管件所占长度，保温层排气孔以数量计算。屋面保温层设置排气管节点详图，如图 14-33 所示。

（3）防火隔离带工程量计算

防火隔离带是指为阻止火灾大面积燃烧，起着保护生命与财产功能作用的隔离空间和相关设施。屋面防火隔离带，如图 14-34 所示。

防火隔离带设置在可燃类保温材料外墙外保温系统中，按水平

图 14-33 屋面保温层设置排气管节点详图

防雨帽
PVC排气管
40厚细石混凝土保护层
保温层（厚度按设计）
40厚细石混凝土保护层
4厚SBS改性沥青防水卷材
屋面结构板
d10排气孔
卡箍固定

音频 14-3：防火隔离带

方向，采用不燃烧保温缝阻止火灾沿外墙而上或在外墙外保温系统中蔓延。

应在保温系统中各层设置水平防火隔离带。防火隔离带应采用燃烧性能为 A 级的材料，防火隔离带的高度不应小于 300mm。

防火隔离带（图 14-35）工程量按设计图示尺寸以面积计算。

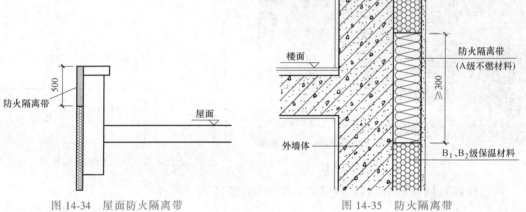

图 14-34　屋面防火隔离带　　　　　　　　图 14-35　防火隔离带

（4）踢脚板工程量计算

踢脚板（图 14-36），又称脚踢板或地脚线，是楼地面和墙面相交处的重要构造节点。

踢脚板的作用有以下两方面：

① 保护作用，遮盖楼地面与墙面的接缝，更好地使墙体和地面之间结合牢固，可以保护墙面，减少墙体变形，以防搬运物品、行走或清洁卫生时将墙面弄脏甚至造成破坏。

② 装饰作用，在居室设计中，腰线、踢脚线（踢脚板）起着视觉平衡作用。利用它们的线型感

图 14-36　踢脚板

觉及材质、色彩等在室内相互呼应，可以起到较好的美化装饰效果。

踢脚板防腐工程量按设计图示长度乘以高度以面积计算，扣除门洞所占面积，并相应增加侧壁展开面积。

（5）耐酸防腐

耐酸防腐是运用人工或机械将具有耐腐蚀性能的材料浇筑、涂刷、喷涂、粘贴或铺砌在应防腐的工程构件表面上，以达到防腐蚀的效果。

1）适用范围：化工车间、实验室的墙地面和池槽等面层。

2）工作内容：清理基层、调运防腐材料、摊铺砌筑。

3）项目划分：

① 整体面层。

防腐混凝土面层：沥青混凝土、硫黄混凝土等。

防腐砂浆面层：沥青砂浆、环氧砂浆等。

软聚氯乙烯塑料面层。

② 块料面层

块料：瓷砖、磁板、陶板、铸石板、花岗岩、沥青浸渍标准砖。

黏结剂：树脂类胶泥、水玻璃胶泥、硫黄胶泥、耐酸沥青胶泥。

③ 隔离层

隔离层在基层和防腐面层之间起隔离作用，以保护基层。耐酸沥青胶泥 8mm。冷底子油一道，热沥青两道。

④ 防腐涂料（适用混凝土面、抹灰面、金属面）：沥青漆、树脂漆、聚乙烯漆、聚氨酯漆、PVC 涂料。

第15章 措施项目

15.1 工程量计算依据

新的清单范围措施项目划分的子目包含脚手架工程、施工运输工程、施工降水排水及其他工程、总价措施项目 4 节，共 31 个项目。

脚手架工程计算依据一览表，见表 15-1。

表 15-1 脚手架工程计算依据一览表

计算规则	清单规则	定额规则
综合脚手架	按设计图示尺寸，以建筑面积计算	综合脚手架按设计图示尺寸以建筑面积计算
整体提升外脚手架	按外墙外边线长度乘以搭设高度，以面积计算。外挑阳台、凸出墙面大于 240mm 的墙垛等，其图示展开尺寸的增加部分并入外墙外边线长度内计算	外脚手架、整体提升架按外墙外边线长度（含墙垛及附墙井道）乘以外墙高度以面积计算
电梯井字脚手架	按不同搭设高度，以座计算	电梯井架按单孔以座计算
安全网	密目立网按封闭墙面的垂直投影面积计算 其他安全网按架网部分的实际长度乘以实际高度（宽度），以面积计算	立挂式安全网按架网部分的实挂长度乘以实挂高度以面积计算 挑出式安全网按挑出的水平投影面积计算
混凝土浇筑脚手架	柱按设计图示结构外围周长另加 3.6m 乘以搭设高度，以面积计算 墙、梁按墙、梁净长乘以搭设高度，以面积计算。轻型框剪墙不扣除其间砌筑洞口所占面积，洞口上方的连梁不另计算	独立柱按设计图示尺寸，以结构外围周长另加 3.6m 乘以高度以面积计算。执行双排外脚手架等额项目乘以系数 0.3 现浇钢筋混凝土梁按梁顶面至地面（或楼面）间的高度乘以梁净长以面积计算。执行双排外脚手架等额项目乘以系数 0.3

施工运输工程计算依据一览表见表 15-2。

表 15-2 施工运输工程计算依据一览表

计算规则	清单规则	定额规则
民用建筑工程垂直运输	按建筑物建筑面积计算 同一建筑物檐口高度不同时，应区别不同檐口高度分别计算，层数多的地上层的外墙外垂直面（向下延伸至±0.000）为其分界	建筑物垂直运输机械台班用量，区分不同建筑物结构及檐高按建筑面积计算。地下室面积与地上面积合并计算

（续）

计算规则	清单规则	定额规则
工业厂房工程垂直运输	按建筑物建筑面积计算 同一建筑物檐口高度不同时,应区别不同檐口高度分别计算,层数多的地上层的外墙外垂直面(向下延伸至±0.000)为其分界	建筑物垂直运输机械台班用量,区分不同建筑物结构及檐高按建筑面积计算。地下室面积与地上面积合并计算

施工降水排水计算依据一览表见表 15-3。

表 15-3　施工降水排水计算依据一览表

计算规则	清单规则	定额规则
排水降水	按施工组织设计规定的设备数量和工作天数计算 集水井降水,以每台抽水机工作 24h 为一台日 井点管降水,以每台设备工作 24h 为一台日 井点设备"台(套)"的组成如下:轻型井点,50 根/套;喷射井点,30 根/套;大口径井点,45 根/套;水平井点,10 根/套;电渗井点,30 根/套;不足一套,按一套计算	轻型井、喷射井点排水的井管安装、拆除以根为单位计算,使用以"套·天"计算 真空深井、自流深井排水的安装、拆除以每口井计算,使用以每口"井·天"计算 使用天数以每昼夜(24h)为一天,并按施工组织设计要求的使用天数计算 集水井按设计图示数量以"座"计算,大口井按累计井深以长度计算

15.2　工程案例实战分析

15.2.1　问题导入

相关问题:

1)脚手架是如何计算工程量的?

2)脚手架是如何划分的?

3)工程中常用的垂直运输设施有哪些?如何选择?

4)如何计算垂直运输工程量?

5)排水降水的类型有哪些?

15.2.2　案例导入与算量解析

1. 综合脚手架

（1）名词概念

综合脚手架是综合了建筑物中砌筑内外墙所需用的砌墙脚手架、运料斜坡、上料平台、金属卷扬机架、外墙粉刷脚手架等内容。它是工业和民用建筑物砌筑墙体（包括其外粉刷）所使用的一种脚手架,如图 15-1 所示。

音频 15-1:脚手架的作用

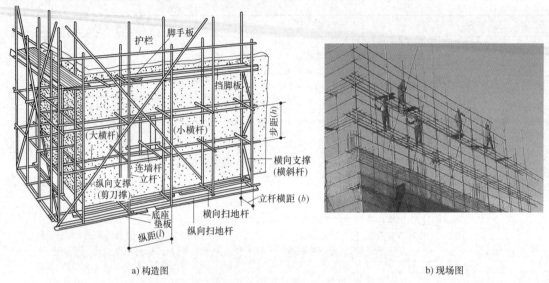

a) 构造图　　　　　　　　　　　b) 现场图

图 15-1　综合脚手架示意图

（2）案例导入与算量解析

【例 15-1】　已知某新建单层建筑物平面图如图 15-2 所示，剖面图如图 15-3 所示，不包括基础部分，试求该单层建筑物的脚手架工程量。

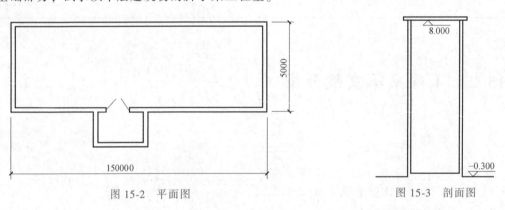

图 15-2　平面图　　　　　　　　图 15-3　剖面图

【解】

（1）识图内容

通过图中内容可知，室外地坪标高 0.300m，建筑长度为 10m，建筑宽度为 5m。

（2）工程量计算

① 清单工程量

$$S = 10 \times 5 = 50 \ (\text{m}^2)$$

② 定额工程量

定额工程量同清单工程量。

【小贴士】　式中：10 为建筑长度；5 为建筑宽度。

【例 15-2】　已知某新建多层建筑平面图如图 15-4 所示，剖面图如图 15-5 所示，已知室外地坪标高-0.450m，各层平面相同，不包括基础部分，试求该多层建筑物的脚手架工程量。

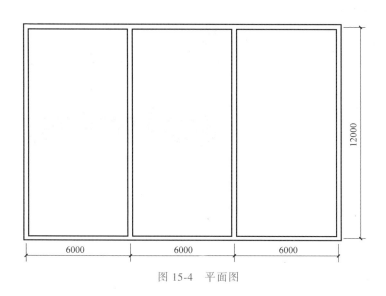

图 15-4　平面图

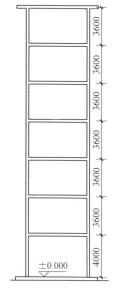

图 15-5　剖面图

【解】

（1）识图内容

通过已知及图中内容可知，室外地坪标高−0.45m，建筑长度为（18+0.24） m，建筑宽度为（12+0.24） m。

（2）工程量计算

① 清单工程量

$$H = 0.45+4+3.6 \times 6 = 26.05 \text{（m）}$$
$$S = （18+0.24） \times （12+0.24） \times 7 = 1562.80 \text{（m）}$$

② 定额工程量

定额工程量同清单工程量。

【小贴士】 式中：（18+0.24）为建筑长度；（12+0.24）为建筑宽度；7 为层数。

2. 外脚手架

（1）名词概念

外脚手架是指在建筑物外围所搭设的脚手架。外脚手架使用广泛，如各种落地式外脚手架、挂式脚手架、挑式脚手架、吊式脚手架等，一般均在建筑物外围搭设。外脚手架多用于外墙砌筑、外立面装修以及钢筋混凝土工程。外脚手架示意图如图 15-6 所示。

（2）案例导入与算量解析

【例 15-3】 某单层建筑平面图如图 15-7 所示，室内外高差 0.300m，平屋面，预应力空心板板厚 0.12m，墙厚 240mm，檐高 3.52m，试计算外墙脚手架工程量。

【解】

（1）识图内容

通过题干内容可知，室内外高差 0.300m，平屋面，预应力空心板板厚 0.12m，墙厚 240mm，檐高 3.52m。

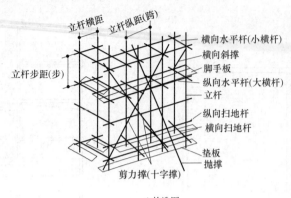
a) 构造图

b) 现场实物图

图 15-6　外脚手架示意图

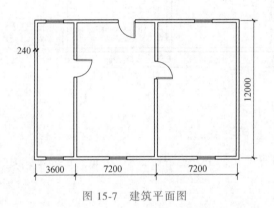

图 15-7　建筑平面图

（2）工程量计算

① 清单工程量

$$S = (3.6+7.2+7.2+0.24+12+0.24) \times 2 \times 3.52 = 214.58 \ (\text{m}^2)$$

② 定额工程量

定额工程量同清单工程量。

【小贴士】　式中：(3.6+7.2+7.2+0.24+12+0.24)×2 为外墙的总长度；3.52 为檐高。

【例 15-4】　某多层建筑平面图如图 15-8 所示，剖面图如图 15-9 所示，试计算外墙脚手架工程量。

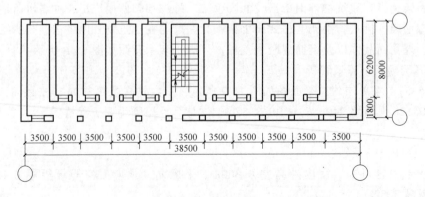

图 15-8　某多层建筑平面图

【解】

（1）识图内容

通过图中内容可知，外墙的长度为 38.5m，外墙的宽度为 8m，高度为 12+0.3=12.3（m）。

（2）工程量计算

① 清单工程量

$S=(38.5+0.24+8+0.24)×2×12.3=1155.71$（m²）

② 定额工程量

定额工程量同清单工程量。

【小贴士】 式中：$(38.5+0.24+8+0.24)×2$ 为外墙的总长度；12.3 为脚手架高度。

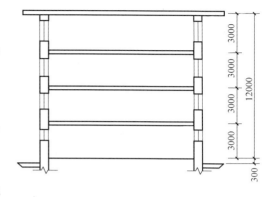

图 15-9 某多层建筑剖面图

3. 里脚手架

（1）名词概念

里脚手架又称内墙脚手架，是沿室内墙面搭设的脚手架。它分为多种，可用于内外墙砌筑和室内装修施工，具有用料少、灵活、轻便等优点。里脚手架如图 15-10 所示。

音频 15-2：
脚手架的要求

a）构造图

b）现场图

图 15-10 里脚手架示意图

（2）案例导入与算量解析

【例 15-5】 某住宅平面图如图 15-11 所示，剖面图如图 15-12 所示，墙厚 240mm，室内外高差为 0.600m，钢管脚手架，试计算里脚手架工程量。

【解】

（1）识图内容

通过题干内容可知，墙厚 240mm，室内外高差为 0.600m。

（2）工程量计算

① 清单工程量

$S=[(5.4-0.24)×4+(3.3-0.24)×6+(4.8-0.24)×2]×(2.9-0.1)=134.736$（m²）

② 定额工程量

定额工程量同清单工程量。

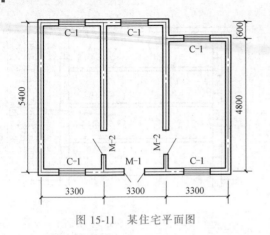

图 15-11 某住宅平面图

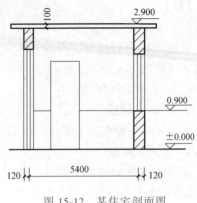

图 15-12 某住宅剖面图

【小贴士】 式中：[(5.4-0.24)×4+(3.3-0.24)×6+(4.8-0.24)×2] 为内墙的长度；(2.9-0.1) 为内墙高度。

【例 15-6】 某建筑物平面图如图 15-13 所示，剖面图如图 15-14 所示，墙厚 240mm，室内外高差为 0.300m，钢管脚手架，试计算里脚手架工程量。

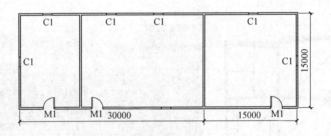

图 15-13 某建筑物平面图

【解】

（1）识图内容

通过题干内容可知，墙厚 240mm，室内外高差为 0.300m。

（2）工程量计算

① 清单工程量

$S = [(15-0.24)×6+(45-0.24×3)×2]×3.5 = 619.92$（$m^2$）

② 定额工程量

定额工程量同清单工程量。

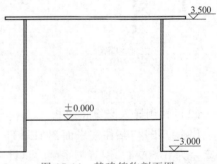

图 15-14 某建筑物剖面图

【小贴士】 式中：[(15-0.24)×6+(45-0.24×3)×2] 为内墙的长度；3.5 为脚手架高度。

4. 垂直运输

（1）名词概念

垂直运输费是建筑行业里的一个专项收费项目，是在工程承包中由建设单位支付给施工单位的一项费用，计算方法是从正负零减去正一楼算起，直至楼顶的提升高度。建筑物的垂直运输，按照建筑物的建筑面积计算。建筑物檐口高度在 3.6m 以内的单层建筑，不计算垂直运输费。

垂直运输设施是指担负垂直输送材料和施工人员上下的机械设备和设施，如塔式起重机、井字架、龙门架和建筑施工电梯等。

1）塔式起重机。塔式起重机（图 15-15）具有提升、回转、水平运输等功能，是吊装垂直运输设备，吊运长、大、重的物料时有明显优势。

2）井字架。在垂直运输过程中，井字架（图 15-16）的特点是稳定性好，运输量大，可以搭设较大高度；除用型钢或钢管加工的定型井架外，还有用脚手架材料搭设而成的井架；井架多为单孔井架，但也可搭成两孔或多孔井架。

图 15-15 塔式起重机

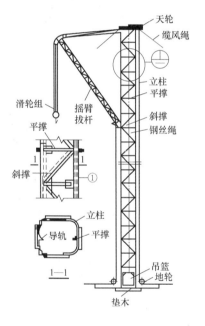

a) 构造图

b) 实物图

图 15-16 井字架示意图

3）龙门架。龙门架（图 15-17）由两立柱及天轮梁（横梁）构成，立柱由若干个格构柱用螺栓拼装而成，而格构柱是用角钢及钢管焊接而成或直接用厚壁钢管构成门架，龙门架设有滑轮、导轨、吊盘、安全装置以及起重索、缆风绳等。

4）施工电梯。施工电梯（图 15-18）通常称为施工升降机，但施工升降机包括的定义更广，施工平台也属于施工升降机系列。单纯的施工电梯是由轿厢、驱动机构、标准节、附墙、底盘、围栏和电气系统等几部分组成的，是建筑中经常使用的载人、载货施工机械，由于其独特的箱体结构使其乘坐起来既舒适又安全，施工电梯在工地上通常是配合塔式起重机使用的，一般载重量在 1~3t，运行速度为 1~60m/min。

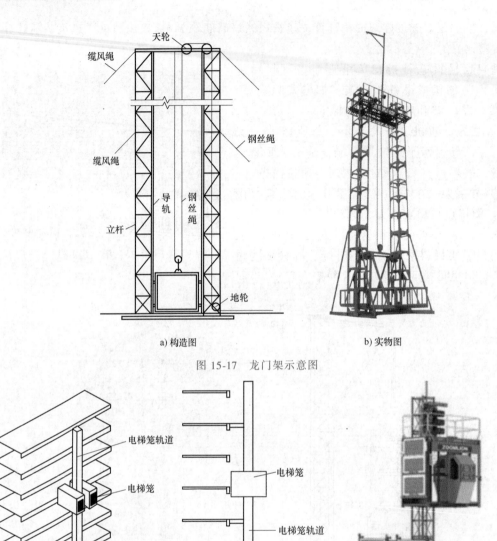

a) 构造图　　　　　　　　　　　　　　b) 实物图

图 15-17　龙门架示意图

a) 构造图　　　　　　　　　　　　　　b) 实物图

图 15-18　施工电梯示意图

（2）案例导入与算量解析

【例 15-7】　某框架商住楼采用塔式起重机施工，剖面图如图 15-19 所示。底层为店面，2 层以上为住宅，总建筑面积 5500m²，其中 1～6 层建筑面积为 900m²，每层层高为 3m，凸出屋面的电梯机房建筑面积为 100m²，层高为 2.8m，室外设计地面标高为−0.300m，计算垂直运输工程量。

【解】

（1）识图内容

通过题干内容可知，底层为店面，2 层以上为住宅，总建筑面积 5500m²，其中 1～6 层建筑面积为900m²，每层层高为3m，凸出屋面的电梯机房建筑面积为100m²，层高为2.8m，室外设计地面标高为−0.300m。

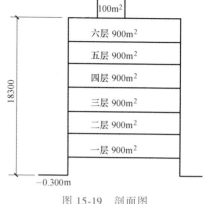

图15-19 剖面图

（2）工程量计算

① 清单工程量

檐高 = 3×6+0.300 = 18.3（m）

底层商店 $S = 900$m²

2～6 层　$S = 5×900+100 = 4600$（m²）

共计　$S = 900+4600 = 5500$（m²）

② 定额工程量

定额工程量同清单工程量。

【小贴士】 式中：3为层高；6为层数；0.300为室外设计标高。

【例 15-8】 某框架结构综合楼工程采用塔式起重机施工。该建筑的层高示意图如图15-20所示。1～6层为办公楼，7～20层为宾馆，其中20层部分檐口高度为63m，18层部分檐口高度为50m，15层部分檐口高度为36m。建筑面积分别是 1～15 层每层 1000m²，16～18 层每层800m²，19 层和 20 层每层300m²。试计算该工程垂直运输工程量。

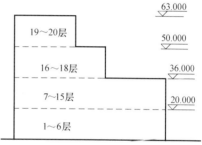

图15-20 某框架结构综合楼工程层高示意图

【解】

（1）识图内容

通过题干内容可知，1～6层为办公楼，7～20层为宾馆，其中20层部分檐口高度为63m，18层部分檐口高度为50m，15层部分檐口高度为36m。建筑面积分别是1～15层每层1000m²，16～18层每层800m²，19层和20层每层300m²。

（2）工程量计算

① 清单工程量

檐高36m办公室部分　$S = 6×1000 = 6000$（m²）

檐高36m宾馆部分　$S = 9×1000 = 9000$（m²）

檐高50m宾馆部分　$S = 3×800 = 2400$（m²）

檐高63m宾馆部分　$S = 2×300 = 600$（m²）

共计　$S = 6000+9000+2400+600 = 18000$（m²）

② 定额工程量

定额工程量同清单工程量。

【小贴士】 式中：6、9、3、2为层数；1000、1000、800、300为建筑面积。

5. 排水降水

（1）名词概念

施工排水降水是指在地下水位较高的地区开挖深基坑，由于含水层被切断，在压差作用下，地下水必然会不断地渗入基坑，如不进行基坑降水排水作业，将会造成基坑浸水，使现场施工条件变差，地基承载力下降，在动水压力作用下还可能引起流沙、管涌和边坡失稳等现象。因此，为确保基坑施工安全，必须采取有效的降水和排水措施。

基坑排水类型包括明沟排水、井点降水和盲沟排水等。基坑降水方法主要有明沟加集水井降水、轻型井点降水、喷射井点降水、电渗井点降水和深井井点降水等。

音频 15-3：基坑排水、降水的分类

1）明沟排水（图 15-21）是把流入沟槽内或基坑内的地下水汇集到集水井区，然后用水泵抽走。当开挖基础不深或水量不大的沟槽或基坑时，通常采用明沟排水的方法。从坑壁、坑底渗出的地下水，经排水沟汇集到排水井内，并由水泵排出坑外。

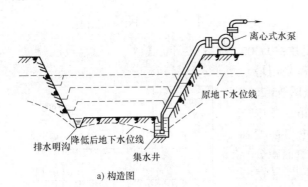

a) 构造图　　　b) 实物图

图 15-21　明沟排水示意图

2）井点降水（图 15-22）是将水层渗出的水通过散水管集中至集水井内，而后采用水泵等机械排水。渗排水的集水管依据排水大小、价格等可选用有砂混凝土管或硬塑管。渗排水的散水管设计坡度一般不大于 1%，间距为 5～10m。

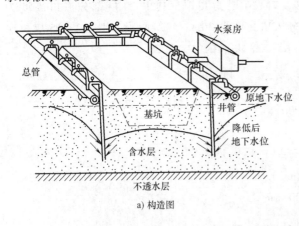

a) 构造图　　　b) 实物图

图 15-22　井点降水示意图

3）盲沟排水（图 15-23）一般设在建筑物或构筑物四周，由砂和卵石组成。盲沟与基坑开挖时施工的排水明沟应尽量联合。盲沟的间距应根据工程地质条件确定。

4）喷射井点降水（图 15-24）是在井点管内部装设特制的喷射器，用高压水泵或空气压缩机通过井点管中的内管向喷射器输入高压水或压缩空气形成水气射流，将地下水经井点外管与内管之间的间隙抽出排走。

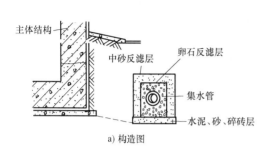

a) 构造图

b) 实物图

图 15-23 盲沟排水示意图

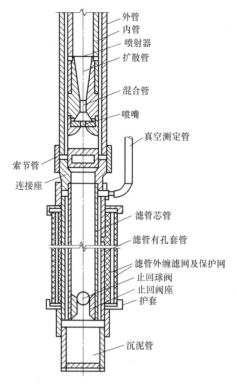

图 15-24 喷射井点降水示意图

5）电渗井点降水（图 15-25）是以井点管作负极，打入的钢筋作正极，通过直流电后，土颗粒自负极向正极移动，水则自正极向负极流动而被集中排出。

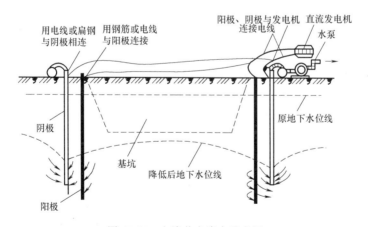

图 15-25 电渗井点降水示意图

（2）案例导入与算量解析

【例 15-9】 某三类建筑工程筏板基础，其基础平面尺寸为 18m×60m，基础埋置深度为自然地面以下 2.4m，基础底标高为 -2.700m，自然地面处标高为 -0.300m，地下常水位在 -1.500m 标高处。采用机械放坡挖土，轻型井点降水预计需 30 天，土方类别三类土，试计算降水工程量。

【解】

（1）识图内容

由题干可知，基础平面尺寸为 18m×60m，基础埋置深度为自然地面以下 2.4m，基础底标高为-2.700m，自然地面处标高为-0.300m，地下常水位在-1.500m 标高处。采用机械放坡挖土，轻型井点降水预计需 30 天，土方类别三类土。

（2）工程量计算

① 清单工程量

$$D = 30 \text{ 天}$$

② 定额工程量

定额工程量同清单工程量。

【小贴士】 式中：30 为井点降水天数。

【例 15-10】 某三类建筑工程，基坑采用轻型井点降水，基础形式为筏板基础，采用 60 根井点管降水 30 天，试计算施工降水工程量。

【解】

（1）识图内容

由题干可知，基坑采用轻型井点降水，基础形式筏板基础，采用 60 根井点管降水 30 天。

（2）工程量计算

① 清单工程量

安装、拆除井点管：60 根

井点降水 2×30 = 60（套·天）

② 定额工程量

定额工程量同清单工程量。

【小贴士】 式中：30 为井点降水天数。

15.3 关系识图与疑难分析

15.3.1 关系识图

总价措施项目与单价措施项目

总价措施项目包括安全文明施工、夜间施工增加、冬雨期施工增加、二次搬运、已完工程及设备保护等。

单价措施项目主要是技术类的措施项目，例如脚手架、垂直运输等。

总价措施费是由计算基数乘以费率来计算金额的项目，如安全防护、文明施工等。单价措施费是根据定额子目来计算金额的项目，如脚手架、模板、超高等。可以从以下两方面来区分总价措施项目费和单价措施项目费：一是发生是否确定，二是计算方式。总价措施项目费是施工前不能确定发生多少的，并以"计算基数"乘以某一费率，像冬雨期施工、二次搬运、已完工程及设备保护等，这些很可能发生，但发生多少在施工前并不能确定；单价措施项目费，是根据施工方案、施工工艺能确定的，像大型机械进出场及安拆、混凝土模板及支架（撑）、脚手架、垂直运输等。这些的计算是按台次价格或者平方米单价来计算的。

15.3.2　疑难分析

1）综合脚手架项目，适用于按建筑面积加权综合了各种单项脚手架且能够按《建筑工程建筑面积计算规范》（GB/T 50353—2013）计算建筑面积的房屋新建工程。

综合脚手架项目未综合的内容，可另行使用单项脚手架项目补充。

房屋附属工程、修缮工程以及其他不适宜使用综合脚手架项目的，应使用单项脚手架项目编码列项。

2）与外脚手架一起设置的接料平台（上料平台），应包括在建筑物外脚手架项目中，不单独编码列项。

斜道（上下脚手架人行通道）应单独编码列项，不包括在安全施工项目（总价措施项目）中。

安全网的形式，是指在外脚手架上发生的平挂网、立挂网、挑出网和密目式立网，应单独编码列项；"四口""五临边"防护用的安全网，已包括在安全施工项目（总价措施项目）中，不单独编码列项。

3）现浇混凝土板（含各种悬挑板）以及有梁板的板下梁、各种悬挑板中的梁和挑梁，不单独计算脚手架。

计算了整体工程外脚手架的建筑物，其四周外围的现浇混凝土梁、框架梁、墙和砌筑墙体，不另计算脚手架。

4）单项脚手架的起始高度计算。

石砌体高度>1m 时，计算砌体砌筑脚手架。

各种基础高度>1m 时，计算基础施工的相应脚手架。

室内结构净高>3.6m 时，计算天棚装饰脚手架。

其他脚手架，脚手架搭设高度>1.2m 时，计算相应脚手架。

5）计算各种单项脚手架时，均不扣除门窗洞口、空圈等所占面积。

6）搭设脚手架，应包括落地脚手架下的平土、挖坑或安底座，外挑式脚手架下型钢平台的制作和安装，附着于外脚手架的上料平台、挡脚板、护身栏杆的敷设，脚手架作业层铺设木（竹）脚手板等工作内容。

脚手架基础，实际需要时，应综合于相应脚手架项目中，不单独编码列项。

7）檐口高度 3.6m 以内的建筑物，不计算垂直运输。

8）工业建筑中，为物质生产配套和服务的食堂、宿舍、医疗、卫生及管理用房等独立建筑物，按民用建筑垂直运输项目编码列项。

9）零星工程垂直运输项目，是指能够计算建筑面积（含 1/2 面积）的空间的外装饰层（含屋面顶坪）范围以外的零星工程所需要的垂直运输。

10）大型机械基础，是指大型机械安装就位所需要的基础及固定装置的制作、铺设、安装及拆除等工作内容。

11）大型机械进出场，是指大型机械整体或分体自停放地点运至施工现场或由一施工地点运至另一施工地点的运输、装卸，以及大型机械在施工现场进行的安装、试运转和拆卸等工作内容。

第**16**章 建筑工程定额计价与工程量清单计价

16.1 建筑工程定额计价

16.1.1 建筑工程定额计价概述

定额计价是指根据招标文件，按照国家各建设行政主管部门发布的建设工程预算定额的"工程量计算规则"，同时参照省级建设行政主管部门发布的人工工日单价、机械台班单价、材料以及设备价格信息及同期市场价格，直接计算出直接工程费，再按规定的计算方法计算出间接费、利润、税金，汇总确定建筑安装工程造价。

1）市场经济体制下定额计价制度的改革。

工程定额计价制度改革第一阶段的核心是"量价分离"，即由国务院建设行政主管部门制定符合国家有关标准、规范，并反映一定时期施工水平的人工、材料、机械等消耗量标准，实现国家对消耗量标准的宏观管理。对人工、材料、机械的单价等，由工程造价管理机构依据市场价格的变化发布工程造价相关信息和指数，将过去完全由政府计划统一管理的定额计价改变为"控制量、指导价、竞争费"。

工程定额计价制度改革第二阶段的核心是工程造价计价方式的改革。在市场的交易过程中，定额计价制度与市场主体要求拥有自主定价权之间发生了矛盾和冲突，主要表现为以下几方面：

① 浪费了大量的人力、物力，招标投标双方存在着大量的重复劳动。

② 投标单位的报价按统一定额计算，不能按照自身具体的施工条件、施工设备和技术专长来确定报价；不能按照自身的采购优势来确定材料预算价格；不能按照企业的管理水平来确定工程的费用开支；企业的优势体现不到投标报价中。

政府主管部门推行了工程量清单计价制度，以适应市场定价的改革目标。在这种计价方式下，工程量清单报价由招标者给出工程量清单，投标者填单价，单价完全依据企业技术、管理水平的整体实力而定，充分发挥了工程建设市场主体的主动性和能动性，是一种与市场经济相适应的工程计价方式。

2）工程量清单计价规范报价在我国是一种较新的计价模式，与定额计价办法相比，有着完全不同的内容，具体体现在以下几方面：

① 工程量清单计价报价均采用综合单价形式，综合单价包含了工程直接费、工程间接费、利润和各种税费等。不像定额计价那样有定额直接费表，再有各种费、税、材料价差表；最后才能确定工程造价。相比之下，工程量清单计价报价显得简单明了，更适合工程招标投标。

② 工程量清单计价要求投标单位根据市场行情和自身实力报价，从而打破了工程造价形成的单一性和垄断性，呈现出有高有低的多样性报价。建设工程的招标投标，很大程度上是工程单价的竞争，如仍采用定额计价模式，竞争就不能真正体现出来。

③ 工程量清单计价具有合同化的法定性，工程量清单为投标人提供了一个平等的报价基础，结算时按照招标文件规定的计量方法计量实际完成工程量，也就是说工程量是可以调整的。

④投标单位报价的多样性，有利于逐渐推行经评审最低投标投价中标法，从而达到降低工程造价、节约投资的目的。

16.1.2　建筑工程定额计价的应用

建筑工程定额按编制程序和用途不同，划分为施工定额、预算定额、概算定额、概算指标、投资估算指标和造价指标。

1. 施工定额

施工定额是以同一性质的施工过程为测定对象，表示某一施工过程中的人工、主要材料和机械消耗量。

（1）施工定额的种类

施工定额是建筑安装企业在施工过程中确定的工程项目的劳动力、材料、施工机械等消耗的标准量。施工定额包括劳动定额、材料消耗定额和机械台班使用定额三部分。

1）劳动定额，即人工定额。在先进合理的施工组织和技术措施的条件下，完成合格的单位建筑安装产品所需要消耗的人工数量。它通常以劳动时间（工日或工时）来表示。劳动定额是施工定额的主要内容，主要表示生产效率的高低，劳动力的合理运用，劳动力和产品的关系以及劳动力的配备情况。

2）材料消耗定额。在节约合理使用材料的条件下，完成合格的单位建筑安装产品所必需消耗的材料数量。主要用于计算各种材料的用量，其计量单位为千克、米等。

3）机械台班使用定额。其分为机械时间定额和机械产量定额两种。在正确的施工组织与合理使用机械设备的条件下，施工机械完成合格的单位产品所需的时间，为机械时间定额，其计量单位通常以台班或台时来表示。在单位时间内，施工机械完成合格的产品数量则称为机械产量定额。

（2）施工定额案例分析

【背景】

根据某基础工程工程量和《全国统一建筑工程基础定额》消耗指标，进行工料分析计算得出各项资源消耗及该地区相应的市场价格，见表16-1。

纳税人所在地为城市市区，按照《住房城乡建设部、财政部关于印发〈建筑安装工程费用项目组成〉的通知》（建标［2013］44号）关于建安工程费用的组成和规定取费，各项费用的费率：措施费为分部分项工程人材机费之和的8%，企业管理费和利润分别为分部分项工程人材机费与措施费之和的7%和4.5%，规费为分部分项工程费、措施费、企业管理费与利润之和的3%。该地区征收2%的地方教育附加。

【问题】

1）计算该工程应纳营业税、城市建设维护税和教育附加税以及地方教育附加的综合税率。

2）试用实物法编制该基础工程的施工图预算。

表 16-1 资源消耗量及预算价格表

资源名称	单位	消耗量	单价/(元)	资源名称	单位	消耗量	单价/(元)
32.5 水泥	kg	1740.84	0.46	钢筋φ10 以上	t	2.307	4600.00
42.5 水泥	kg	18101.65	0.48	钢筋φ12 以上	t	5.526	4700.00
52.5 水泥	kg	20349.76	0.50	砂浆搅拌机	台班	16.24	42.84
净砂	m³	70.76	30.00	5t 载重汽车	台班	14.00	310.59
碎石	m³	40.23	41.20	木工圆锯	台班	0.36	171.28
钢膜	kg	152.96	9.95	翻斗车	台班	16.26	101.59
木门窗料	m³	5.00	2480.00	挖土机	台班	1.00	1060.00
木模	m³	1.232	2200.00	混凝土搅拌机	台班	4.35	152.15
镀锌钢板	kg	146.58	10.48	卷扬机	台班	20.59	72.57
灰土	m³	54.74	50.48	钢筋切断机	台班	2.79	161.47
水	m³	42.90	2.00	钢筋弯曲机	台班	6.67	152.22
电焊条	kg	12.98	6.67	插入式振动器	台班	32.37	11.82
草袋子	m³	24.30	0.94	平板式振动器	台班	4.18	13.57
黏土砖	千块	109.07	150.00	电动打夯机	台班	85.03	23.12
隔离剂	kg	20.22	2.00	综合工日	工日	850.00	50.00
钢钉	kg	61.57	5.70				

【解】

（1）在表 16-1 基础上直接算出人工费、材料费、机械费，填入某基础工程人、材、机费用计算表，见表 16-2。

表 16-2 某基础工程人、材、机费用计算表

资源名称	单位	消耗量	单价/(元)	合价/(元)	资源名称	单位	消耗量	单价/(元)	合价/(元)
32.5 水泥	kg	1740.84	0.46	800.79	钢筋φ12 以上	t	5.526	4700.00	25972.20
42.5 水泥	kg	18101.65	0.48	8688.79	材料费合计			97908.04	
52.5 水泥	kg	20349.76	0.50	10174.88	砂浆搅拌机	台班	16.24	42.84	695.72
净砂	m³	70.76	30.00	2122.80	5t 载重汽车	台班	14.00	310.59	4348.26
碎石	m³	40.23	41.20	1657.48	木工圆锯	台班	0.36	171.28	61.66
钢膜	kg	152.96	9.95	1521.95	翻斗车	台班	16.26	101.59	1651.85
木门窗料	m³	5.00	2480.00	12400.00	挖土机	台班	1.00	1060.00	1060.00
木模	m³	1.232	2200.00	2710.40	混凝土搅拌机	台班	4.35	152.15	661.85
镀锌钢板	kg	146.58	10.48	1536.16	卷扬机	台班	20.59	72.57	1494.22
灰土	m³	54.74	50.48	2763.28	钢筋切断机	台班	2.79	161.47	450.50
水	m³	42.90	2.00	85.80	钢筋弯曲机	台班	6.67	152.22	1015.31
电焊条	kg	12.98	6.67	86.58	插入式振动器	台班	32.37	11.82	380.61
草袋子	m³	24.30	0.94	22.84	平板式振动器	台班	4.18	13.57	56.72
黏土砖	千块	109.07	150.00	16360.50	电动打夯机	台班	85.03	23.12	1965.89
隔离剂	kg	20.22	2.00	40.44	机械费合计			13844.59	
钢钉	kg	61.57	5.70	350.95	综合工日	工日	850.00	50.00	42500.00
钢筋φ10 以上	t	2.307	4600.00	10612.20	人工费合计			42500.00	

（2）根据表 16-2 求得的人、材、机费用和背景材料给定的费率，计算某基础工程的施

工图预算造价，见表 16-3。

表 16-3　某基础工程施工图预算造价

序号	费用名称	费用计算表达式	金额/（元）	备注
1	直接工程费	人工费+材料费+机械费	154252.63	
2	措施费	［1］×8%	12340.21	
3	直接费	［1］+［2］	166592.84	
4	企业管理费	［3］×7%	11661.50	
5	利润	（［1］+［2］）×4.5%	7496.68	
6	规费	（［1］+［2］+［4］+［5］）×3%	5572.53	
7	税金	（［3］+［4］+［5］）×2%	384.50	
8	基础工程预算造价	［3］+［4］+［5］+［6］+［7］	161708.05	

2. 预算定额

预算定额是以工程中的分项工程，即在施工图上和工程实体上都可以区分开的产品为测定对象编制的，其内容包括人工、材料和机械台班使用量三部分；经过计价后可编制单位估算表。

预算定额是以施工定额为基础综合扩大编制的，同时它也是编制概算定额的基础。

（1）预算定额的编制步骤

预算定额的编制，大致可以分为准备工作、收集资料、编制定额、报批和修改定稿五个阶段。各阶段工作相互有交叉，有些工作还有多次反复。其中，预算定额编制阶段的主要工作如下：

1）确定编制细则。主要包括统一编制表格及编制方法；统一计算口径、计量单位和小数点位数的要求；有关统一性规定，包括名称统一、用字统一、专业用语统一、符号代码统一，简化字要规范，文字要简练明确。

音频 16-1：预算
定额的水平

预算定额与施工定额计量单位往往不同。施工定额的计量单位一般按照工序或施工过程确定；而预算定额的计量单位主要是根据分部分项工程和结构构件的形体特征及其变化确定。由于工作内容综合，预算定额的计量单位也具有综合的性质。工程量计算规则的规定应确切反映定额项目所包含的工作内容。预算定额的计量单位关系到预算工作的繁简和准确性。因此，要正确确定各分部分项工程的计量单位。一般依据建筑结构构件形状的特点来确定。

2）确定定额的项目划分和工程量计算规则。计算工程数量是为了计算出典型设计图所包括的施工过程的工程量，以便在编制预算定额时，有可能利用施工定额的人工、材料和机械消耗指标确定预算定额所含工序的消耗量。

3）定额人工、材料、机械台班耗用量的计算、复核和测算。

（2）预算定额案例分析

【背景】

某施工项目包括砌筑工程和其他分部分项工程，施工单位需要确定砌筑一砖半墙 $1m^3$ 的施工定额和砌筑 $10m^3$ 砖墙的预算单价。

砌筑一砖半墙的技术测定资料如下：

完成 $1m^3$ 砖砌体需基本工作时间 15.5h，辅助工作时间占工作延续时间的 3%，准备与结束工作时间占 3%，不可避免的中断时间占 2%，休息时间占 16%，人工幅度差系数为

10%，超运距运砖每千砖需耗时 2.5h。

砖墙采用 M5 水泥砂浆，实体积与虚体积之间的折算系数为 1.07。砖和砂浆的损耗率均为 1%，完成 $1m^3$ 砌体需耗水 $0.8m^3$，其他材料费占上述材料费的 2%。

砂浆采用 4001 搅拌机现场搅拌，运料需 200s，装料需 50s，搅拌需 80s，卸料需 30s，不可避免的中断时间为 10s。搅拌机的投料系数为 0.65，机械利用系数为 0.8，机械幅度差系数为 15%。

人工日工资单价为 21 元/工日，M5 水泥砂浆单价为 120 元/m^3，机砖单价为 190 元/千块，水为 0.6 元/m^3，4001 砂浆搅拌机台班单价为 100 元/台班。

【问题】

确定砌筑工程中一砖半墙 $1m^3$ 的施工定额和砌筑 $10m^3$ 砖墙的预算单价。

【解】

（1）施工定额的编制。

1）劳动定额。

$$时间定额 = \frac{定额时间}{每工日工时数} = \frac{基本工作时间}{基本工作时间占定额时间的比例 \times 每工日工时数}$$

$$= \frac{基本工作时间}{(1-其他工作时间占定额时间的比例之和) \times 每工日工时数}$$

$$= \frac{15.5}{(1-3\%-3\%-2\%-16\%) \times 8} = 2.549 （工日）$$

$$产量定额 = \frac{1}{时间定额} = \frac{1}{2.549} = 0.39 （m^3）$$

2）材料消耗定额。

$$一砖半墙 1m^3 的净用量 = \left[\frac{1}{(砖长+灰缝) \times (砖厚+灰缝)} + \frac{1}{(砖宽+灰缝) \times (砖厚+灰缝)} \right] \times$$

$$\frac{1}{砖长+砖宽+灰缝}$$

$$= \left[\frac{1}{(0.24+0.01) \times (0.053+0.01)} + \frac{1}{(0.115+0.01) \times (0.053+0.01)} \right] \times$$

$$\frac{1}{0.24+0.115+0.01} = 522 （块）$$

砖的消耗量 $= 522 \times (1+1\%) = 527 （块）$

一砖半墙 $1m^3$ 的砂浆净用量 $= 0.253 \times (1+1\%) = 0.256 （m^3）$

水用量 $= 0.8m^3$

3）机械产量定额。

首先，确定机械循环一次所需时间。

由于运料时间大于装料、搅拌出料和不可避免的中断时间之和，所以机械循环一次所需时间为 200s。

搅拌机净工作 1h 的生产率：

$$N_h = 60 \times 60 \div 200 \times 0.4 \times 0.65 = 4.68 （m^3）$$

搅拌机台班产量定额 $= N_h \times 8 \times k_B = 4.68 \times 8 \times 0.68 = 29.952 （m^3）$

一砖半墙 $1m^3$ 机械台班消耗量 $= 0.256 \div 29.952 = 0.009$ （台班）

（2）预算定额和预算单价的编制。

1）预算定额。

预算人工工日消耗量 $= (2.549 + 0.527 \times 2.5/8) \times 10 \times (1 + 10\%) = 29.854$ （工日）

预算材料消耗量：砖 5.27 千块；砂浆 $2.56m^3$；水 $8m^3$

预算机械台班消耗量 $= 0.009 \times 10 \times (1 + 15\%) = 0.104$ （台班）

2）预算单价。

人工费 $= 29.854 \times 21 = 626.93$ （元）

材料费 $= (5.27 \times 190 + 2.586 \times 120 + 8 \times 0.6) \times (1 + 2\%) = 1342.78$ （元）

机械费 $= 0.104 \times 100 = 10.4$ （元）

则预算定额单价 = 人工费 + 材料费 + 机械费 $= 626.93 + 1342.78 + 10.4 = 1980.14$ （元）

3. 概算定额

（1）概算定额的编制步骤

1）准备工作阶段。该阶段的主要工作是确定编制机构和人员组成，进行调查研究，了解现行概算定额的执行情况和存在的问题，明确编制定额的项目。在此基础上，制定出编制方案和确定概算定额项目。

2）编制初稿阶段。该阶段根据制定的编制方案和确定的定额项目，收集和整理各种数据，对各种资料进行深入细致的测算和分析，确定各项目的消耗指标，最后编制出定额初稿。该阶段要测算概算定额水平。其内容包括两个方面：新编概算定额与原概算定额的水平测算，概算定额与预算定额的水平测算。

3）审查定稿阶段。该阶段要组织有关部门讨论定额初稿，在听取合理意见的基础上进行修改。最后将修改稿报请上级主管部门审批。

（2）概算定额案例分析

案例一：

【背景】

拟建砖混结构住宅工程 $3420m^2$，结构形式与已建成的某工程相同，只有外墙保温贴面不同，其他部分均较为接近。类似工程外墙面为珍珠岩板保温、水泥砂浆抹面，每平方米建筑面积工程量分别为 $0.044m^3$、$0.842m^2$，直接工程费单价为珍珠岩板保温 153.1 元/m^3、水泥砂浆抹面 8.95 元/m^2；拟建工程外墙为加气混凝土保温、外贴釉面砖，每平方米建筑面积工程量分别为 $0.08m^3$、$0.82m^2$，直接工程费单价为加气混凝土保温 185.48 元/m^3、贴釉面砖 49.75 元/m^2。类似工程直接工程费单价为 465 元/m^2，其中人工费、材料费、机械费占直接工程费单价比例分别为 14%、78%、8%，措施费、间接费和利润、税金占直接工程费的综合费率为 20%。拟建工程与类似工程预算造价在这几方面的差异系数分别为 2.01、1.06 和 1.92。

【解】

先将原题目差别部分明晰化如下：拟建工程每平方米建筑面积外墙面工程量为加气混凝土保温 $0.08m^3$、185.48 元/m^3，外贴釉面砖 $0.82m^2$、49.75 元/m^2。类似工程每平方米建筑面积外墙面工程量为珍珠岩板保温 $0.044m^3$、153.1 元/m^3，水泥砂浆抹面 $0.842m^2$、8.95 元/m^2。

① 拟建工程直接工程费差异系数 $= 14\% \times 2.01 + 78\% \times 1.06 + 8\% \times 1.92 = 1.2618$

拟建工程概算指标(直接工程费) $= 465 \times 1.2618 = 586.74$ （元/m^2）

结构修正概算指标(直接工程费)= 586.74+(0.08×185.48+0.82×49.75)-(0.044×153.1+0.842×8.95)= 628.10 (元/m²)

拟建工程单位造价 = 628.10×(1+20%)= 753.72 (元/m²)

拟建工程概算造价 = 753.72×3420 = 2577722 (元)

② 人工费 = 每平方米建筑面积人工消耗指标×现行人工工日单价 = 5.08×20.31 = 103.17 (元)

材料费 = ∑(每平方米建筑面积材料消耗指标×相应材料预算价格)= (23.8×3.1+205×0.35+0.05×1400+0.24×350)×(1+45%)= 434.32 (元)

机械费 = 直接工程费×机械费占直接工程费的比率 = 直接工程费×8%

则 直接工程费 = 103.17+434.32+直接工程费×8%

直接工程费 = (103.17+434.32)/(1-8%)= 584.23 (元/m²)

结构修正概算指标(直接工程费)= 拟建工程概算指标+换入结构指标-换出结构指标 = 584.23+0.08×185.48+0.82×49.75-(0.044×153.1+0.842×8.95)= 625.59 (元/m²)

拟建工程单位造价 = 结构修正概算指标×(1+综合费费率)= 625.59×(1+20%)= 750.71 (元/m²)

拟建工程概算造价 = 拟建工程单位造价×建筑面积 = 750.71×3420 = 2567428 (元)

案例二:

【背景】

假设新建职工宿舍一座,其建筑面积为3500m²,按当地概算指标手册查出同类土建工程单位造价880元/m²(其中,人、材、机费为650元/m²),采暖工程95元/m²,给水排水工程72元/m²,照明工程180元/m²,但新建职工宿舍设计资料与概算指标相比较,其结构构件有部分变更。设计资料表明,外墙为1.5砖外墙,而概算指标中外墙为1砖墙。根据概算指标手册编制期采用的当地土建工程预算价格,外墙带形毛石基础的预算单价为425.43元/m³,1砖外墙的预算单价为642.50元/m³,1.5砖外墙的预算单价为662.74元/m³;概算指标中每100m²中含外墙带形毛石基础为3m³,1砖外墙为14.93m。新建工程设计资料表明,每100m²中含外墙带形毛石基础为4m³,1.5砖外墙为22.7m³。根据当地造价主管部门颁布的新建项目土建、采暖、给水排水、照明等专业工程造价综合调整系数分别为1.25、1.28、1.23、1.30。

计算该新建职工宿舍的设计概算。

【解】

土建工程结构变更人、材、机费用修正指标计算见表16-4。

表 16-4 结构变化引起的单价调整

序号	结构名称	单位	数量/m³	单价/(元/m³)	单位面积价格/(元/m²)
	土建工程单位面积造价				
1	换出部分				
1.1	外墙带形毛石基础	m³	0.03	425.43	12.76
1.2	1砖外墙	m³	0.1493	642.5	95.93
	换出合计	元			108.69
2	换入部分				
2.1	外墙带形毛石基础	m³	0.04	425.43	17.02
2.2	1.5砖外墙	m³	0.227	662.74	150.44
	换入合计	元			167.46

土建工程单位面积人、材、机费用修正定额　$650-108.69+167.46=708.77$（元/m²）

每平方米土建工程修正概算指标　$708.77×(880/650)×1.25=1199.46$（元/m²）

该新建职工宿舍设计概算　$(1199.46+95×1.28+72×1.23+180×1.30)×3500=5752670$（元）

4. 投资估算指标

（1）投资估算指标的内容

投资估算指标是确定和控制建设项目全过程各项投资支出的技术经济指标，其范围涉及建设前期、建设实施期和竣工验收交付使用期等各个阶段的费用支出，内容因行业不同各异，一般可分为建设项目综合指标、单项工程指标和单位工程指标三个层次。

（2）投资估算指标的编制步骤

投资估算指标的编制工作涉及建设项目的产品规模、产品方案、工艺流程、设备选型、工程设计和技术经济等各个方面。既要考虑现阶段技术状况，又要展望未来技术发展趋势和设计动向，从而可以指导以后建设项目的实践。其编制一般分为以下三个阶段：

1）收集整理资料阶段。收集整理已建成或正在建设的符合现行技术政策和技术发展方向有可能重复采用的有代表性的工程设计施工图、标准设计以及相应的竣工决算或施工图预算资料等。将整理后的数据资料按项目划分栏目加以归类，按照编制年度的现行定额、费用标准和价格，调整成编制年度的造价水平及相互比例。

2）平衡调整阶段。由于调查收集的资料来源不同，虽然经过一定的分析整理，但难免会由于设计方案、建设条件和建设时间上的差异带来的某些影响，使数据失准或漏项，故必须对有关资料进行综合平衡调整。

3）测算审查阶段。测算是将新编的指标和选定工程的概（预）算，在同一价格条件下进行比较，检验其"量差"的偏离程度是否在允许偏差的范围以内。如偏差过大，则要查找原因，进行修正，以保证指标确切、实用。

5. 造价指标

造价指标是指建设工程整体或局部在某一时间、地域，一定计量单位的造价水平或工料机消耗量的数值。建设工程造价指标可以按照不同的分类标准进行分类。

建设工程造价指标测算方法主要包括数据统计法、典型工程法和汇总计算法。

1）数据统计法。当建设工程造价数据的样本数量达到数据采集最少样本数量时，应使用数据统计法测算建设工程造价指标。

2）典型工程法。建设工程造价数据的样本数量达不到最少样本数量要求时，建设工程造价指标应采用典型工程法测算。

典型工程法造价数据也宜采用样本数据，并且要求典型工程的特征必须与指标描述保持一致。在计算时，应将典型工程各构成数据包括构成的人工、材料、机具等分部分项费用以及措施费、规费、增值税数据调整至相应平均水平，然后再计算各类工程造价指标。

3）汇总计算法。利用下一层级造价指标汇总计算上一层级造价指标时，应采用汇总计算法。汇总计算法宜采用数据统计法得出各类工程造价指标。

6. 概算指标

概算指标是基本建设工程概算指标的简称，是完成一定单位建筑安装工程的工料消耗量或工程造价的定额指标。例如，建筑工程中的每百平方米建筑面积造价指标和工料消耗量指标；每平方米住宅建筑面积造价指标等。概算指标由国家或其授权机构规定，是编制设计概算、控制概算造价、选择设计方案的依据，也是编制施工企业劳动计划和物资供应计划的依据。概算指标须用科学方法进行测定，不能偏低或偏高。

（1）概算指标的确定原则

1）按平均水平确定概算指标的原则。

2）概算指标的内容和表现形式，要贯彻简明适用的原则。

3）概算指标的编制依据，必须具有代表性。

（2）概算指标的内容

概算指标比概算定额更加综合扩大，其主要内容包括以下几个方面：

1）总说明。说明概算指标的编制依据、适用范围、使用方法等。

2）示意图。说明工程的结构形式。

3）结构特征。详细说明主要工程的结构形式、层高、层数和建筑面积等。

4）经济指标。说明该项目每百平方米或每座构筑物的造价指标，以及其中土建、水暖等单位工程的相应造价。

5）分部分项工程构造内容及工程量指标。说明该工程项目各分部分项工程的构造内容，相应计量单位的工程量指标，以及人工、材料消耗指标。

16.2 工程量清单计价

16.2.1 工程量清单计价概述

1. 工程量清单计价的概念

工程量清单是表现拟建工程的分部分项工程项目、措施项目、其他项目名称和相应数量的明细清单；是按照招标和施工设计图要求将拟建招标工程的全部项目和内容，依据统一的工程量计算规则、统一的工程量清单项目编制规则要求，计算拟建招标工程的分部分项实物工程量，按工程部位性质分解为分部分项或某一构件列在清单上作为招标文件的组成部分，供投标单位逐项填写单价。经过比较投标单位所填写的单价与合价，合理选择最佳投标人。

工程量清单计价是建设工程在施工招标投标活动中，招标人按规定格式提供招标投标项目分部分项工程数量，由投标人自主报价的一种计价行为。其主要包括以下几方面内容：

1）分部分项工程名称以及相应的计量单位和工程数量。

2）分部分项工程"工作内容"的补充说明。

3）分部分项工程施工工艺特殊要求的说明。

4）分部分项工程中的主要材料规格、型号及质量要求的说明。

5）现场施工条件、自然条件及其需要说明的问题。

工程量清单是依据建设行政主管部门颁发的工程量清单计算规则、分部分项工程划分及计量单位的规定、施工设计图、施工现场情况和招标文件中的有关要求进行编制的。它是由招标方提供的一种技术文件，而投标方则根据此技术文件进行投标报价。

音频 16-2：编制
工程量清单的依据

建设单位在招标时，基本上都附有工程量清单，这为工程量清单计价提供了一个良好的基础。

2. 工程量清单计价的特点及优势

1）有利于企业编制内部施工定额，提高企业内部的管理水平。

企业在招标投标时，必须参照标准定额，以标准定额为依据套用市场的人工、材料、机械单价，综合计算出单价。

2）能够增加企业中标的可能性。

在实际招标投标过程中，报价项目一般比较多，考虑到甲方一般会询价，而且竣工结算时工程量是按实际发生的工程量进行计算的，因而可在报价中采取不均衡报价法，即预计工程量今后可能会增加的项目其单价要适当报高些，反之则报低些。这样即使初期总价低也没关系，不仅不会影响整个工程利润，而且还会增加中标的可能性。

3）杜绝了相互扯皮的现象，使工程能够顺利结算。

这是因为工程量清单计价的单价是综合、不可调的，而工程量除了一些隐蔽工程或一些不可预测的因素外，其他都有图样或可实测实量。因此，在结算时能够做到清晰、明确。

4）工程量清单计价有利于风险合理分担。

与定额计价（量价合一）相比，工程量清单计价（量价分离）有效降低了承发包双方的风险，符合风险合理分担的原则。推行工程量清单计价，业主负责确定工程量，承担了工程量计算误差的风险，施工企业提出工程单价，承担了工程单价不符合市场实际的风险。

5）工程量清单计价是一种公开、公平竞争的计价方法。

工程量清单计价符合市场经济运行的规律和市场竞争的规则。以工程量清单计价能竞争出一个合理的低价，可以显著提高业主的资金使用效益，促进施工企业加快技术进步及革新、改善经营管理、提高劳动生产率和确定合理施工方案，在合理低价中获取合理的或最佳的利润。这对承发包双方有利，对国家经济建设与发展更为有利，是一个多方获益的计价模式。

6）工程量清单方便工程管理。

工程量清单除具有估价作用外，承包商可以将设计图、施工规范、工程量清单综合考虑来编制材料采购计划、安排资源计划、控制工程成本，使总的目标成本在控制范围内；工程量清单为业主中期付款和工程决算提供了便利，利用工程量清单，业主可在建设过程中严格控制工程款的拨付、设计变更和现场签证。业主和工程师还可以根据工程量清单检查承包商的施工情况，进行资金的准备与安排，保证及时支付工程价款和进行投资控制；而承包商则按合同规定和业主要求，严格执行工程量清单计价中的原则和内容，及时与业主和工程师联系，合理追加工程款，以便如期完工。

7）推行工程量清单计价有利于与国际接轨。

工程量清单计价方式在国际上通行已经有上百年的历史，规章完备，体系成熟。这一计价方式改革对我国企业参与国际工程竞争铺平了道路，更加有利于我国尽快制定工程造价法律体系，以适应市场经济全球化的要求。

8）推行工程量清单计价有利于规范计价行为。

推行工程量清单计价将统一建设工程的计量单位、计量规则，规范建设工程计价行为，促进工程造价管理改革的深入和管理体制的创新，最终建立政府宏观调控、市场有序竞争，形成工程造价的新机制，也将对工程招标投标活动、工程施工、工程管理、工程监理等方方面面产生深远的影响。

16.2.2 工程量清单计价的应用

1. 工程量清单计价的适用范围

工程量清单计价规范适用于建设工程发承包及其实施阶段的计价活动。根据《建设工程工程量清单计价规范》(GB 50500—2013),使用国有资金投资的建设工程发承包,必须采用工程量清单计价。国有资金投资的

音频 16-3:国有资金
投资项目的分类

项目包括全部使用国有资金(含国家融资资金)投资或国有资金投资为主的工程建设项目。

1)国有资金投资的工程建设项目。

① 使用各级财政预算资金的项目。

② 使用纳入财政管理的各种政府性专项建设基金的项目。

③ 使用国有企事业单位自有资金,并且国有资产投资者实际拥有控制权的项目。

2)国家融资资金投资的工程建设项目。

① 使用国家发行债券所筹资金的项目。

② 使用国家对外借款或者担保所筹资金的项目。

③ 使用国家政策性贷款的项目。

④ 国家授权投资主体融资的项目。

⑤ 国家特许的融资项目。

3)国有资金(含国家融资资金)为主的工程建设项目。

它是指国有资金占投资总额 50% 以上,或虽不足 50% 但国有投资者实质上拥有控股权的工程建设项目。非国有资金投资的建设工程,宜采用工程量清单计价;不采用工程量清单计价的建设工程,应执行《建筑工程工程量清单计价规范》(GB 50500—2013)中除工程量清单等专门性规定外的其他规定。目前,工程量清单计价方式已广泛应用于各类工程建设项目的计价与管理活动,其投资效益和社会效益日益明显。

2. 工程量清单计价案例

案例一:

【背景】

某砖基础工程平面图和剖面图如图 16-1 和图 16-2 所示,砖基础为烧结煤矸石普通砖 240mm×115mm×53mm,砌筑砂浆采用干混砌筑砂浆 DM10,垫层混凝土强度要求 C15,基础底

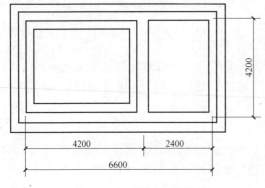

图 16-1 砖基础平面图

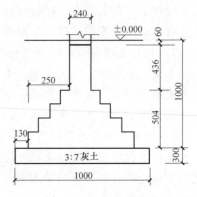

图 16-2 砖基础剖面图

铺 300m 厚 3：7 灰土垫层，基础防潮层采用 20mm 厚防水砂浆 1：2，掺防水剂。试编制砖基础和垫层的工程量清单，根据已知的条件计算其综合单价（含量法），并编制综合单价分析表。

该工程为 Ⅲ 类工程，管理费费率为 25.6%，利润率为 15%，按人工费计算其管理费及利润。清单项目砖基础的工作内容包括砖基础和砂浆防潮层。

已知地区预算定额见表 16-5。

表 16-5　预算定额项目表

定额编号	定额项目名称	定额单位	消耗量				单价（一般计税）（元）			
			名称	含量	单位	单价（元）	人工费	材料费	机械费	合计
4-1	M5.0 水泥砂浆砖基础	10m³	综合用工	10.07	工日	—	1281.49	1950.03	47.38	3278.9
			烧结煤矸石普通砖 240mm×115mm×53mm	5.262	千块	287.50				
			干混砌筑砂浆 DM10	2.399	m³	180.00				
			水	1.050	m³	5.13				
			干混砂浆罐式搅拌机 公称储量/L20000	0.240	台班	197.40				
9-95	防水砂浆掺防水剂厚 20mm	100m²	综合用工	8.92	工日	—	1085.66	2640.86	53.81	4352.72
			预拌地面砂浆（干拌）DSM15	2.050	m³	220.00				
			素水泥浆	0.100	m³	417.35				
			防水剂	132.600	kg	16.20				
			灰浆搅拌机拌筒容量/L200	0.350	台班	153.74				
4-72	3：7 灰土垫层机械振动	10m³	综合用工	5.287	工日	—	668.47	508.67	11.22	1188.36
			灰土 3：7	10.200	m³	49.87				
			电动夯实机 夯击能量/[N·m]250	0.440	台班	25.49				

注：表中价格均为不含增值税可抵扣进项的价格，适用于一般计税方法。

定额中垫层项目按地面垫层编制，若为基础垫层，人工、机械分别乘以下列系数：条形基础 1.05，独立基础 1.10，满堂基础 1.00；若为场区道路垫层，人工乘以系数 0.9。

根据以上背景，编制砖基础和垫层的工程量清单并计算其综合单价，将编制的结果填入表 16-6 和表 16-7。

【解】 经计算，清单项目砖基础的工程量为 10.15m³，垫层的工程量为 7.44m³。

计算 "010401001001 砖基础" 项目综合单价：

根据工程量计算规范及地区预算定额分析，清单项目砖基础所组价的定额项目有 "M5.0 水泥砂浆砖基础" 和 "防水砂浆掺防水剂厚 20mm"。根据地区预算定额工程量计算规则计算可知：M5.0 水泥砂浆砖基础的工程量为 10.15m³，防水砂浆掺防水剂的工程量为 6.13m²。

"M5.0 水泥砂浆砖基础" 的清单单位含量 = 10.15÷10.15÷10 = 0.1

"防水砂浆掺防水剂" 的清单单位含量 = 6.13÷10.15÷10 = 0.00604

砖基础综合单价 = 0.1×3278.9 + 0.00604×4352.72 + (0.1×1281.49 + 0.00604×1085.66) × (25.6% + 15%) = 408.78 （元）

计算 "010201011001 垫层" 项目综合单价：

因清单和定额工程量计算规则相同，工程量一致，所以单位含量为 0.1。

垫层的综合单价 $= 0.1 \times (1188.36 + 668.47 \times 0.05 + 11.22 \times 0.05) + 0.1 \times 668.47 \times 1.05 \times (25.6\% + 15\%) = 151.58$（元）

综合单价的计算见表16-6和表16-7。

表16-6 分部分项工程和单价措施项目清单与计价表

工程名称：某工程　　　　　　　标段　　　　　　　　　　第　页　共　页

序号	项目编码	项目名称	项目特征描述	计量单位	工程量	金额（元）		
						综合单价	合价	其中:暂估价
1	010401001001	砖基础	1. 砖品种、规格、强度等级:机制标准红砖 2. 基础类型:带形基础 3. 砂浆强度等级:水泥砂浆,M5.0 4. 水平防潮层材料种类:防水砂浆掺防水剂	m³	10.15	408.78	4149.12	
2	010201011001	垫层	1. 厚度:300mm 2. 材料品种、强度要求、配比:3:7灰土垫层,垫层混凝土强度要求 C15	m³	7.44	151.58	1127.76	

表16-7 综合单价分析表

工程名称：某工程　　　　　　　标段　　　　　　　　　　第　页　共　页

清单项目编码	010401001001		清单项目名称	砖基础	计量单位	m³	工程量	10.15

清单综合单价组成明细

定额编号	定额项目名称	定额单位	数量	单价（元）				合价（元）			
				人工费	材料费	机械费	管理费和利润	人工费	材料费	机械费	管理费和利润
4-1	M5.0水泥砂浆砖基础	10m³	0.1	1281.49	1950.03	47.38	394.84	128.15	195.00	4.74	39.50
9-95	防水砂浆掺防水剂厚20mm	100m²	0.00604	1085.66	2640.86	53.81	300.19	6.56	15.95	0.33	1.81
人工单价		小计						134.71	210.95	4.8	41.31
综合工日(土建)95/工日		未计价材料(设备)费(元)						0			
清单项目综合单价(元)								408.78			

材料费明细	材料名称、规格、型号	单位	数量	单价（元）	合价（元）	暂估单价（元）	暂估合价（元）
	烧结煤矸石普通砖240mm×115mm×53mm	千块	5.262	287.50	151.28		
	水	m³	1.050	5.13	0.54		
	防水剂	kg	132.600	16.20	12.97		
	其他材料费				46.16	—	0
	材料费小结				210.95	—	0

（续）

清单项目编码	010401001001		清单项目名称	砖基础	计量单位	m³	工程量	10.15

清单综合单价组成明细

定额编号	定额项目名称	定额单位	数量	单价（元）				合价（元）			
				人工费	材料费	机械费	管理费和利润	人工费	材料费	机械费	管理费和利润
4-72 换	M5.0 水泥砂浆砖基础 人工×1.05 机械×1.05	10m³	0.1	701.89	508.67	11.78	207.02	70.19	50.87	1.18	20.70
人工单价		小计						70.19	50.87	1.18	20.70
综合工日（土建）95/工日		未计价材料（设备）费（元）						0			
清单项目综合单价（元）								151.58			

材料费明细	材料名称、规格、型号	单位	数量	单价（元）	合价（元）	暂估单价（元）	暂估合价（元）
	其他材料费				50.87	—	0
	材料费小结				50.87	—	0

案例二：

【背景】

某多层砖混住宅土方工程，土壤类别为三类土；沟槽为大放脚带形砖基础；沟槽宽度为 920mm，挖土深度为 1.8m，沟槽为正方形，总长度为 1590.6m。根据施工方案，土方开挖的工作面两边各宽 0.25m，放坡系数 0.2，除沟边堆土 100m³ 外，现场堆土 2170.5m³，运距 60m，采用人工运输。其余土方需装载机装土，自卸汽车运土，运距 4km。已知人工挖土单价为 8.4 元/m³，人工运土单价为 7.38 元/m³，装载机装土、自卸汽车运土需使用机械：装载机（280 元/台班，0.00398 台班/m³）、自卸汽车（340 元/台班，0.04925 台班/m³）、推土机（500 元/台班，0.00296 台班/m³）和洒水车（300 元/台班，0.0006 台班/m³）。此外，装载机装土、自卸汽车运土需用工（25 元/工日，0.012 工日/m³）、用水（水 1.8 元/m³，每 1m³ 土方需耗水 0.012m³）。

试根据建筑工程量清单计算规则计算土方工程的综合单价（不含措施费、规费和税金），其中管理费取人、料、机总费用的 14%，利润取人、料、机总费用与管理费之和的 8%。试计算该工程挖沟槽土方的工程量清单综合单价，并进行综合单价分析。

【解】

（1）招标人根据清单规则计算的挖方量为 0.92×1.8×1590.6 = 2634.034（m³）

（2）投标人根据地质资料和施工方案计算需挖土方量和运土方量。

① 需挖土方量。

工作面两边各宽 0.25m，放坡系数 0.2，则基础挖土方总量为

$$（0.92+2×0.25+0.2×1.8）×1.8×1590.6 = 5096.282（m³）$$

② 运土方量。

沟边堆土 100m；现场堆土 2170.5m³，运距 60m，采用人工运输；装载机装土、自卸汽

车运土，运距 4km，运土方量为

$$5096.282 - 1000 - 2170.5 = 1925.782 （m^3）$$

（3）人工挖土人、料、机费用。

人工费　$5096.282 × 8.4 = 42808.77$（元）

（4）人工运土（60m 内）人、料、机费用。

人工费　$2170.5 × 7.38 = 16018.29$（元）

（5）装载机装土和自卸汽车运土（4km）人、料、机费用。

① 人工费。

$$25 × 0.012 × 1925.782 = 0.3 × 1925.782 = 577.73 （元）$$

② 材料费。

水：$1.8 × 0.012 × 1925.782 = 0.022 × 1925.782 = 41.60$（元）

③ 机械费。

装载机　$280 × 0.00398 × 1925.782 = 2146.09$（元）

自卸汽车　$340 × 0.04925 × 1925.782 = 32247.22$（元）

推土机　$500 × 0.00296 × 1925.782 = 2850.16$（元）

洒水车　$300 × 0.0006 × 1925.782 = 346.64$（元）

机械费小计　37590.11 元

机械费单价　$280 × 0.00398 + 340 × 0.04925 + 500 × 0.00296 + 300 × 0.0006 = 19.519$（元/$m^3$）

④ 机械运土人、料、机费用合计　38209.44 元。

（6）综合单价计算。

① 人、料、机费用合计。

$$42808.77 + 16018.29 + 38209.44 = 97036.50 （元）$$

② 管理费。

人、料、机总费用×4% = $97036.50 × 14\% = 13585.11$（元）

③ 利润。

（人、料、机总费用+管理费）×8% = （$97036.50 + 13585.11$）×8% = 8849.73（元）

④ 总计。$97036.50 + 13585.11 + 8849.73 = 119471.34$（元）

⑤ 综合单价。

按招标人提供的土方挖方总量折算为工程量清单综合单价

$$119471.34 + 2634.034 = 45.36 （元/m^3）$$

（7）综合单价分析。

① 人工挖土方。

单位清单工程量 = $5096.282 + 2634.034 = 1.9348$（$m^3$）

管理费 = $8.40 × 14\% = 1.176$（元/m^3）

利润 = （$8.40 + 1.176$）×8% = 0.766（元/m^3）

管理费及利润 = $1.176 + 0.766 = 1.942$（元/m^3）

② 人工运土方。

单位清单工程量 = $2170.5 ÷ 2634.034 = 0.8240$（$m^3$）

管理费 = $7.38 × 14\% = 1.033$（元/m^3）

利润 = (7.38+1.033)×8% = 0.673 （元/m³）

管理费及利润 = 1.033+0.673 = 1.706 （元/m³）

③ 装载机装土方、自卸汽车运土方。

单位清单工程量 = 1925.782+2634.034 = 0.7311 （m³）

人、料、机费用 = 0.3+0.022+19.519 = 19.841 （元/m³）

管理费 = 19.841×14% = 2.778 （元/m³）

利润 = (19.841+2.778)×8% = 1.8095 （元/m³）

管理费及利润 = 2.778+1.8095 = 4.588 （元/m³）